高等学校风景园林教材

风景旅游区规划

陈永贵　张景群　编著
刘晓明　主审

中国林业出版社

图书在版编目（CIP）数据

风景旅游区规划/陈永贵　张景群　主编．—北京：中国林业出版社，2009．9（2021．2 重印）
高等学校风景园林教材

ISBN 978-7-5038-5456-9

Ⅰ．风…　Ⅱ．①陈…②张…　Ⅲ．旅游－风景区－规划－高等学校－教材　Ⅳ．F590．1

中国版本图书馆 CIP 数据核字（2009）第 168008 号

中国林业出版社
责任编辑：李　顺　李　鹏
电话：83143569

出版　中国林业出版社（100009　北京西城区刘海胡同 7 号）
电话　83143500
发行　中国林业出版社
印刷　三河市祥达印刷包装有限公司
版次　2009 年 12 月第 1 版
印次　2021 年 2 月第 3 次
开本　787mm × 1092mm　1/16
印张　18．25
字数　455 千字

定价　42．00 元

《风景旅游区规划》编委会

主　审： 刘晓明（北京林业大学园林学院教授、博士生导师、美国哈佛大学风景园林系访问学者）

主　编： 陈永贵　张景群

副主编： 孙景荣　段植林　成密红　段英芬

参　编： 段英芬　高阳林　张小红　陈学兄
樊　萍　魏国良　陈英存

前　言

旅游业在全国素有“第一”产业和“朝阳产业”之称，又被称为“无烟工业”，它就地利用风景资源提供服务产品，具有投资少、见效快、创汇迅速等特点，其利润和从业人员已超过了石油、汽车和化工业，在国民经济中具有重要的地位和作用。目前我国旅游行业已经进入长期快速增长的上升通道。“十一五”时期是我国产业结构调整、构建和谐社会的重要时期，旅游业由于在增加就业、促进农村发展、缩小地区差距、节约资源等多方面的优势，将获得良好的发展机遇，进入黄金发展期。而到2010年，中国旅游业预计总收入将达12260亿元人民币，年均增长10%左右，相当于GDP的7%。到2020年，中国将成为世界第一大旅游目的地国和第四大客源输出国，预计旅游业总收入达到25000亿元人民币以上，年均增长7%，占GDP的比重提高到8%左右。2010年和2020年国际旅游人数将分别增长到10亿人次和15.6亿人次。

风景旅游区规划是现代旅游区开发建设的基础工作，也是旅游区开发建设的前提。近几年来，随着我国不同行业对旅游区规划的规范制定，对风景旅游区完善规划理论、规范规划内容与深度等方面起到了积极的推动作用，为旅游资源的保护和旅游产业的持续发展奠定了法律基础。但同时应该看到，风景旅游区规划专业人才缺乏，风景旅游区规划的现有教材存在缺陷，人才培养不能适应社会需求等现象。因此，面对风景旅游区复杂的生态系统，如何处理规划区的经济发展与保护、资源利用与管理、资源特色与创新等之间的关系，实现系统规划和达到“三大效益”的协调发展的目的，就成为教材应解决的问题。

本教材的编写是以风景名胜区规划规范、森林公园规划规范、自然保护区规划规范等相关规范为依据，以旅游资源学、旅游经济学、旅游地理学、市场营销学、旅游管理学等为专业基础，融合区域规划理论、旅游产品开发理论、旅游需求构成理论、景观生态学理论以及结合旅游区规划实践与研究成果编写而成。教材力求系统完整地对风景旅游区规划的理论、程序、方法、内容等加以介绍和论述，旨在使学生以风景旅游区规划理论学习为基础，能够独立制定规划方案，能协作完成旅游区规划为目的。本教材可作为园林、风景园林、城市规划、环境艺术设计和旅游管理专业“风景旅游区规划”课程使用教材。

在本书编写过程中，作者深深感受到风景旅游区规划的复杂性，知识面要求的广泛性，绝非一个或几个人可以完成。也由于时间仓促和编者水平所限，书中难免有疏漏之处，敬请批评指正。

编著者

目　录

第一章 旅游区与风景区规划

【本章提要】

本章主要阐述风景区、旅游区的概念和旅游区的类型，说明风景旅游区规划的概念、特点，阐述风景旅游区规划的基本理论、原则与指导思想，解析风景旅游区规划的基本内容，阐述国内外旅游规划的发展等。旨在使学生对风景旅游区规划有一个初步了解，认识风景区规划原则与指导思想对风景区规划的重要性，并掌握规划的基本内容、规划原则与指导思想。

第一节 旅游区的概念与类型

一、旅游区的概念与特征

(一)旅游区的概念

旅游区(tourist attraction)是以旅游及其相关活动为主要功能或主要功能之一的空间或地域。旅游区也就是指具有吸引游客前往游览的吸引物，能满足游客参观、游览、度假、娱乐、求知等旅游需求的有明确划定区域的空间或地域，并能提供必要的各种附属设施和服务的旅游经营场所。

(二)旅游区的特征

我们从旅游产品的需求和供给两方面，界定了旅游区的内涵、外延和构成要素，其基本特征体现在以下4个方面：

1. 旅游区具有旅游活动的吸引物

旅游活动的吸引物也称景观(sight)。景观是指可以引起视觉感受的某种景象，或一定区域内具有某种特征的景象。景观是对旅游资源开发利用的结果，是旅游区的核心，也是构成旅游区文化内涵和特殊活动的基本要素。无论是以各种自然风光主为体的景区，还是以人文景观为主体的景区，都必须具有对旅游者有较强吸引力的吸引物，并以这种吸引物的文化内涵和活动内容开发建设旅游区，并依此区别于其他不同的旅游区。

2. 旅游区具有明确划定的地域范围

旅游区规模大小往往差别较大，但无论差别大小，都有一个相对明确划定的地域范围。旅游区地域范围的划定，主要依据旅游区内的主体吸引物或主体景观标准，并以此为核心组合成一个旅游区。旅游区开发都是在划定的地域范围内进行规划设计、开发建设和经营管理的。

3. 旅游区具有满足游客需求的综合性服务设施和条件

旅游活动是一项包含食、行、住、游、购、娱等六大要素在内的综合性活动。因此，旅游区必须有相应的基础设施和接待设施与之配套，能够提供综合性的旅游服务以满足旅游者的各种需求，才能成为实际意义上的旅游区。

4. 旅游区是专门的旅游经营场所

任何旅游区都是为了实现既定目标和效益，按照国家有关法律规定而依法成立的经济实体。旅游区是一个能够独立进行旅游产品组合，提供综合旅游服务的功能体，它的内部结构也是由旅游产品的生产、组合而形成的。一般来说，旅游产品构成的主要内容有旅游设施、可进入性、旅游吸引物和旅游服务4个方面。根据国家质量监督检验检疫总局2003年颁布的中华人民共和国国家标准—《旅游区(点)质量等级的划分与评定》(GB/T17775—2003)，旅游区是以旅游及其相关活动为主要功能或主要功能之一的空间或地域。本标准中旅游区(点)是指具有参观游览、休闲度假、康乐健身等功能，具备相应旅游服务设施并提供相应旅游服务的独立管理区。该管理区应有统一的经营管理机构和明确的地域范围。包括风景名胜区、文博院馆、寺庙观堂、旅游度假区、自然保护区、主题公园、森林公园、地质公园、游乐园、动物园、植物园及工业、农业、经贸、科教、军事、体育、文化艺术等各类旅游区(点)。

二、旅游区的类型

对于旅游区类型的划分，目前在理论上和实践中尚未定制。人们根据需要建立了几种分类方法，每一种方法都将旅游区分为几种相应类型。如从功能上划分有：观光型、度假型、科学考察型、体育娱乐型、探险型、宗教型等；从属性上来划分有：自然型、人文型、自然人文复合型和人工型。这几种类型对于旅游区的管理、经营和保护等工作都具有十分重要的现实意义。

(一)风景名胜区

图1-1 中国国家风景名胜区徽志

风景名胜区也称风景区。根据《风景名胜区规划规范》(GB 50298—1999)国家标准，“风景名胜区(national park)是指风景资源集中、环境优美、具有一定游览规模，可供人们游览欣赏、休憩娱乐或进行科学文化活动的地域。”1985年6月，国务院颁布的《风景名胜区管理暂行条例》规定：凡是具有欣赏、文化或科学价值，自然景物、人文景物比较集中，环境优美，具有一定规模和范围，可供人们游览、休息或进行科学、文化活动的地区，应当划为风景名胜区。

风景名胜区按其景物的观赏、文化、科学价值和环境质量、规模大小、游览条件等，划分为3级，即：国家级风景名胜区或称国家重点风景名胜区，省级风景名胜区，市、县级风景名胜区。

风景名胜区面积没有严格的限制，但按面积大小可分为小型风景名胜区(面积在20km^2以下)、中型风景名胜区(面积在21～100km^2)、大型风景名胜区(面积在101～500km^2)、特大型风景名胜区(面积在501km^2以上)。国务院批准的国家重点风景名胜区面积大都在100～300km^2范围内。

2005年底，我国共建有各级风景名胜区677处。其中国家重点风景名胜区187处，省级风景名胜区478处，市、县级风景名胜区48处，各类风景名胜区总面积已占国土总面积的1%以上。

（二）旅游度假区

旅游度假区是在环境质量好，区位条件优越的区域，以满足康体休闲需要为主要功能，并为游客提供高质量服务的综合性旅游区。旅游度假区的主要特征是：对环境质量要求较高，区位条件好，服务档次及水平高，休闲、康体旅游活动项目的特征明显。

1992年国务院批准了大连金石滩、青岛石老人、苏州太湖、无锡太湖、上海横沙岛、杭州之江、福建武夷山、福建湄州岛、广州南湖、北海银滩、昆明滇池、三亚亚龙湾等12个国家旅游度假区。2004年底，各地经省（真辖市、自治区）人民政府批准建立的省级旅游度假区已达150多个。以12个国家旅游度假区为核心、150多个省级旅游度假区为基础、1000多个不同类型的度假村、度假点为补充，我国的旅游度假产品初步形成了金字塔式的产品体系。

（三）森林公园

按照《中国森林公园风景资源质量等级评定》（GB/T18005—1999）的国家标准，“森林公园（forest park）是具有一定规模和质量的森林风景资源与环境条件，可以开展森林旅游活动，并按法定程序申报批准的地域。”森林公园也是森林景观优美，自然景观和人文景观集中、具有一定规模并可供人们游览、休息或进行科学、文化、教育活动的场所。

我国从1982年建立第一个国家森林公园——张家界国家森林公园起，至2007年底，全国共建立森林公园2151处，总经营面积1597.47万hm^2；其中国家级森林公园660处，经营面积1124.94万hm^2。

森林公园按照景观质量优劣可划分3级，即：国家级森林公园，省级森林公园和市、县级森林公园。

（四）自然保护区

按照《自然保护区类型与级别划分原则》（GB/T14529—93）的国家标准，“自然保护区（natural reserve）是指国家为了保护环境和自然资源，促进国民经济的持续发展，将一定面积的陆地和水体划分出来，并经各级人民政府批准而进行特殊保护和管理的区域。”自然保护区是有代表性的自然生态系统、珍稀濒危野生动植物物种的天然集中分布区，有特殊意义的自然遗迹等保护对象所在的陆地、陆地水体或者海域，是依法划出一定面积予以特殊保护和管理的区域。

自然保护区又称“自然禁伐禁猎区”（sanctuary）“自然保护地”（nature protected area）等。自然保护区往往是一些珍贵、稀有的动、植物种的集中分布区，候鸟繁殖、越冬或迁徙的停歇地，以及某些饲养动物和栽培植物野生近缘种的集中产地，具有典型性或特殊性的生态系统，也常是风光绮丽的天然风景区，具有特殊保护价值的地质剖面、化石产地或冰川遗迹、岩溶、瀑布、温泉、火山口以及陨石的所在地等。

《中华人民共和国自然保护区条例》规定，在自然保护区建设方面，凡具有下列条件之一者，应当建立自然保护区：典型的自然地理区域，有代表性的自然生态系统区域以及已经遭受破坏但经保护能够恢复的同类自然生态系统区域；珍稀、濒危野生动植物物种的天然集中分布区域；具有特殊保护价值的海域、海岸、岛屿、湿地、内陆水域、森林、草原和荒漠；具有重大科学文化价值的地质构造、著名溶洞、化石分布区、冰川、火山、温泉等自然遗迹；经国务院或者省、自治区、直辖市人民政府批准，需要予以特殊保护的其他自然区域。

自然保护区以保护为其首要功能，主要供技术研究使用，也可在不违反自然生态保护原则的前提下，局部开放为观光游览场所。

自然保护区可以分为核心区、缓冲区和实验区。核心区：禁止任何单位和个人进入，也不允许进入从事科学研究活动；缓冲区：只准进入从事科学研究观测活动；实验区：可以进入从事科学试验、教学实习、参观考察、旅游，以及驯化、繁殖珍稀、濒危野生动植物等活动。

自然保护区是一个泛称，实际上由于建立的目的、要求和本身所具备的条件不同，而有多种类型。我国根据自然保护区的主要保护对象，将自然保护区分为 3 大类别 9 个类型，即：自然生态系统类(森林生态系统类型、草原与草甸生态系统类型、荒漠生态系统类型、内陆湿地和水域生态系统类型、海洋和海岸生态系统类型)，野生生物类(野生动物类型、野生植物类型)，自然遗迹类(地质遗迹类型、古生物遗迹类型)。

自 1956 年我国建立了第一个自然保护区——鼎湖山自然保护区以来，至 2005 年底，我国自然保护数量已达到 2349 个(不含港澳台地区)，总面积 14994.90 万 hm^2，约占我国陆地领土面积的 14.99%。其中国家级自然保护区 243 个，占保护区总数的 10.34%，地方级保护区中省级自然保护区 773 个，地市级保护区 421 个，县级自然保护区 912 个，初步形成类型比较齐全、布局比较合理、功能比较健全的全国自然保护区网络。

(五)地质公园

根据 2002 年 9 月国土资源部制定的《国家地质公园总体规划工作指南》(试行)，“地质公园(Geopark)是以具有特殊的科学意义，稀有的自然属性，优雅的美学观赏价值，具有一定规模和范围的地质遗址景观为主体，融合自然景观和人文景观并具有生态、历史和文化价值，以地质遗址保护、文化和环境的可持续发展为宗旨，为人们提供具有较高科学品位的观光游览、度假休息、保健疗养、科学教育、文化娱乐的场所或地域。”

为了更有效地保护地质遗迹，联合国教科文组织第 29 次大会提出“建立具有特殊地质特色的全球地质景区网络”计划。1999 年 4 月 15 日，联合国教科文组织常务委员会第 156 次会议在巴黎提出决定，启动联合国教科文组织世界地质公园计划(UNESCO Geopark Program)，目标是每年在全世界建立 20 个地质公园，全球共创建 500 个地质公园，并建立全球地质遗迹保护网络体系。

1980 年以前，我国地质遗迹多是作为其他类型自然保护区中的一项保护内容。1987 年，我国开始建立一批独立的地质自然保护区。目前，已经评审并公布了 4 批国家地质公园，国家地质公园已达 138 处。评审的地质公园类型包括丹霞地貌、火山地貌、重要古生物化石产地、地层构造、冰川、地质灾害遗迹等，种类较为齐全，全面反映了我国地质环境资源的特点，其中许多公园驰名中外，如云南石林、湖南张家界砂岩峰林、江西庐山、黑龙江五大连池火山、江西龙虎山群、安徽黄山、四川海螺沟、甘肃敦煌雅丹地貌、黄河壶口瀑布等。

2005 年 2 月 11 日，联合国教科文组织世界地质公园专家评审会在巴黎宣布，我国浙江雁荡山等 4 家国家地质公园被评为第二批世界地质公园。2006 年 9 月，中国泰山等 6 处国家地质公园被评为世界地质公园。2008 年 1 月，江西龙虎山和四川自贡地质公园被评为世

图 1-2 第 1 届世界地质公园大会徽志

界地质公园。至此，我国世界地质公园数量已达20处。

(六)水利风景区

根据2004年5月水利部发布的《水利风景区评价标准》(SL300—2004)，水利风景区(water park)是以水域(水体)或水利工程为依托，具有一定规模和质量的风景资源与环境条件，可以开展观光、娱乐、休闲、度假或科学、文化、教育活动的区域。水利风景资源(water scenery resources)是水域(水体)及相关联的岸地、岛屿、林草、建筑等能对人产生吸引力的自然景观和人文景观。

水利风景区按其景观的功能、文化和科学价值、环境质量、规模大小等因素，划分为三级，即国家级水利风景区、省级水利风景区和县级水利风景区。国家级水利风景区有水库型、湿地型、自然河湖型、城市河湖型、灌区型、水土保持型等类型。

自2001年起，水利部公布北京十三陵水库等18个水利风景区为首批国家级水利风景区，至2008年底，水利部已经审定批准314个景区为国家水利风景区，近千个景区基本达到省级水利风景区标准。

(七)主题公园

主题公园(Tourism Theme Park)，是指为了满足旅游者多样化休闲娱乐需求而建造的一种具有创意性游园线路和策划性活动方式的现代旅游目的地形态。

主题公园按其内容大致可以分为：(1)演绎生命发展史、展望未来、探索宇宙奥秘、科学幻想、表现童话世界和神话世界的主题公园；(2)以表现历史文化和民俗风情的写实性主题公园；(3)表现世界各地名胜的主题公园；(4)以表现自然界生态环境、野生动植物、海洋生态为主的仿生性主题公园；(5)以文学影视为主题，再现作品情节和场景的示意性主题公园；(6)游乐园和游乐场。

(八)文物保护单位

文物(Cultural relic)是人类在历史发展过程中遗留下来的遗物、遗迹。各类文物从不同的侧面反映了各个历史时期人类的社会活动、社会关系、意识形态以及利用自然、改造自然，以及当时生态环境的状况，是人类宝贵的历史文化遗产。文物的保护管理和科学研究，对于人们认识历史，创造生产力，揭示人类社会发展的客观规律，认识并促进当代和未来社会的发展，具有重要的意义。

文物是遗存在社会上或埋藏在地下的历史文化遗物。文物一般包括：(1)与重大历史事件、革命运动和重要人物有关的、具有纪念意义和历史价值的建筑物、遗址、纪念物等。(2)具有历史、艺术科学价值的古文化遗址、古墓葬、古建筑、石窟寺、石刻等；(3)各时代有价值的艺术品、工艺美术品、革命文献资料，以及有历史、科学和艺术价值的古旧图书资料；(4)反映各时代社会制度、社会生产、社会生活的代表实物等。

对于文物，一要保护，二要利用。文物是发展旅游业的珍贵资源，核定为文物保护单位的可以依法建立博物馆、保管所，或者开辟为参观游览场所。

文物保护单位的管理由国家文化行政管理部门——国家文物局主管，文物保护单位根据其历史、艺术、科学价值可分为三级：全国重点文物保护单位，省、自治区、直辖市级文物保护单位，县、自治县、市级文物保护单位，。

纪念物、艺术品、工艺美术品、革命文献资料、手稿、古旧图书资料以及代表性实物等文物，分为珍贵文物和一般文物。珍贵文物分为一、二、三级。

到目前为止，我国已经公布的全国重点文物保护单位有五批，分别为：1961 年公布了 180 处，1982 年 62 处，1988 年 258 处，1996 年 250 处，2001 年 518 处，即共计批准全国重点文物保护单位 1268 处。

（九）工业旅游示范区（点）与农业旅游示范区（点）

工业旅游区（点）（Industry tourist area）是指以工业生产过程、工厂风貌、工人工作生活场景为主要旅游吸引物的旅游区（点）；农业旅游区（点）（Agricultural tourist area）是指以农业生产过程、农村风貌、农民劳动生活场景为主要旅游吸引物的旅游区（点）。

2001 年 12 月 25 日，国家旅游局局长办公会讨论通过并确定首批 100 个工业旅游、农业旅游示范点候选单位名单，其中工业旅游示范点候选单位 39 个，农业旅游示范点候选单位 61 个。2002 年 10 月 14 日，国家旅游局局长办公会审议通过了《全国农业旅游示范点、全国工业旅游示范点检查标准（试行）》。

大力发展农业旅游和工业旅游，对于促进工、农业经济结构调整，丰富和优化旅游产品，扩大就业与再就业，加强一、二、三产业之间的相互渗透与共同发展，具有十分重要的意义。

三、旅游区的地位与作用

旅游区不仅是旅游产品的核心和旅游业的重要支柱，而且对旅游目的地的经济发展、社会文化进步、资源和生态环境保护都具有十分重要的影响和促进作用。

1. 旅游区是构成旅游产品的核心

旅游区是旅游产品的核心部分，具有吸引旅游者的事物，能满足旅游者最基本需求。从旅游产品的构成情况看，旅游区既是构成旅游产品的核心要素，也是激发人们的旅游动机、吸引旅游者的决定性因素。没有旅游区就没有旅游产品，也就没有现代旅游业的发展。

2. 旅游区是现代旅游业的重要支柱

旅游业是一个综合性很强的经济产业，它不仅包括向旅游者提供食、住、行、旅、购、娱为核心的直接旅游服务，同时也包括其他间接服务。因此，旅游业的综合性特点决定了旅游产业结构的多元化特征。旅游业包括为旅游者服务的旅游交通业、旅游饭店业、旅游餐饮业、旅游娱乐业、旅游购物业、旅游区管理业和旅行社行业等；旅游区管理业是发展旅游必不可少的行业，因此被誉为现代旅游业的重要支柱之一。没有旅游区管理业的发展，旅行社业、旅游交通业、旅游饭店业、旅游餐饮业、旅游娱乐业和旅游购物业就不能健康发展，也不能带动其他各个相关行业和部门的发展。为观光旅游、度假旅游而发展起来的旅游区管理业，直接带动了旅游交通业、餐饮业、旅店宾馆、旅游购物相关行业的发展，而旅游者的各种需求，与生产性和非生产性的众多行业息息相关。因此，可以说旅游业的发展始于旅游区的兴起。

3. 旅游区促进所在地区的经济发展

旅游区的开发和建设不仅对所在地区的旅游发展具有重要的作用，而且直接促进了旅游区所在地区的国家或地区经济发展。一方面，旅游区通过接待旅客、收取门票费和提供配套设施和服务，直接创造大量的旅游收入和税收收入，既增加了旅游区所在地居民的收入，又增加了地方政府的财政收入，尤其是在旅游区一些专门为旅游者开发和建设的旅游活动，还能够为投资者带来大量的投资收益。另一方面，随着旅游区的开发建设和经营，必然直接或间接地带动旅游区所在地的膳宿服务业、交通运输业、邮电通讯业、商业、建筑建材业、医疗救护、农副产品加工及各种后勤保障等方面的发展，从而发挥旅游区的乘数效应和关联带动效应，促进旅游区所在地区的社会经济发展。

4. 旅游区促进了所在地区的社会文化繁荣

旅游区作为一种具有物质实体和活动内容的旅游企业，其开发建设和经营管理都需要大量的人才。因此，随着旅游区的建设和发展，必然为所在地提供大量的就业机会，促进旅游区所在地的劳动就业、国民经济收入的增加和生活水平的提高。同时，通过旅游区的开发和经营，不仅向国内外游客展示了各种各样的自然景观和文化特色，促进了游客与旅游区所在地居民的文化交流，而且来自世界国和地区的游客引入了世界各地的大量信息和不同的生活方式，对当地社会文化的发展也具有一定的作用。尤其是与国内外游客的大量接触，使旅游区所在地居民更多地了解了异国文化和生活方式，学习到更多的文明礼貌、礼仪礼节，这就对旅游区所在地社会文化的发展和精神文明的建设给予极大促进。

5. 旅游区可加强所在地区的资源和环境保护

为开发建设具有特色和吸引力的旅游区，塑造旅游区和旅游目的地良好的形象，人们在旅游区开发建设和发展过程中，高度重视对旅游资源的保护和旅游环境的美化，这对于改善景区所在地区的环境质量起到了促进作用。

第二节 风景区规划的概念与特点

一、风景区规划的概念

风景区规划即为风景名胜区规划。根据《风景名胜区规划规范》(GB 50298—1999)国家标准，风景名胜区规划是指保护培育、开发利用和经营管理风景区，并发挥其多种功能和作用的统筹部署和具体安排。经相应的人民政府审查批准后的风景区规划，可作为风景区建设的实施方案，并具有法律权威，必须严格执行。

具有独特的景观、优美的环境、丰富的文化内涵的风景区，不仅是吸引旅游者的决定性因素，也是风景区开发和建设的关键。因此，为了开发建设具有特色和吸引力的风景区，塑造风景区和旅游目的地良好形象，必须促使人们在风景区的开发建设和发展中，高度重视对旅游资源的保护和旅游环境美化，从而改善风景区所在地的环境质量，提高风景区美学观赏价值。

二、风景区规划的目的和意义

（一）风景区规划的目的

风景区规划是旅游资源开发，并使其形成旅游产业的处于可行性研究之后的基础性工作。其内容就是进一步查清所开发旅游区的旅游资源状况，区域自然条件、经济条件以及区位条件等状况；根据自然资源和经济规律，对资源的利用价值、开发的可能性、投入与产出进行分析评价，编制科学合理的风景区建设规划，并设计出先进实用且与旅游区景观协调，并可持续发展的旅游建设项目，为风景区工程的建设和逐步发展提供科学依据。

1. 发展旅游经济

一个风景区要对其旅游资源进行开发，首先就需要编制规划。可以明确地说，规划是开发的先导。尽管制定规划时有多重目标交叉重叠，但从根本上说，风景区规划的首要目的就是经济效益，这是制定风景区规划的基本出发点和核心思想。当然，旅游业的发展必须有一个和谐稳定的社会环境和优良的生态环境，使三个效益趋于统一。但三者之中，经济效益是基础，没有经济效益，就无法产生社会效益，就无法整治环境，也就谈不上生态效益。而那种不积极想方设法使当地人民致富，而以纯粹封闭式地保护生态的办法，是制止不了破坏生态的行为的。

2. 满足游客需求

风景区规划的目的也在于合理利用旅游资源，突出风景区特有属性和主题形象，塑造旅游精品，强调差异化，为旅客创造一种愉悦的经历。同时，增加或改善基础设施和娱乐设施，为游客提供满意的旅游服务。

3. 协调好经济、社会、环境三个方面的矛盾

风景区规划目的还主要体现在经济、社会、环境三个方面，或者说体现在尽量满足旅游者、社区、政府各自的利益所求方面。风景区规划有其客观存在的必要性，风景区在发展过程中，尤其是旅游资源的开发，与环境和社会文化的矛盾日益突出：一方面要进行旅游资源的开发，追求经济效益；另一方面又要进行环境保护，维护社区利益，如何解决两者之间的矛盾，就必然需要依靠风景区规划来解决。

（二）风景区规划的意义

风景区规划是形成旅游产业的基础工作，也是旅游产业形成的先决条件和依据。因此，风景区规划的意义主要表现在以下 4 个方面：

1. 制订合理的建设目标

通过各级风景区规划，可以把一个旅游区的旅游项目及建设项目通盘考虑，作出合理的布局和安排。即：从时间上，根据经济条件和旅游业的基本需要，在建设进展上做到合理有序；从地域上，合理进行旅游资源配置，确定景区范围和景点位置，以及其它设施建设的位置；从建设目标上，对风景区各项建设工程做出明确规定，并提出其数量和建设要求。通过对风景区进行各级规划，使风景区各项建设能够有计划地进行。这种规划不仅可为区域国民经济计划和旅游部门计划的制定提供依据，也协调了地方各部门之间的关系。

2. 进一步加强建设的技术性

通过风景区规划，可以加强风景区建设的技术性，克服盲目性，避免不必要的损失和浪

费。例如对景区、景点的完整性保护和美观利用，对植被的进一步恢复和培育，对环境综合治理和改善，克服盲目投资带来的设施闲置造成浪费和资源过度利用等。

3. 增强开发建设的主题思想

通过对风景区规划，能使所开发的旅游区准确定位，并使旅游区具有完整性，有明确的主题思想，扬优避劣，增加市场竞争力。同时，通过规划使旅游区，在设施建设上能满足各层次旅游者的需要。通过对风景区规划，可达到随着建设项目逐步实施，实现旅游产业的可持续发展。

4. 控制和协调旅游区开发的各种关系

风景区规划的控制作用，是通过立法与司法、行政条例与规划监管，并委托其他管理部门(如工商、城建、公安、环保等)协同管理，使旅游发展的状况限制在必要的范围之内，在确保内部发展的同时，可使风景区的整体效益最佳，并符合全局和长远的利益。风景区规划的控制作用还在于遏制对旅游资源各自为政的滥开发，杜绝不顾长远利益的开发行为。风景区规划的协调作用，还可以解决在市场经济条件下通常无法自动解决或难以局部解决的问题。通过合理规划，维护生态环境秩序、社会文化秩序和竞争秩序，不断补充后续动力，以维持或及时恢复风景区运行的稳定性。

三、风景区规划的特点

1. 指标的独立性

风景区规划同其他产业规划的根本区别在于有其独立性的指标体系，其中最具代表性的指标有：旅游者数量和旅游收入额，反映旅游产业发展的规模和水平，旅游社会容量和环境容量，也应反映旅游产业的社会效益、环境效益和经济效益。最重要的是，只有“三大效益”协调发展，旅游业才能够持续发展。因此，在旅游业各种类型规划中，首先需要对“三大效益”进行研究。

2. 内容的综合性

综合性是各种规划共有的特征。旅游业是一个产业群体，覆盖面广，渗透性和关联性强，因而它的综合性更强。这一特点主要表现为，在旅游规划中对资源开发和景点建设、住宿、餐饮、娱乐、交通、购物等发展规模、水平、布局有一个合理的安排，以满足旅游者吃、住、行、游、购、娱的多种需求。同时为保证这些产业部门的发展，还要对管理体制、政策保证、人才培训、投入—产出等做出规划，使其形成旅游结构合理、各部门协调发展的格局。

除此之外，在一个独立的旅游区(或景点)的规划中，还要对旅游业发展的基础条件，如园林绿化、宗教、文物、供水供电、金融、电讯、环保等作相应规划。

3. 实践的可操作性

规划编制来自于实践，更重要的目的是指导实践，因此必须具有可操作性。风景区规划要达到这一目标，首先应重视调查研究，找到适合本区旅游发展的基点；其次，在编制规划时要充分听取实践工作者的意见，充实规划内容，解决规划和建设中的技术问题。还应随着旅游业发展变化，适时调整、修改规划，使其可操作性更强。

4. 发展的前瞻性

规划的一个最突出的特点是具有科学性和前瞻性。在一个地区进行旅游产业的规划时应该知道当前应怎样做，未来会变成什么样。在风景区规划时要做到这一点难度是较大的，因为它受多种因素的制约：一是旅游业自身产业结构和基础，二是地区经济和社会发展形势对旅游业的支撑，三是国内外政治经济形势对客源市场的影响。因此，风景区规划只有在多方面分析的基础上，才能做出科学的判断和前瞻性的预测。

风景区规划是社会各项事业规划中较新的一项规划，它是从国民经济发展规划、国土规划和城市规划中分离出来的适应于旅游行业的一种规划。为了实现对风景区的保护、利用、管理和发展需要，优化风景区用地布局，全面发挥风景区的功能和作用，提高风景区的规划水平和规范化程度，1999年建设部制定和颁发了《风景名胜区规划规范》（GB/T50298—1999），并被批准为强制性国家标准，使风景区规划步入法制化、规范化轨道。

第三节　风景旅游区规划的基础理论

风景旅游区规划是一项极其复杂的系统工程，需要多学科、多方面的协调运作。因此，在编制风景旅游区规划时，必须掌握和运用旅游经济学、旅游地理学、旅游人类学、建筑学和生态学等方法和理论。

一、旅游经济学与风景旅游区规划

旅游经济学是一门运用经济学理论和方法研究旅游活动、旅游关系及其规律的边缘型交叉学科。风景旅游区规划依据的旅游经济学的内容包括：旅游产品的生产与供给，旅游产品的销售，旅游产品的消费，旅游产品经营与效益，旅游投资决策，旅游经济结构与旅游经济发展等。在编制风景旅游区规划时，需要采用旅游经济学的理论和方法，使风景旅游区规划立足市场，面向消费，合理开发旅游资源，优化产品结构与项目，体现风景旅游区规划的经济性和市场性。其具体应用如确定产业地位，明确发展目标，测算旅游产值，旅游客源市场分析与预测，投入产出与旅游经济效益分析等。

二、旅游地理学与风景旅游区规划

旅游地理学是研究旅游活动与地理环境关系的学科，是地理学理论、方法和技术向旅游业的延伸、发展和分化组合。风景旅游区规划依据的旅游地理学内容包括：旅游资源的形成和空间分布，区域旅游资源的调查及其开发评价，以及由此而决定的区域旅游发展战略及规划，旅游者动机、行为与旅游地环境质量的关系及由此引起的旅游客流规律，旅游业，特别是旅游交通和旅游线路设计的研究，旅游地图等。在编制风景旅游区规划时，主要运用旅游地理学的有关理论与方法，对旅游资源开发规划区进行调查与评价，对旅游区位、功能分区、旅游承载力与空间竞争力等进行分析。

三、旅游人类学与风景旅游区规划

旅游人类学是一门新兴学科，它是运用人类学的理论来研究与旅游相关的“人”（包括旅游者、当地居民、旅游开发商、旅行商）。在风景旅游区规划中，旅游人类学主要用于研究“人”对旅游业带来的各种社会文化现象和发展变化，其理论指导重点体现在两个方面：一是对旅游者及旅游自身本质的影响，二是旅游业的出现对开发区带来的社会、经济及文化的影响。把旅游人类学的理论与方法运用到风景旅游区规划中，其意义在于为旅游规划者提供了“以人为本”的规划思想。以人为本的规划思想，使以下 3 个问题得到研究和解决：风景旅游区空间活动的主体是什么样的群体——人群的结构和特性；人们需要怎样的活动，从事什么样的活动；人们的活动需要什么样的场所和载体，即物质环境和社会环境。这里首先要求研究人，即旅游者、当地居民和开发商的特性及其相互关系，其次才是对景区景点、基础设施等物质规划的考虑。

四、生态学理论与风景旅游区规划

生态学研究的主要对象是生态系统，其目的是通过天、地、人关系的协调，实现生态平衡，获得生态效益，并解决生态平衡与人类需求这一基本矛盾。在风景旅游区开发建设方面，这一基本矛盾表现为旅游区内及周边区域的生态平衡与行业发展、旅游者需求的矛盾。生态学理论对风景旅游区规划的指导主要表现在：风景旅游区的风景林培育和营造，大气、水文及其他生态环境的污染治理，旅游生态环境容量的合理计算，风景旅游区的可持续发展等。也就是运用生态学的相关理论、技术、措施，妥善处理生态环境保护和旅游业发展的关系问题。

五、建筑学理论与风景旅游区规划

这里的建筑学理论包括了城市规划基本理论和园林设计理论。现代城市规划学科和实践的对象是以城市土地使用为主要内容和基础的城市空间系统，城市规划的核心内容对城市土地使用的综合研究及在土地使用组合基础上的城市空间形态的规划。现代城市规划的领域可以界定以下 4 个方面：城市土地使用及各项设施的配置；城市空间的组合；城市交通网络的架构；市政布局的设计和设施。运用建筑学理论就是运用城市规划的理论、城市规划的编制体系和要求，制定风景旅游区规划编制的体系与内容。

园林设计理论是追求天人合一、再现自然山水的思想。在园林规划设计中，为了达到形式与内容的完美结合，就必须综合应用形式美的法则和造景手段。用园林设计理论和方法，在风景旅游区规划设计过程中进行景观设计、建筑物布置和色彩搭配。

第四节　风景旅游区规划的基本内容

一、风景旅游区规划原则

风景旅游区规划是一项具有深远意义的战略性工作，必须严格按照科学的要求，实事求是地进行，使规划方案真正建立在科学的基础上，具有可操作性。风景旅游区规划工作必须坚持如下原则：

1. 适度超前原则

风景旅游区规划是整个社会发展规划的一部分，风景旅游区的发展必须服从或适应社会发展的总体要求，必须与当地社会和经济所能提供的实际条件相适应，并以此为基础，有的放矢、因地制宜，使资源保护与综合利用、功能安排与项目配置、人口规模与建设标准等各项主要目标相互协调，同国家与地区的社会经济技术发展水平、趋势及步调相适应。因此，应编制出适合当地资源和社会发展状况的科学方案。

旅游业具有自身的特殊性，风景旅游区规划也应根据自身的行业特点适度超前。因为社会是不断发展的，而且发展速度越来越快，而规划则是一个长远的、战略性的方案。因此，要求规划人员必须有一定的预见性或超前眼光，使规划方案能够体现发展的原则，具有一定的前瞻性，避免保守规划方案给风景旅游区的管理工作造成限制和束缚。

2. 整体性的原则

在风景旅游区规划中，整体性体现在两个方面：一是风景旅游区规划是国民经济社会发展的总体规划的一个部分，局部规划应服从整体规划，并与城乡规划、土地利用规划相协调。同时，风景旅游区规划应列入国民经济与社会发展的总体规划之中，在总体规划中给予统筹安排，并在政策、资金上给予重点支持和扶植。二是保持风景旅游区的整体性。对风景旅游区范围的划定，要尽量考虑其区域界限与行政和经济区划的一致性，尽量避免跨行政区和经济区规划。这种规划，一方面可以使风景旅游区的管理和开发与当地的社会发展和经济发展总体规划有机结合；另一方面可使风景旅游区的管理成为一个统一的整体，避免因权限分散而产生混乱。

3. 坚持"三大效益"共同发展原则

风景旅游区规划要以旅游市场为导向，以旅游资源为基础，以旅游产品为主体，充分体现和贯彻经济、社会和环境效益可持续发展的指导方针。

风景旅游区规划必须坚持以市场为导向的原则。在市场经济条件下，风景旅游区规划必须进行旅游市场的分析与预测，设计适应旅游者需求的旅游产品。即规划的核心是要确定把开发的风景旅游区设计成或制作成什么样的旅游产品，卖给哪些客源市场的消费者，获得多少效益，并考虑投入和产出比，突出经济效益。

旅游开发也应着眼社会效益，特别是要"以当地居民为中心"，兼顾当地居民和风景旅游区职工的需求和利益。因为，旅游开发的影响不仅仅限于经济领域，在社会环境、文化方面同样有重要的影响。只有当地居民和风景旅游区职工的利益得到保证，才能使他们产生自觉地保护行动。这对提高风景旅游区内以及风景旅游区周边的人文形象和知名度，创造良好的区域发展"软环境"都有积极作用。因此，旅游开发规划还必须注重社会效益。

风景旅游区规划必须坚持可持续发展的原则。环境质量关系到人类的生存与发展，而风景旅游区开发活动会带来一定程度的污染。如果只追求经济效益，而不顾及环境问题，必将后患无穷，乃至影响到人类的生存。为了使风景旅游区能长远获益，并为子孙后代保留的生存环境，规划中必须制定生态环境保护方案，因地制宜地处理人与自然的关系。要特别强调开发的保护性和维护自然生态环境与社会文化环境协调平衡的原则，使开发与保护、培育有机结合，使严格保护、统一管理、合理开发、永续利用的基本原则得到有效贯彻。

4. 突出特色性原则

风景旅游区规划编制要突出地方特色，注重区域协同，强调空间一体化发展，避免近距离不合理重复性建设，加强对旅游资源的保护，减少对旅游资源的浪费。特色是一个地方、一个民族或一个国家历史、地理、政治、经济、文化、社会等方面的真实的综合反映，是古今人、事、物独特个性的集合体或集中表现。对风景旅游区而言，特色原则指利用"人无我有，人有我优，人优我特"的资源优势，开发出独具个性的旅游产品。这种独特个性具体表现在三方面：一是民族特色，二是地方特色，三是历史特色。

二、风景旅游区规划要求与内容

(一)风景旅游区规划编制要求

1. 规划应符合国家或行业制定相应规范

风景旅游区规划除了应以国家相应法律、法规如《中华人民共和国城市规划法》《中华人民共和国环境保护法》《中华人民共和国文物保护法》《中华人民共和国森林法》《中华人民共和国草原法》《中华人民共和国管理法》《中华人民共和水资源法》等为基础外，还应符合国家或行业制定的相应规范。目前，我国制定有关旅游区规划的规范有《旅游规划通则》《风景名胜区管理暂行条例》《旅游发展规划管理办法》《风景名胜区规划规范》《森林公园总体规划规范》《自然保护区类型与级别划分原则》《水利风景区评价标准(内部试行)》《国家地质公园总体规划指南(试行)》等。

2. 规划技术要求

(1)风景旅游区规划编制，要以国家和地区社会经济发展战略为依据，以旅游业发展的方针、政策及法规为基础，与国土规划、区域规划、城市总体规划、土地利用规划及其他相关规划相互协调，根据国民经济形势，对上述规划提出改进的要求。

(2)风景旅游区规划编制应当依据资源特征、环境条件、历史情况、现状特点以及国民经济和社会发展趋势，统筹兼顾，综合安排。

(3)风景旅游区规划编制应严格保护自然和文化遗产，保护原有景观和地方特色，维护生物多样性和生态良性循环，防止污染和其他公害，充实科教审美特征，加强地被和植物景观培育。

(4)风景旅游区规划编制应充分发挥景源的综合潜力，展现风景游览欣赏主体，配置必要的服务设施与措施，改善风景旅游区运营管理机能，防止人工化、城市化、商业化倾向，促使风景旅游区有度、有序、有节律地持续发展。要突出地方特色，注重区域协同，强调空间一体化发展，避免近距离不合理重复性建设，加强对旅游资源的保护，减少对旅游资源的浪费。

(5)风景旅游区规划编制，要坚持以旅游市场为导向，以旅游资源为基础，以旅游产品为主体，应合理权衡风景环境、社会、经济三方面的综合效益，权衡风景旅游区自身健全发展与社会需求之间的关系，创造风景优美、设施方便、社会文明、生态环境良好、景观形象和旅游魅力独特，人与自然协调发展的风景游憩境域。

(6)风景旅游区规划编制鼓励采用先进的方法和技术。编制过程中应当进行多方面的比较，并征求各有关行政管理部门的意见，尤其是当是居民的意见。

(7)风景旅游区规划编制工作所采用的勘察、测量方法与图件、资料，要符合相关国家标准和技术规范。规划编制人员中应有比较广泛的专业构成，应包括经济分析、市场营销、旅游资源、环境保护、城市规划、建筑设计等专业。

(8)风景旅游区规划技术指标，应当适应旅游业发展的长远需要，具有适度超前性。

(二)风景旅游区规划内容

1. 总体规划内容

总体规划是指对某一特定空间(一般为一个完整区域)旅游业的发展作全面具体规划。其编制程序为：先制定规划大纲，经编制人员、主要业务单位和专家获准后，再行编制总体规划，并组织专家进行评审。评审通过后，报请政府部门批准，然后组织实施。风景旅游区在开发建设之前，原则上应编制总体规划，小型风景旅游区可直接编制控制性详细规划。

风景旅游区总体规划包括下列内容：(1)对风景旅游区的客源市场的需求总量、地域结构、消费结构等进行全面分析与预测；(2)界定风景旅游区范围，进行现状调查和分析，对旅游资源进行科学评价；(3)确定风景旅游区的性质和主题形象；(4)确定规划风景旅游区的功能分区和土地利用，提出规划期内的旅游容量；(5)规划风景旅游区的对外交通系统的布局和主要交通设施的规模、位置，规划风景旅游区内部的其他道路系统的走向、断面和交叉形式；(6)规划风景旅游区的景观系统和绿地系统的总体布局；(7)规划风景旅游区其他基础设施、服务设施和附属设施的总体布局；(8)规划风景旅游区的防灾系统和安全系统的总体布局；(9)研究并确定风景旅游区资源的保护范围和保护措施；(10)规划风景旅游区的环境卫生系统布局，提出防止和治理污染的措施；(11)提出风景旅游区近期建设规划，进行重点项目策划；(12)提出总体规划的实施步骤、措施和方法，以及规划、建设、运营中的管理意见；(13)对风景旅游区开发建设进行总体投资分析。

在风景旅游区总体规划中，规划的成果内容包括规划文本、规划说明书、规划图件和附件等4部分。图件包括风景旅游区区位图、综合现状图、旅游市场分析图、旅游资源评价图、总体规划图、道路交通规划图、功能分区图等其他专业规划图和近期建设规划图等。附件包括规划说明、专题研究报告和其他基础资料等。

2. 控制性详细规划内容

在风景旅游区总体规划的指导下，为了近期建设的要求，可编制风景旅游区控制性详细规划。风景旅游区控制性详细规划的任务是以总体规划为依据，详细规定风景旅游区建设用地的各项控制指标和其他规划管理要求，为风景旅游区内一切开发建设活动提供指导。

风景旅游区控制性详细规划的主要内容：(1)详细划定所规划范围内各类不同性质用地界线。规划在各类用地内适建、不适建或者有条件地允许建设的建筑类型；(2)规划分地块规定建筑高度、建筑密度、容积率、绿化率等控制指标，并根据各类用地的性质增加其他必要的控制指标；(3)规定交通出入口方位、停车泊位、建筑后退红线、建筑间距离要求；(4)提出对各地块的建筑体量、尺度、色彩、风格等要求；(5)提出对各地块的建筑体量、尺度、色彩、风格等要求。

风景旅游区控制性详细规划的成果包括规划文本、图件及附件。图件包括风景旅游区综合现状图，各地块的控制性详细规划图，各项工程管线规划图等，图纸比例一般为1∶1000～1∶2000。附件包括规划说明及基础资料。

3. 修建性详细规划内容

对于风景旅游区当前要建设的地段，应编制修建性详细规划。风景旅游区修建性详细规划的任务是，在总体规划或控制性详细规划的基础上，进一步深化和细化规划编制文件，用以指导各项建筑和工程的设计和施工。

风景旅游区修建性详细规划的主要内容：(1)综合现状与建设条件；(2)用地布局；(3)景观系统规划设计；(4)道路交通系统规划设计；(5)绿地系统规划设计；(6)旅游服务设施及附属设施系统规划设计；(7)工程管线系统规划设计；(8)竖向规划设计；(9)环境保护和环境卫生系统规划设计。

风景旅游区修建性详细规划的成果包括规划设计说明书和图件。图件包括综合现状图、修建性详细规划总图、道路及绿地系统规划设计图、工程管网综合规划设计图、竖向规划设计图、鸟瞰或透视效果图等。图纸比例一般为1:500～1:200。

风景旅游区可根据实际需要，编制项目开发规划、游览线路规划和旅游地建设规划、旅游营销规划、风景旅游区保护规划等功能性专项规划。

三、风景旅游区规划文件核心内容

风景旅游区规划应紧紧围绕以下几个方面进行：(1)科学、准确和客观地对旅游产业和旅游形象进行定位；(2)规划目标体系应具有科学性、前瞻性和可行性；(3)旅游产业开发、项目策划应具有可行性和创新性；(4)旅游产业要素结构与空间布局的关系应具有科学性和可行性；(5)旅游设施、交通线路空间布局应科学合理；(6)旅游产业开发项目投资计算应科学、经济、合理；(7)风景旅游区规划建设对环境影响的评价应客观可靠；(8)风景旅游区规划文件中的各项技术指标应合理；(9)规划文本、附件和图件应规范，对规划方案的实施应具有可操作性和充分性。

四、风景旅游区规划图件类型

风景旅游区规划图件是旅游信息传播中非常流行、通俗、实用和便捷的图文资料，包括风景旅游区导示图类和旅游研究与规划管理图类两大类。风景旅游区规划图件与常规意义上的地图存在着一定差别。规划图件着重于操作性，是一种处于设计阶段的“非成熟”图形，而常规意义上的地图则是一种实用性极强的“成熟”地图。

(一)旅游规划导示图类

根据不同的分类方法，可以将旅游规划导示图件分成不同的种类。

1. 按表现方式分类

按表现方式可分为平面图、立体图、遥感影像图等。

(1)平面图是旅游规划中应用最为广泛的图件之一，优点是位置较准确、数字精度高、信息量大、编图方便、印制简单，但同时也存在着形式欠活泼，直观性、通俗性、艺术性不强的缺点。

(2)立体图又称透视图、写景图、鸟瞰图，它是对全图幅内的景物采用统一视场构图，进行三维写景，使之具有透视投影的立体视觉效果。一般是在控制性详细规划和修建性详细规划中加以应用，能够清晰地表达出设计的构思意图。它的优点是形式活泼、直观易懂，但制作要求较高。

(3)遥感影像图是以航片或卫星影像为底图，经加工制作而成的一种旅游图。影像图具有良好的视觉效果，地物清晰，还有一定的立体感，对于制作大范围的旅游地图更为优越。但影像也存在着画面较为杂乱、道路不清晰、景点不突出的问题，需要通过一定的技术手段加以处理。

2. 按比例尺大小分类

按比例尺的大小可分为小比例尺旅游图、中比例尺旅游图、大比例尺旅游图。在旅游规划中，对不同级别的规划都有着相应的图纸比例限制。对于旅游发展规划，如果是较大的风景旅游区，图纸比例一般为1:5000～1:10000；对于较小的风景旅游区，图纸比例一般为1:2000～1:5000。风景旅游区的控制性详细规划要求图纸比例1:1000～1:2000。风景旅游区详细规划图纸比例为1∶500～1∶2000。在这里，1∶5000以上属于小比例尺旅游图，1∶2000到1∶5000之间的为中度比例尺，1∶2000以下的为大比例尺。在相同面积的纸上绘制地图，比例尺大的绘制区域范围小，比例尺小的绘制区域范围大。对于风景旅游区规划中各类图件，更为详细的介绍见表1-1。

表1-1　风景旅游区总体规划图纸规定

图纸资料名称	比例尺				制图选择			图纸特征	有些图纸可与下列编号的图纸合并
	风景区面积（km^2）								
	20以下	20～100	100～500	500以上	综合型	复合型	单一型		
1 现状（包括综合现状图）	1∶5000	1∶10000	1∶25000	1∶50000	▲	▲	▲	标准地形图上制图	
2 景源评价与现状分析	1∶5000	1∶10000	1∶25000	1∶50000	▲	△	△	标准地形图上制图	1
3 规划设计总图	1∶5000	1∶10000	1∶25000	1∶50000	▲	▲	▲	标准地形图上制图	
4 地理位置或区域分析	1∶25000	1∶50000	1∶100000	1∶200000	▲	△	△	可以简化制图	
5 风景游赏区规划	1∶5000	1∶10000	1∶25000	1∶50000	▲	▲	▲	标准地形图上制图	
6 旅游设施配套规划	1∶5000	1∶10000	1∶25000	1∶50000	▲	▲	△	标准地形图上制图	3
7 居民社会调控规划	1∶5000	1∶10000	1∶25000	1∶50000	▲	△	△	标准地形图上制图	3
8 风景保护培育规划	1∶10000	1∶25000	1∶50000	1∶100000	▲	△	△	可以简化制图	3或5
9 道路交通规划	1∶10000	1∶25000	1∶50000	1∶100000	▲	△	△	可以简化制图	3或6
10 基础工程规划	1∶10000	1∶25000	1∶50000	1∶100000	▲	△	△	可以简化制图	3或6
11 土地利用协调规划	1∶10000	1∶25000	1∶50000	1∶100000	▲	▲	▲	标准地形图上制图	3或7
12 近期发展规划	1∶10000	1∶25000	1∶50000	1∶100000	▲	△	△	标准地形图上制图	3

说明：▲应单独出图　△可作图纸

五、风景旅游区开发程序

1. 编写风景旅游区调查报告

收集原始文字资料和图件，确定完成风景旅游区规划的具体计划，组织专业人员进行野外考察和重点考察，然后对区域自然条件、历史沿革、社会经济状况、文化、旅游资源、环境质量等进行综合研究。最后对资源、环境和开发条件做出综合评价，写出风景旅游区规划调查报告，形成本区规划基础资料。

2. 编制规划大纲

本阶段是风景旅游区规划工作的关键阶段，在充分依据调查研究报告的基础上，对风景旅游区开发中若干重大问题进行分析论证，如风景旅游区的性质、功能、特色、开发指导思想、原则，以及风景旅游区的构成、管辖范围和保护地带划定，风景旅游区的环境容量、客源市场分析和预测，经济效益分析，各项规划初步设想等，明确本区旅游事业发展方向。

3. 编制总体规划

规划大纲经专家评议和上级单位审定后作为规划的基础，然后对景区划分、项目建设、内外交通、接待设施以及发展水平和规模做出具体规定，写出说明书和绘制规划图。

4. 施工建设

规划方案审批后，应建立相应管理机构，培训人才，制定管理细则，并对风景旅游区进行详细规划，对建设项目进行设计，实现有序的管理和建设。

施工建设是开发工作从无形到有形的转变阶段，是将设计图纸变为真实景物的过程。风景旅游区的施工建设，不仅包括基础设施和配套设施的施工建设，还包括景观的建设施工以及风景旅游区资源和景观的保护与整修。风景旅游区设施的施工建设一般投资较大，周期较长，因此其建设规模、规格、布局等一定要经过严格的论证，并且要相互配套和协调，以避免设施的不足或浪费。

5. 完善管理体系，营造良好社会环境

风景旅游区开发的内容之一，是建立一个合法的、权威的管理系统和管理机构。这个管理系统包括法人代表、主管领导和工作人员。管理系统应有明确的管辖范围、经营内容、效益目标和部门分工，有管理条例和监督机构，负责风景旅游区的开发、保护和发展。

风景旅游区的社会环境是吸引旅游者的重要因素。社会环境的培育包括制定有利于风景旅游区开发和旅游业发展的政策；制定方便外来旅游者出入境的相应管理措施；营造稳定的政治环境和安定的社会秩序；提高当地居民的文化修养，培养旅游观念，养成文明礼貌、热情好客的习惯。特别是要争取提高风景旅游区居民的参与意识，使风景旅游区内及周边的居民得到实惠，只有这样才能营造良好的社区关系，争取社区的支持和帮助。惟有如此，也才能塑造良好的外部形象，赢得良好的发展环境，以此取得良好的社会效益和环境效益。

6. 积极开发旅游市场

风景旅游区开发，如果仅仅只是对风景旅游区的有关设施进行建设，而不进行市场开发和扩大客源，这种开发只能是徒劳的，必须将旅游风景建设和市场开拓活动结合起来，才有成功的可能。

第五节　规划建设原则及指导思想

一、规划建设依据

（一）提出依据的必要性

对一个风景旅游区进行总体规划，以及其后进行的各项规划和建设，不是随意假想的，更不能出于规划者和建设者的爱好，而应依据规划区的旅游资源状况、自然环境和社会经济环境状况、国家和地方的相关法律、法规、条例、国家或地方对旅游业发展的要求等，依此作为对风景旅游区规划范围、规划内容、建设项目与位置、资源利用程度等的约束条件，使风景旅游区在整个开发建设过程中，既符合风景旅游区建设的需要，满足吃、住、行、游、购、娱的游客需求原则，又符合资源可持续利用、环境条件不断改善、自然资源合理开发等要求。由此可见，风景旅游区规划建设依据，实际上是对一个风景旅游区在总体规划和投资建设的一系列过程中的一种强制性约束，它不仅在规划时要明确提出，而且在建设过程中应严格执行。

(二)规划依据基本内容

规划建设依据的基本内容一般应包括以下几个方面：

1. 法律、法规、条例

法律、法规、条例是对相应区域内的每一个公民、社团、企业等约束的文书，是行为必须遵守的规则。在风景旅游区规划以及各子项目建设过程中也不例外，应无条件遵守。因此，在规划建设方面应明确指出所依据的法律、法规条文，以便严格执行。在一般情况下，风景旅游区规划建设应依据以下法律进行：《中华人民共和国土地法》《中华人民共和国森林法》《中华人民共和国资源保护法》《中华人民共和国环境保护法》《中华人民共和国文物保护法》《野生动植物保护条例》等。

2. 规范、规定

规范和规定是对一个专门行业为了实现认识上的相对一致而制定的技术要求。例如在规划设计方面的一些技术要求和深度要求，在建设方面上的一些技术要求和行为要求，在管理方面上的一些安全要求等。在风景旅游区规划建设方面，我国于 1999 年颁布了 GB50298—1999 规范化标准，该标准已成为风景旅游区规划的重要依据。

3. 文件、纪要、地方发展计划

与旅游业有关的地方发展计划文件，同样也是编制风景旅游区规划的依据。相关计划和文件是地方政府发展旅游业的一些与国家政策、法律法规相符的更细致些的方针政策，这些方针政策对风景区规划和项目建设有着进一步的指导意义；另外，地方政府与专家、投资商对一个风景旅游区的资源、建设内容、建设进展安排等，在讨论中所形成的纪要，其针对性更强，是在开发前所达成的共识，其指导价值更大。

4. 可行性研究报告

可行性研究报告是在风景旅游区规划前，由具有旅游、农业、林业或相关部门的有工程咨询资质的单位，经认真调研后撰写的，并被国家发展和改革委员会或者省发展和改革委员会批准的一种风景旅游区开发专项研究技术报告，该技术报告称为可行性研究报告。一个风景旅游区开发的可行性研究报告，从其内容上来看，已对该区的建设内容、建设规模、投资额等进行了明确论证，是符合实际的。虽然，可行性研究报告对旅游项目建设缺少可操作性，但因其具有权威性，仍应作为规划建设的依据。

二、规划建设原则的制定

规划建设原则是对一个风景旅游区在规划和项目建设过程中，按照规划建设依据的有关规定、要求以及项目投资情况、风景旅游区资源现状、社会经济状况等提出的约束性条款。规划建设原则一般应阐明以下问题：开发与保护的关系、资源条件与旅游功能、区位条件与旅游区定位、建设需求与资金运用、经济效益与资源持续利用和保护等。

1. 开发与保护的关系

风景旅游区规划与建设是一种对国家资源的开发性行为，在得到有关部门批准以后，规划者和建设者应根据法律规定实施保护性开发，不能以破坏资源(土地、野生动、植物、河流环境等)为代价谋求集团利益和个人利益。在风景旅游区规划建设中，国家鼓励保护型开发，鼓励植树造林，鼓励恢复原文物古迹，坚决禁止以破坏资源为代价的开发行为，也反对不考虑有利于环境改善的开发行为。

2. 资源条件与旅游功能

在风景旅游区规划和建设中，应在充分调查、分析现有资源的情况下，依据其资源进行旅游功能规划和建设，应注意充分利用地方资源优势，特别是独特资源优势，精心策划、合理布局。在旅游功能规划方面，提倡合理利用地方旅游资源，恰当设计旅游项目，正确安排建设内容，不提倡引进不适于本区域的旅游项目；提倡资源、景观、功能的协调，不提倡为实现“功能齐全”而虚意造作；提倡有明显主题的风景名胜区，不提倡所谓的“功能齐全、主题杂乱”的风景名胜区。

3. 区位条件与旅游区定位

对风景旅游区区位条件的分析，有助于风景旅游区的合理定位。一个风景旅游区的定位准确与否，直接影响开发者的经济效益，进而会带来旅游资源的极度破坏。如由于游客过少，开发者为了增加旅游的吸引力而随意增加游乐项目；或由于游客过多，使风景旅游区超越规划承担能力的环境压力。由于区位条件、资源状况与旅游区定位关系十分密切，应依此予以恰当定位。

4. 建设需求与资金运用

一个风景旅游区的开发建设并非一朝一夕，大多需要相当长(一般 3 ~ 10 年)的时间，并要投入大量资金。因此，风景旅游区建设一要考虑资金的筹措，二要考虑资金的安排，三要注意投放资金的回报。特别是在资金短缺的情况下，应着力实现边建设、边运营、边发展的滚动发展资金运用计划，确保风景旅游区建设按规划完成。

5. 经济效益与资源持续利用和保护

风景旅游区在运营过程中应实现社会效益、生态效益和经济效益的同步发展，还应加强旅游环境条件的优化改善。因此，从规划设计一开始就应注意和安排一定的资金，使资源得到可持续利用，使生态效益良性发展，使旅游产业的开发效应得到有力加强。

三、规划建设指导思想的制定

指导思想是一个项目在规划和建设中的大方向，也是规划建设不可脱离的宗旨，是规划建设的总纲。指导思想应以资源为依据，以法律、法规、政策为准绳，以各种条件为考虑的综合因素，提出一个能够实现的、具有开拓意识和创造性的目标，以体现规划建设者的思想。

第六节　国外风景旅游区规划与主要思想

一、国外风景旅游区规划发展

旅游规划最早起源于 20 世纪 30 年代的英国、法国和爱尔兰等欧洲国家，是从区域规划理论衍生而来，主要是制定出旅游目的地发展旅游业的基本框架，以应付未来的发展变化。最初旅游规划只是为一些旅游项目或设施做一些起码的市场评估和场地设计，例如为饭店或旅馆选址等，从严格意义上讲，这还称不上旅游规划。

20 世纪 60 年代中期至 70 年代初的几年里，是世界旅游业迅速发展时期，旅游开发的需求也逐步加大，旅游规划的实践和研究也得到了快速发展。与此相应的旅游规划在欧洲得到了进一步发展，并逐渐发展到北美的加拿大，然后进一步向亚洲和非洲国家扩展。

20 世纪 80 年代，旅游规划理论思想和方法得到进一步充实，研究方法也日趋多样化。到 20 世纪 90 年代，国外旅游规划在长期的实践中形成了一定的规划标准与程序，并出现了专门从事旅游规划的旅游规划师，旅游规划这门学科也开始有了一个较完整的理论框架。然而尽管对旅游规划的重要性已达成共识，但其形式和最有效的方法在国外也仍旧是一个颇有争议的话题。

20 世纪 70 年代后期，旅游业的继续发展使旅游规划研究得到进一步加强，一个显著的标志就是开始出现比较系统的旅游规划著作。1977 年，世界旅游组织（WTO）对有关旅游开发规划的调查表明，43 个成员国中有 37 个国家有了国家级的旅游总体规划。随后，世界旅游组织出版了两个旅游开发文件，即《综合规划》（Integrated Planning）和《旅游开发规划明细录》（Inventory of Tourism Development Plans）。《综合规划》是为发展中国家提供的一本技术指导手册，《旅游开发规划明细录》则汇集了对 118 个国家和地区旅游管理机构和旅游规划的调查。1979 年，WTO 实施了全球范围内的旅游规划调查，共调查案例 1619 个（184 个地区规划、384 个区域规划、180 个国家规划、266 个区域间规划、42 个部门规划、599 个景点规划），并形成了第一份全球在制定旅游开发方面的经验报告。报告指出，只有 55.5% 的规划和方案被实施，规划的制定和实施之间存在脱节；制定旅游规划与使用的各种方法之间差别很大；规划对成本收益方面考虑多，而社会因素涉及得少；地区级规划要比区域级、国家级、世界级更有效和普遍。Gunn 于 1979 年出版了他早期旅游规划思想体系的总结著作《旅游规划》。

20 世纪 80 年代是旅游规划研究的大发展时期，大量的研究使规划理论思想和方法得到进一步充实，研究方面也日趋多样化。旅游规划的研究经过 60 年代的酝酿和 70 年代的初步探讨，到 80 年代，大家对旅游规划本身的认识则更为深刻了。Gunn 于 1988 年出版了《旅游规划》第二版，Murphy 于 1985 年出版了《旅游：社区方法》，Getz 于 1986 年发表“理论与实践相结合的旅游规划模型”，Douglas Pearce 于 1989 年出版了《旅游开发》（Tourism Development），他们在论著里深入地揭示了旅游规划的内涵，并在学术界基本上达成共识。即认为旅游规划是一门综合性极强的交叉学科，任何其他学科的规划包括城市规划和建筑规划不能替代它。西方的主要旅游期刊如《旅游研究记事》（Annals of Tourism Research）、《旅游研究杂志》（Journal of Tourism Studies）、《旅行研究杂志》（Journal of Travel Research）、《旅游管理》（Tourism Management）、《旅游娱乐》（Tourism Recreation）、《休闲科学》（Leisure science）、《旅游评论》（Tourist Review）和《可持续旅游杂志》（Journal of Sustainable Tourism）等，都发表了大量的有关旅游开发和规划方面的研究论文。另外世界旅游组织出版了旅游规划方面的多项出版物，如《国家和区域旅游总体规划的建立与实施方法》等，显示出了世界旅游组织对规划指导性和操作性的重视。80 年代末随着娱乐休闲度假旅游呈上升势态，对休闲、娱乐和度假规划的研究受到重视。其中 Clare. A. Gunn 的《度假景观：旅游区设计》是比较成熟的度假地设计指导手册。

20世纪90年代初，美国著名旅游规划学家Edward Inskeep为旅游规划的标准程序框架建立作出了巨大贡献。其两本代表作《旅游规划：一种集成的和可持续的方法》和《国家和地区旅游规划》，是面向旅游规划师操作的理论和技术指导著作。同期世界旅游组织也出版了《可持续旅游开发：地方规划师指南》及《旅游度假区的综合模式》等。这些著作的出现使旅游规划内容、方法和程序日渐成熟。这一时期，大家不仅对旅游规划操作本身比较重视，还对规划实施监控和管理给予了很大的重视，这在Inskeep的著作中已体现出。另外，由J. G. Nelson, R. Butler, G. Wall主编的论文集《旅游和可持续发展：监控、规划、管理》，着重于旅游规划贯彻和实施过程方面的研究。亚太旅游协会(PATA)高级副总裁Roger Griffin先生提出了“创造市场营销与旅游规划的统一”，这一观点是在辩证理解旅游规划与市场营销关系的基础提出来的。这反映了90年代旅游规划对市场要素的重视。澳大利亚学者Rors K. Dowling，提出“从环境适应性来探讨旅游发展规划”，从而把环境规划和旅游规划融为一体，体现了可持续发展的思想。其规划框架和Mill，MorrisonGunn等提出的区域旅游规划框架相似，但在环境倾向性方面是有区别的。Rors K. Dowling的旅游规划框架就其实质是一种生态旅游规划框架。1995年4月27日~28日，在西班牙加那利群岛兰沙罗特岛，联合国教科文组织、环境计划署和世界旅游组织共同召开了由75个国家和地区的600余名代表出席的“可持续旅游发展世界会议”，会议通过了《可持续旅游发展宪章》和《可持续旅游发展行动计划》，确立了可持续发展的思想方法在旅游资源保护、开发和规划中的地位，并明确规定了旅游规划中要执行的行动。Douglas Pearce1995年在《旅游新的变化：人、地、过程》中提出，一个“动态、多尺度、集成的旅游规划方法”，这是对以前综合和动态方法的总结和提高，应该说是提出了一个规划体系结构。20世纪90年代初，由Hubert N. Van Lier主编的《游憩和旅游规划的新挑战》，是对数个国家有关游憩产品规划的总结及趋势的预测。

二、国外风景旅游区规划主要思想方法

1. 综合法

综合方法或集成方法(Integrated Approach)，是Gravel于1979年提出，最初专注于客源市场或某些资源的规划，很少广泛考虑。人们称这种规划方法为“运营研究”，直到20世纪60年代这种方法都没有什么实质性的变化。20世纪50年代，人们采用了计算机技术处理和分析更多的计量经济数据，这只不过是计算的手段和技术发生了革新，而规划本身并没有任何变化。在60年代初，尽管大而复杂系统的管理技术方法和新的商业应用技术被采用，但规划方法仍没有大的进步。因而，60年代以前的方法都是一种非综合方法(非集成Non-integrated Approach)。直至1965年，Labean在“La Consommation touristiqne belge：son evolution passe et future”的战略规划中，首次同时采用了直接和间接的方法手段，利用了二者的互补性，并广泛考虑了区域和环境的背景，因而这种方法相对以前而言，体现出了综合集成的方法思想。

2. 系统规划法

系统规划法的雏形是综合动态法，最早是Baud-Bovy提出，开始反映了总体规划(Master Plan)思想，同时指出这种规划的过程是一个周期性的重复过程。每隔一定的时期要重做一次规划，间隔一般为5年，而每一次的规划称之为总体规划。总体规划有4个步骤：确定目

的、目标，收集和分析市场与资源数据，制定策略，以及决策。系统规划方法引进了系统论和控制论的方法，把它用于旅游规划中，通过制定旅游规划及其实施来控制旅游系统。Brain Mc Loughlin、George Chadwick 和 Alan Wilson 3 人是英国系统规划的主要创始人。Mc Loughlin 描述的规划过程最简单：规划过程呈直线关系发展，然后通过一个网络不断重复。在作出编制规划和建立一个特定系统的基本决定以后，规划师要列出广泛的目标(Goals)，并根据这些目标确定一些较具体的任务(Objectives)，借助于系统的模型来求得他将采取若干可能的行动方向(Course of action)，随后根据这些任务和可能的财力来评价各个方案，最后实施最优方案。其实，以上主要是指一个动态规划过程，确切地讲是一个动态控制过程。总体规划提出后，又提出了户外休闲产品分析序列规划法(PASOLP 即 Product's Analysis Sequence for Outdoor Leisure Planning)，并用 PASOLP 法进一步制定出一个非线性、动态规划过程即他们所说的系统规划法。其系统规划法是由 4 个部分构成，即：开发计划，监控系统，反馈和校正系统，重新规划过程。这一系统规划思想另一个特色是由一个很强的产品分析的主线贯穿规划之中。

系统规划法注重于政策的制定和选择，以及社会经济影响分析(主要是成本效益研究)，而具体规划不作为主要部分，并且对旅游系统本身的复杂性分析也不够。Mill & Morrison (1985)和 Gunn(1988)，对旅游系统本身的功能和系统的复杂性做了进一步的研究和揭示，把旅游系统分为需求和供给两个功能部分：旅游者为需求方，而供给方由不同的运输方式、吸引物、提供服务和娱乐的设施、旅游信息和促销等构成。Gunn 还认为特别影响旅游系统功能的要素有自然资源、文化资源、工商企业家、金融资本、劳力、完全性、社区、政府政策和组织(或领导)。Mill 和 Morrison 还进一步指出了系统的 4 个部分及其之间关系，即：客源市场(旅游者)，旅行(交通运输)，旅游目的地(吸引物、娱乐设施和服务)，营销(信息和促销)。这些工作是对鲍氏方法的进一步补充和完善。

3. 社区法

社区法主要倡导者为 Peter E. Murphy(1983)，他在《旅游：一个社区方法》一书中较为详细地阐述了旅游业对社区的影响及社区对旅游的响应，及如何从社区角度去开发和规划旅游。他把旅游看作一个社区产业，作为旅游目的地的当地社区是一个生态社区。他构筑了生态模型社区，社区的自然和文化旅游资源相当于一个生态系统中的植物生命，它构成食物链的基础，过分地索取会导致植物的减少和自然退化。当地居民被看作是生态系统中的动物，他们作为社区吸引物的一部分，既要过日常生活又要作为社区展示的一部分。旅游业类似于生态系统中的捕猎食者，而游客则是猎物。旅游业的收益来自游客，游客关心的是旅游吸引物(自然和文化旅游资源及娱乐设施)和服务，这是“消费”的对象。这样吸引物和服务、游客、旅游业和当地居民便构成了一个有一定功能关系(生物链)的生态系统中的主要成分。它们的比例是否协调，关系到系统的健康和稳定。按照这种思维方法去规划和组织旅游业便是社区法。

Murphy 在运用生态社区方法时，引入了系统理论的分析方法，因为生态系统是一个系统。在作系统分析时，着重考虑 4 个基本部分：(1)人们的活动，发生在特定的时空条件下有规律的行为模式；(2)交通(交流)，如媒体、信息领域和运输 3 类；(3)空间、活动和交通发生的空间；(4)时间因子。

要控制一个动态系统，必须知道它在不同发展阶段的产出。把系统方法用到旅游规划中有两个突出的优点：一是弹性能用于不同水平级，二是连续监测的概念把规划和管理合成在一起。社区法非常强调社区参与规划和决策制定过程。当地居民的参与使规划中能反映当地居民的想法和对旅游的态度，以便规划实施后，减少居民对旅游的反感情绪和冲突。

4. 门槛分析法

门槛分析(threshold Analysis)方法，是由波兰的区域和城市规划专家马列士于1963年在其著作《城市建设经济》正式提出。该方法最初应用形式是城市发展门槛分析，是综合评价城市发展可能的综合规划方法。1968年，马列士在南斯拉夫南亚德里亚地区的规划中首次将门槛分析方法直接应用于旅游开发。他从门槛分析的角度把资源分为两大类：一类是容量随需求的增加成比例渐增；另一类是容量只能跳跃式地增加并产生冻结资产现象。同时他把旅游业中资源按功能特征分为3种：(1)旅游胜地吸引物，指风景、海滨、登山和划船条件、历史文化遗迹等；(2)旅游服务设施，指住宿、露营条件、餐馆、交通、给排水等；(3)旅游就业劳动力，指服务于旅游业的劳动力。

马列士认为，以上3种旅游资源中住宿条件(旅馆、汽车旅馆、露营地、私人住房等)可随需求的增加，容量逐渐增大，属于第一类型；而给水条件属于第二类型。因为给水量在不超过现有水资源限制条件下可渐增，但增到一定限度后需要大量投资开辟新的水源。这个一定限度便是供水量发展的门槛。在跨越门槛的建设后如不再继续增容利用，便会产生剩余容量，导致资产的冻结，大大降低方案的经济效益。

当今门槛分析方法已不局限于具体设施项目分析，而已它应用到整个旅游地的开发规模上。"旅游门槛人口"的提出便是由单项目门槛分析推广到旅游地接待规模与效益的分析之中，以便决定其开发规模。

5. 可持续发展思想

可持续发展（Sustainable Development）是20世纪80年代提出的一个新概念。1987年世界环境与发展委员会在《我们共同的未来》报告中第一次阐述了可持续发展的概念，得到了国际社会的广泛共识。可持续发展是指既满足现代人的需求也不损害后代人满足需求的能力。换句话说，就是指经济、社会、资源和环境保护协调发展，它们是一个密不可分的系统，既要达到发展经济的目的，又要保护好人类赖以生存的大气、淡水、海洋、土地和森林等自然资源和环境，使子孙后代能够永续发展和安居乐业。可持续发展与环境保护既有联系，又不等同。可持续发展的核心是发展，但要求在严格控制人口、提高人口素质和保护环境、资源永续利用的前提下进行经济和社会的发展。

可持续发展思想就是要在旅游规划制定过程之中，自始至终地贯彻可持续发展思想。严格地讲它是一种思想方法而不是一个具体的操作方法。1990年，在加拿大召开的Globe'90国际大会上构筑了旅游可持续发展基本理论的基本框架。这次大会促进了全球范围内倡导旅游可持续发展的新潮流。Edward Inskeep在他的《旅游规划：一个综合和可持续发展方法》中提出的环境和可持续发展方法，认为旅游规划、开发、管理的目的是让其自然和文化资源不枯竭、不退化，并维护成一种可靠的资源，作为将来永远不断利用的基础。可持续旅游发展的实质，就是要求旅游与自然、文化和人类生存环境成为一个整体，自然、文化和人类生存环境之间的平衡关系使许多旅游目的地各具特色，特别是在那些小岛屿和环境敏感地区，旅游发展不能破坏这种脆弱的平衡关系。可持续发展的基本原则，是在全世界范围内实现经济发展目标和社会发展目标相结合。

《行动计划》指出，“以可持续发展为原则，通过以下几个方面制定旅游发展规划：

(1)提倡总体规划。

(2)制定政策，加强旅游与其他重要经济部门的相互配合。

(3)制定长期资金计划，尽可能地与总体发展目标保持一致。

(4)寻找激励因素，组织促销活动。

(5)制定监督、评价工作计划与实施过程的方法。

《宪章》和《行动计划》均明确了旅游开发与规划应以可持续发展思想为主导思想。

1997 年 6 月，世界地理理事会、地球理事联合会根据联合国《21 世纪议程》联合制定了《关于旅游业的 21 世纪议程》。该《议程》亦把“可持续旅游业发展的规划”作为其行动框架中一个重要的优先领域。

第七节 案例

一、规划依据(陕西兴平市市农业观光园总体规划)

(1)《中华人民共和国土地管理法》(2004. 8. 28)

(2)《中华人民共和国土地管理法实施条例》(国务院第 256 号令，1998. 12. 24)

(3)《基本农田保护条例》(国务院第 162 号令，1998. 12. 24)

(4)《国务院关于深化改革严格土地管理的决定》(国发[2004]2 号，2004. 10. 21)

(5)《关于贯彻落实〈国务院关于深化改革严格土地管理的决定〉的通知》(国土资源部，2004. 11. 2)

(6)《关于土地开发整理工作有关问题的通知》(国土资发[1999]358 号)

(7)《工业项目建设用地控制指标(试行)》(国土资发[2004]232 号)

(8)《陕西省实施〈中华人民共和国土地管理法〉办法》(陕西省人民政府，1999. 11. 30)

(9)《陕西省农村集体五荒资源治理开发管理条例》(陕西省国土资源厅，1999. 4. 1)

(10)《陕西省实施〈基本农田保护条例〉细则》(陕西省国土资源厅，2006. 12. 26)

(11)《陕西省人民政府关于加强耕地占补平衡工作的通知》(陕西省国土资源厅，2006. 12. 26)

(12)《兴平市土地利用总体规划》(1997 ~ 2010)

(13)《兴平市特色优势农产品区域布局规划》(2003 ~ 2007)

(14)《2000 年兴平市人口普查资料》(2001)

(15)《兴平市环境保护“十五”计划及 2015 年远景规划》

(16)《兴平市旅游发展总体规划(2001 ~ 2010 年)》

(17)《兴平市河道整治规划报告》

(18)《兴平县志》(1994. 6)

(19)《兴平市国民经济和社会发展第十一个五年规划纲要》(2007. 10. 2)

(20)《2007 年兴平市政府工作报告》(2007. 3. 1)

(21)国家和省其他有关的法律、法规和技术标准

(22)所属乡镇的土地利用总体规划和划区定界报告

(22)所属乡镇的城镇总体规划或集镇总体规划

二、规划建设原则(新疆哈纳斯湖风景旅游区总体规划)

1. 风景资源特点

千米枯木长堤：在喀纳斯湖最北端的入湖口，有一条千米枯木长堤是喀纳斯湖奇观之一。洪水时枯木长堤会飘起来，但是这些枯木不会向下游漂，却奇怪的浮动逆流而上，长长地横列在喀纳斯湖的最上游 6 道湾。

湖怪：喀纳斯湖另一奇观是湖中有巨型“湖怪”。据当地图瓦人民间传说，喀纳斯湖中有巨大的怪兽，能喷雾行云，常常吞食岸边的牛羊马匹，这类传说从古到今，绵延不断。据专家考察推断，所谓湖怪其实是那些喜欢成群结队活动的大红鱼，特别是著名的哲罗鲑，体长可达 2 ~ 3m，重达几百 kg，因鱼体呈淡红色而被俗称大红鱼。

云海佛光：清晨登上山顶观赏日出景色，可见喀纳斯上空云海翻腾，雾涛升空，有时可看见如同峨眉山云海佛光那样的奇观。

变色湖：春夏时节，湖水会随着季节和天气的变化而变换颜色。关于变色湖的原因是季节变化所引起上游河水所含矿物成分多少的缘故，与周围群山植物随季节变化的不同色彩倒映在湖中，以及阳光角度变化和不同季节的光合作用对湖水的影响也有一定关系。

其他还有加斯库勒、仙女姐妹湖、阿克库勒湖、冰川遗迹(终碛堤、冰斗)、槽谷(U 形谷)、悬谷、漂砾石、禾木草原、那仁草原、喀纳斯原始泰加林等景观。

2. 规划建设原则

新疆哈纳斯湖风景旅游区的规划原则可总结为“12345”，其规划原则为：

“1”：即一个“减法”原则：少做人造景观，在自然天成、原始古朴的景区中，实行写意中国画式的“写意式景观规划设计”，尽可能保持景观环境的地方性自然、人文状态；

“2”：即“二无”原则：规划建设无污染、无破坏；

“3”：即“三核心”原则：天—地—人三核心；

“4”：即“四高”原则：高起点、高标准、高品位、高效益；

“5”：即“五特色”原则：①地广天高；②瞬息万变；③人间净土；④自然天成；⑤源远流长。

三、规划建设原则(陕西省宁东林业局旅游产业发展规划纲要)

1. 以法律法规为准绳，坚持依法开发资源的原则

宁东林业局在旅游产业开发建设中，应坚持以相关法律、法规、政策、标准、规范等为准绳，坚持依法开发资源。秦岭是中国的重要山脉，是生态环境保护的重要地段，是中国乃至是世界的“生物资源基因库”。宁东林业局旅游产业开发是秦岭山地开发的一部分，并处于核心位置，因此对整个秦岭生物多样性保护有着重要影响。因此，宁东林业局旅游产业开发建设，不仅在开发和建设中应坚持依法利用资源的原则，而且在未来的经营管理中也应坚持依法管理资源的原则。

2. 坚持环境保护优先，实现资源可持续利用的原则

神秘的秦岭腹地，既属于中国也属于全世界。宁东林业局旅游资源既是现代人的旅游资源，也是未来子孙后代的旅游资源。因此，宁东宁东林业局的旅游产业开发，要认真严格贯

彻“严格保护，统一管理，合理开发，永续利用”的方针。坚持保护第一，生态优先的原则，以保护促发展，以发展求保护，保护与开发并重。在发展旅游业的过程中，必须将生态环境的不断改善放在首位，把生态保护作为基本前提，在保证资源可持续利用的同时，创造旅游经济的发展机会。因此，宁东林业局旅游产业开发，应坚持以生态经济学理论为指导，使其与生态环境保护、生物多样性和生物资源保护统一，使旅游资源的利用既满足当代人需求，又能够惠及子孙后代。

3. 整合资源系统规划，打造宁东森林公园品牌的原则

宁东林业局内森林旅游资源丰富，地貌类型多样，山体造型奇特，水体清澈秀美，生物景观多姿多彩，天象景观变幻莫测，人文景观历史悠久，形成了鲜明的生态旅游资源优势和特征，为开展各种森林生态旅游活动奠定了坚实的物质基础。这些旅游资源分布于局域内的不同区域，景点的点状分布与集群状分布并存，同时随着时间的推移和次生林的休生养息，还会有新的景点、游憩地不断出现。因此，宁东林业局的旅游产业开发，应以林业局局域为范围，确立宁东森林公园建设品牌，应贯彻“统一规划，分步实施，滚动发展，逐步完善”的原则，从旅游业的自身特点出发，按照轻重缓急的发展原则，在总体规划的指导下，分期投资，有重点、分阶段地进行开发建设。

4. 立足局域资源特色，突出公园生态旅游主题的原则

宁东林业局在旅游产业开发建设中，应突出公园自身赋予的自然景观特色，突出区域人文环境下的地方文化特色，突出在空间上得天独厚自然环境优势特色，构建“三位一体”的公园生态旅游主题。应通过与邻近已开发的类似旅游区比较，特别是与资源背景相同、客源市场相同、旅游主题相同的旅游区进行比较，发现和挖掘自身优势，准确定位，确立有鲜明特色的旅游形象。

5. 依托区域本底景观，使各分区资源与功能协调的原则

宁东林业局在旅游产业开发建设中，应对局域内的不同区域景观特色进行分析，对局域内的不同区域自然赋予的功能进行分析，明确不同区域允许的开发方向，明确不同区域允许的开发力度，明确不同区域允许的开发功能，使各分区资源与功能协调。特别是应明确旅游规划的各种功能在旅游过程中所产生的后果，并预先评估对环境保护功能区、生物保护功能区等保护功能区的长远影响。

6. 自然与人文相结合，体现自然与社会文化特点的原则

文化性是旅游业可持续发展的灵魂，体现了旅游区特有的文化性也就体现了旅游区的特色。宁东森林公园以苍山奇峰为景观骨架，以茂密的森林和丰富的生物多样性及珍稀野生动物为景观主体，以自然山水为依托，以人文景观为点缀，说明具有森林公园的共性特点，但其个性特点存在于资源本身所表现的文化方面。因此，宁东林业局旅游产品开发不能脱离文化这个主题，应深刻分析和研究资源产生条件、资源体现的文化内涵、资源传递的文化信息、资源能够给公众的文化教育等，重视升级旅游产品的开发与建设品位。

7. 产品与市场相结合，使市场导向与产品开发一致的原则

宁东林业局旅游产业开发中的旅游产品开发，应以生态效益为目的，以社会效益和经济效益为目标，以市场经济要求为导向，结合公园内的资源分布、开发难易程度、资金供给能力等，有计划地规划和开发旅游产品，明确旅游产品在空间上的建设体系，在时间上的建设序列，在适应市场上的建设类型，在景区上的建设重点；应将“大市场”观念贯彻于整个规

划建设之中，注重横向联合，优势互补，与周边县区各类旅游区结成互惠共赢的利益共同体，形成互补共赢的良性市场关系和客流互动、市场共享的产品开发格局，构建区域旅游网络，发挥规模集群效应。

四、规划建设指导思想(乾陵风景旅游区风景林建设专项规划)

根据我国关于对西部环境建设与经济发展的战略思想，结合乾陵文物保护的特点、乾陵的历史地位等，乾陵生态绿化工程建设的指导思想是：以文物保护为建设前提，以生态林建设为规划目标，以恢复原乾陵森林外貌为宗旨，重现乾陵的唐代皇家陵园风范；大力植树造林、栽灌、种草，提高森林覆盖率和区域绿量，以切实控制区域水土流失、改善区域环境质量、实现保护与生态工程建设并举、经济与环境治理同步发展的目标。最终将这一区域建设成为人与自然的和谐、适度开发与可持续发展结合的生态经济型人文景观系统，为未来被列入世界文化遗产名录奠定良好生态环境基础。

五、规划建设指导思想(陕西兴平市市农业观光园总体规划)

温家宝总理在国务院召开的全国深化改革严格土地管理工作的会议上讲话时强调："各地区、各部门要以'三个代表'重要思想为指导，坚持科学发展观和正确的政绩观，认真贯彻落实《国务院关于深化改革严格土地管理的决定》，进一步统一思想认识，加强和改进土地管理，促进节约用地，逐步建立适应社会主义市场经济体制要求、符合我国国情、严格科学有效的土地管理制度"。曾培炎副总理在一次讲话中也强调："土地的科学规划，关系到土地资源的利用和保护，关系到区域经济的协调发展，是国家调控经济社会协调发展的一个重要手段。"

因此，根据兴平市的地理位置和规划区的环境条件，兴平市沿渭万亩清水莲生态观光园总体规划的指导思想为：贯彻党的十七大和中央关于发展"三农"经济的有关精神，坚持农业规划布局的科学发展观，依据规划区的自然环境条件和区位优势，建立和提升经济发展与环境保护、长远利益与当前利益、发展高效农业产业与发展观光农业旅游产业的关系，保障和发挥土地资源的集约、高效利用和优化配置，实现合理利用土地、综合发展农业经济目标，实现农业产业化与服务业产业化的有机结合，达到加速区域农业经济的发展步伐园区建设的目的。

【复习思考题】

1. 风景旅游区规划的目的是什么？
2. 风景旅游区有哪些类型？在规划时，不同类型应遵循哪些标准或规范？
3. 风景旅游区规划的基本原理是什么？这些原理对规划有什么指导意义？
4. 风景旅游区规划为什么必须坚持"三大效益"同步发展原则？
5. 风景旅游区规划的核心内容是什么？
6. 制订风景旅游区规划建设原则时涉及哪些关系？
7. 提出风景旅游区规划的指导思想对风景旅游区规划有什么实际意义？

第二章　风景旅游区调查与评价

【本章提要】

风景旅游区资源调查和社会、经济、自然条件调查，是风景旅游区规划的第一步工作，是风景旅游区规划的重要方面。因此，扎实细致地进行风景旅游区相关调查，认真搜集与规划有关的资料，并进行实事求是的评价，是规划好风景旅游区的基础。本章主要阐述风景旅游区的资源、社会、经济、自然条件的调查内容和调查方法，比较详细地说明旅游资源与环境的评价方法，并说明调查报告的编写内容。旨在使学生认识风景旅游区规划前调查的重要性，掌握评价分析方法和调查报告的撰写。

第一节　旅游资源调查的原则和内容

一、调查目的

旅游区规划前的调查，是进行资源评价、开发建设规划，及合理利用与保护旅游区资源、实现可持续发展目标的最基础的工作。旅游区规划调查的主要目的是：(1)了解和掌握区域内旅游资源的基本情况，建立区域旅游资源数据库；(2)为旅游区的开发规划与实施管理提供坚实的基础资料，为制定开发导向提供有力的证据；(3)促进区域内旅游资源的保护，能够使全社会意识到旅游资源的重要性，从而为保护现有资源奠定思想基础，同时也有助于日后新资源的发现。

二、调查原则

旅游区规划调查的主要内容之一是旅游资源调查。旅游区旅游资源的调查既涉及科学技术问题，又涉及文化艺术问题。调查者除了应具备必要的专业知识外，还应具有历史、文学、美学、经济学、社会学等多方面的文化素养。除此之外，调查人员在调查过程中还应遵循以下原则：

1. 双重身份原则

进行旅游资源调查，调查者应当以旅游者和旅游区开发者这两种身份出现。在调查过程中，要兼顾旅游者和旅游区开发者的双重利益：一方面，开发旅游资源的目的是为旅游者提供理想的旅游场所，最大限度地满足旅游者的旅游需求，所以旅游资源调查者应从旅游者角度考虑，根据旅游者的需要去考察旅游资源；另一方面，旅游资源是否能够满足旅游者的要求，是否被游客所利用、所认可，并带来一定的效益，很大程度取决于旅游区规划开发者。因此，调查又应从旅游区开发者的角度出发，去查明资源的价值和开发的可能性及可行性。

2. 真实可靠性原则

在对开发区进行调查时，调查者必须亲临现场，并对调查对象进行逐一考察、测量、拍照、录像、分析、记录，即便是那些经过搜集整理而获得的旅游资源方面的文献、报告和图表等书面资料，也只能作为野外调查的参考，必须在现场进行核对，以确认资料的真实性、完整程度和未来开发的前景。因为随着时间的推移和环境的变化，原有的资料可能出现偏差，从修建方面考虑，也可能会增加难度。因此，在调查时应对现有资料进行核实，以确保其真实、可靠。

3. 创造性原则

创造性是指在调查时，应着力寻找更多更美的事物，丰富景点、景区内容。调查者应善于发现美的东西，创造美的意境。如一块巨石，在旁人眼中可能只是一块普通的大石头，而资源调查者却能从另一个角度感受它的美，并根据形状，颜色以及其他特征，对其进行命名，继而根据周围环境，创造出一个意想不到的景点。再如，调查者可将散乱的景物、景点系统化、人格化，这也是调查人员创造性的体现。通过调查者的分析和归纳，使游客面对的将不再是杂乱无章的东西，而是完整有序，有美感甚至带有人情味的系统景观。

4. 取优去劣原则

在调查过程中，调查者要选择那些有利于旅游者和旅游区居民身心健康的、能够促进两个文明建设的内容和环境条件，要将历史文化艺术、宗教活动与封建迷信区别开来，对于历史遗留下来的一些恶习和愚昧、腐朽的东西应予以剔除，使旅游区成为一个有利于旅游者身心健康的场所。

三、调查的基本内容

(一)基本概念

1. 旅游资源(tourism resources)

自然界和人类社会凡是能对旅游者产生吸引力，可以为旅游业开发利用，并可产生经济效益、社会效益和环境效益的各种事物和因素。

2. 风景资源(landscape resources)

风景资源也称景源、景观资源、旅游名胜资源、风景旅游资源，它是指能引起审美与欣赏活动，可以作为旅游游览对象和旅游开发利用的事物或因素的总称。风景资源是构成旅游环境的基本要素，是旅游区产生环境效益、社会效益、经济效益的物质基础。

3. 旅游资源质量(landscape resources quality)

旅游资源所具有的科学、文化、生态和旅游等方面的价值。

4. 景物(Scenery)

景物是指具有独立欣赏价值的旅游素材的个体，是旅游区构景的基本单元。

5. 景观(Landscape)

景观是指可以引起视觉感受的某种景象，或一定区域内具有某种特征的景象。

6. 景点(Scenic spot)

景点是由若干相互关联的景物所构成、具有相对独立性和完整性，并具有审美特征的基本境域单元。

7. 景群(Many scenic spots)

景群是由若干相关景点所构成的景点群落或群体。

编制旅游区规划应当具备相关的自然与资源、人文与经济、旅游设施与基础工程、土地利用、建设与环境等方面的历史和现状基础资料，这是科学地、合理地制定旅游区规划的基本保证。

(二)环境条件调查

根据旅游区的开发、规划要求，对与其相关的自然与社会、市场与环境等应进行调查。

1. 自然环境调查

自然环境调查包括调查区的地质(岩石、地层)、地貌、水文、气象气候、动植物等自然资源，并对其数量和质量一并进行归纳统计，形成旅游区开发的背景材料。

2. 社会环境调查

社会环境调查包括该地的行政归属与区划、人口与居民、文化医疗卫生、安全保卫、历史文化及其位置、距离、交通、邮电通讯、电力、供水、食宿等基础条件，并附相关的行政区划图和位置分布图。

3. 市场环境调查

调查旅游区规划地和客源地的经济状况，相互联系的紧密程度，居民人口消费水平和出游率(年旅游人数占居民人口数的百分率)。依据旅游资源吸引力的大小，进行可能的客源分析，包括客源形成的范围和大致数量，调查区的资源及条件对客源产生的积极影响和不利因素。

4. 环境质量调查

环境质量指影响旅游区开发效果的水文、植被、大气等质量状况。因此，环境质量调查的内容应包括工矿企业、科研医疗、人口压力、生活服务、仓储等设施造成的大气、水体、土壤、动植物等的污染状况、破坏程度和治理程度；有无地震、洪涝、火山活动、地质等自然灾害，有无噪音、地方传染病、放射性物质、易燃易爆物质等。

(三)旅游资源状况调查

旅游资源是自然界和人类社会能对旅游者产生吸引力，可以为旅游区开发利用，并可产生经济效益、社会效益和环境效益的各种事物和因素。资源状况包括旅游资源的类型、数量、规模、结构、级别、成因等，当地与旅游区开发有关的重大历史事件、社会风情、名人活动、文化作品等，搜集调查区的资源与布图、景区或景点、景物以及历史活动照片、录像等有关资料。对于重大旅游资源，应提供尽可能详细的资料，包括类型描述、特征数据、环境背景和开发现状等。

此外，还应对旅游资源保护与开发现状进行调查。保护现状是指旅游资源单体在所处地域内的保存情况，有无保护措施及设施等；开发现状是指旅游资源现在的开发状况、项目、类型、时间、旅游人次、旅游收入以及周边地区同类旅游资源的开发比较、开发计划等。

(四)重点旅游资源调查

1. 已知旅游区及外围旅游资源调查

对已知旅游区资源的调查是为了充分挖掘其旅游资源的潜力而服务的。例如发现新的旅游资源以及可进一步深度开发的旅游资源，为旅游区的发展提供科学依据，加强已知旅游景区外围资源的调查，可以扩大景区的范围，增加旅游区游客的环境容量，延长游客停留时间，使原旅游区规模更宏大，内涵更丰富。

2. 重点景区的调查

景区是指在旅游区规划中，根据景源类型，景观特征或游赏要求而划分的一定用地范围，包含有较多的景物和景点或若干景群，形成相对独立分区特征。对于开发价值高的重点新景区的旅游资源调查，主要包括有：

(1)具有特色的大型旅游景观：它是指具有鲜明地方特点，且可能存在较强吸引力的(类似张家界、九寨沟、神农架等)旅游区的景观。这些地方人迹罕至，有鲜为人知的独特地貌、水体、动植物等资源。

(2)具有特殊功能的旅游景观：在调查过程中，除了要注意观光型的旅游资源外，还应注意具有其他功能的旅游资源，如登山、探险、滑雪、漂流、宗教文化等，以适应旅游需求多样化的发展趋势。

(3)适合科学考察和专业学习的旅游景观：旅游业的发展势必会促进一支专业旅游和科考旅游队伍的形成。可依据他们的需要，发掘一些可成为以科学考察和增加科学知识为主要内容的旅游景观。如地质方面的标准剖面，重要的生物化石点，典型的矿床、冰川、植被带谱，典型的奇特地貌及古人类活动遗迹遗址等。

(4)独有的旅游资源：它是指稀缺性极强、少有的旅游资源。如青藏高原、国宝大熊猫、独特的民族风情和民族文化等，这些资源独一无二，或非常稀有，当它们一旦被开发，均能给游客以极大的吸引力，满足其猎奇、求新、求异心理。

3. 交通沿线和枢纽点调查

旅游资源一经开发，交通可能成为影响游客流量的最大限制因素之一。紧靠交通沿线和交通枢纽点的旅游资源，游客可进入性高，只要具有一定的特色，就能对游客产生极大的吸引力。若旅游资源特色鲜明，就很容易开发成热点新旅游区；而那些远离交通沿线和枢纽点的旅游资源，只有规模大，旅游价值高，游客才肯花费一定的精力和时间前往。

第二节 风景旅游资源调查方法

一、规划调查研究程序

由于旅游资源涉及面广，包含的内容也相当庞杂，因此在进行旅游资源调查时就要采取一定的工程流程，通过有组织、有计划的行动，保证旅游资源调查工作顺利地进行，从而提高调查的质量。根据调查进行的时间安排，可将旅游资源调查分成旅游资源调查准备、旅游资源调查实施和旅游资源调查整理分析三个阶段(图 2-1)。在每个阶段的工作过程中，还应制定合理程序，以便顺利完成前期调查任务。

1. 成立调查组

根据旅游资源调查区域内的情况，成立由专家或专业工作者与当地政府的领导、工作人员和熟悉地学情况的居民组成的旅游调查评价考察队，以保证旅游资源调查工作的顺利进行。

图 2-1 风景旅游资源调查程序

2. 明确调查任务

在调查组成立后，就可以针对所承接的调查任务，按照调查的意图，进行初步的分析评判，提出一个大致的调查方向或意向，以明确调查的主要问题，为下一步工作的开展奠定基础。

3. 确立调查目标

调查目标是调查意向的具体化和明确化，也就是旅游资源调查最终要达到的目的。

4. 制定调查方案

调查方案一般应包括以下内容：调查的目的要求，调查对象或调查单位，调查内容或项目，调查地点和范围，调查提纲或调查表，调查时间或工作期限，调查资料的收集方式与方法，调查资料整理分析方法，以及提交调查表的形式与图表等。

5. 制定调查工作计划

根据旅游资源调查的要求，结合资料收集整理反映的具体情况，编写计划任务书，包括所需完成的任务、目的要求、将采用的工作方法、技术要求、工作量、人员配备、工作部署安排、所需设备、器材和经费等，并提出预期成果。

6. 调查资料收集

调查资料可分为原始资料和加工资料。加工资料是现存的有关旅游资源的主要相关资料，具有获取速度快、节省费用等特点。在实地调查之前，通过查阅这些资料，能给调查员一个全面认识旅游资源的机会，便于下一步原始资料的收集。但由于加工资料存在着可信度较差等原因，因此原始资料的获取就显得格外的重要。原始资料收集要求调查人员运用各种方法进行资料的收集，如初步调查、系统调查、详细勘查以及专业调查等。

7. 调查资料整理与分析

将所有调查资料进行鉴别、核对和修正，使资料达到完整、准确、客观、前后一致的要求。同时应用科学的编码、分类方法对资料进行编码与分类，以利于今后的查阅和再利用。在调查资料整理完后，应填写调查资料汇总表，资料汇总表格式见表 2-1。

在对资料分析方面，应借助于一定的统计分析技术，确定各资料、数据和图件间的相互关系，从而认识某种现象与某个变化产生的原因，把握旅游资源发展的方向和变化规律，探求解决问题办法，以便提出合理的行动建议。

表 2-1 调查资料汇总表（样表）

<table>
<tr><td colspan="11">调查组主要成员</td></tr>
<tr><td>责任</td><td>姓名</td><td>专业</td><td>职称</td><td>分工</td><td rowspan="7"></td><td>责任</td><td>姓名</td><td>专业</td><td>职称</td><td>分工</td></tr>
<tr><td>组长</td><td></td><td></td><td></td><td></td><td>成员</td><td></td><td></td><td></td><td></td></tr>
<tr><td>副组长</td><td></td><td></td><td></td><td></td><td>成员</td><td></td><td></td><td></td><td></td></tr>
<tr><td>成员</td><td></td><td></td><td></td><td></td><td>成员</td><td></td><td></td><td></td><td></td></tr>
<tr><td>成员</td><td></td><td></td><td></td><td></td><td>成员</td><td></td><td></td><td></td><td></td></tr>
<tr><td>成员</td><td></td><td></td><td></td><td></td><td>成员</td><td></td><td></td><td></td><td></td></tr>
<tr><td>成员</td><td></td><td></td><td></td><td></td><td>成员</td><td></td><td></td><td></td><td></td></tr>
<tr><td colspan="11">主要技术存档材料（可附另页）</td></tr>
<tr><td>类　别</td><td colspan="10">名　　称</td></tr>
<tr><td>文字资料（出版物、内部资料）</td><td colspan="10"></td></tr>
<tr><td>调查记录（采访记录、测试数据）</td><td colspan="10"></td></tr>
<tr><td>调查图件（原始地图、实际资料图）</td><td colspan="10"></td></tr>
<tr><td>影像资料</td><td colspan="10"></td></tr>
<tr><td>填表人</td><td colspan="2"></td><td>联系方式</td><td colspan="3">单　　位
电　　话
电子信箱</td><td colspan="4">填表日期
年　月　日</td></tr>
</table>

8. 编写旅游资源调查报告

旅游资源调查报告既是调查主题的分析与总结，也是该项调查成果的反映。旅游资源调查报告即可为决策部门提供客观的决策依据，也体现该调查项目的全部调查活动。旅游资源调查报告要求观点正确、材料典型、中心明确、层次清晰。在内容上一般要包括标题、目录、前言、概要、正文、结论与建议以及附件等几大部分。

二、规划区资源调查方法

旅游资源调查（investigation of tourism resources）是按照旅游资源分类标准，对旅游资源单体进行的研究和记录。

（一）按调查范围划分

1. 旅游资源单体调查

旅游资源单体（object of tourism resources）调查是指对每个旅游资源单体分别进行的详细调查。旅游资源单体是指可作为独立观赏和利用的旅游资源基本类型（fundamental type of tourism resources）的单独个体，它包括“独立型旅游资源单体”和由同一类型的独立单体结合在一起的“集合型旅游资源单体”。旅游资源单体调查，可以在不同的时间段内考察该资源单体，发现一年中各个时期可以开展的旅游活动内容，也可以是在该资源单体的不同位置设置观察，以获得空间范围内的全面信息(表2-2)。

在风景旅游资源单体调查中，应选定下述单体进行重点调查：具有旅游开发前景的风景旅游资源单体，有明显经济、社会、文化价值的风景旅游资源单体；集合型风景旅游资源单体中具有代表性的部分；代表调查区形象的旅游资源单体。对下列旅游资源单体暂时不进行调查：明显品位较低、不具有开发利用价值的旅游资源单体；与国家现行法律、法规相违背的旅游资源单体；开发后有损于社会形象的或可能造成环境问题的旅游资源单体；位于特定区域内的某些影响国计民生的旅游资源单体。

旅游资源单体调查应填写"旅游资源单体调查表"(表2-2、表2-3)。对每一调查单体分别填写一份"旅游资源单体调查表"。调查表各项内容，还应按GB/T 18972—2003中的有关规定要求填写。应该注意的是，不同类型的规划可能要求的调查内容有一定差别，在调查时应根据相应的规范确定。

表2-2　风景资源单体调查表(样表)

基本类型：

代号	；其他代号：①　　　　；②
行政位置	
地理位置	东经：　°　′　″；　北纬：　°　′　″
性质与特征： (单体性质、形态、结构，组成成分的外在表现和内在因素，以单体生成过程、演化历史、人事影响等主要环境因素)	
区域及进出条件： (单体所在地区的具体部位、进出交通，与周边旅游集散地和主要旅游区〈点〉之间的关系)	
保护与开发现状： (单体保存现状、保护措施、开发状况)	

表2-3　风景资源单体调查区实际资料表(样表)

调查区名称		调查时间	年　月　日至　年　月　日
行政位置			
调查区基本资料			
调查区概况： (面积、行政区划、人口、所处的旅游区域)			
调查工作过程 (工作程序和调查重点，提交的主要文件、图件)			
调查区旅游开发现状和前景 (总体情况、产业地位、旅游开发潜力、旅游开发)			

2. 旅游线路调查

这种方法是指沿着旅游者所走的路线，或区内已知的旅游线，或将要被规划成的游线进行的调查。旅游线也称景线，它是指由一连串相关景点所构成的线性旅游形态和系列。游线也称游览线，它是指为游人安排的游览欣赏旅游的路线。旅游线路调查便于发现各路线的资源特点、资源量，也便于开发各具特色的景观线路。

线路调查法按实际需要设置，一般要求贯穿调查区内所有调查小区和主要旅游资源单体所在的地点。

3. 规划区全面调查

规划区全面调查是指对既定区域内的旅游资源进行全面、系统的调查，从而获得如区域的地理位置(包括所属景区和行政隶属)、资源描述、景区、景点及旅游区名称，资源所处的自然和人文环境背景、景区基本情况、旅游交通、旅游设施、旅游接待情况、城市依托条件等有关信息。

在规划区调查时，以上3种方法一般均应被应用，以避免调查内容缺项。

为便于运作和此后的旅游资源统计、旅游资源评价、区域旅游资源开发需要，必须将整个调查区分为“调查小区”。调查小区一般按行政划分(如省级一级的调查区，可将地区一级的行政区划分为调查小区；地区一级的调查区，可将县级一级的行政区划分为调查小区；县级一级的调查区，可将乡镇一级的行政区划分为调查小区。)对于旅游区规划而言，调查小区一般应为景区。

(二)按调查方法划分

1. 方案调查法

方案调查法是通过收集旅游资源的各种现有数据和情报资源，从中摘取与资源调查项目有关内容，进行分析研究的一种调查方法。由于它收集的对象主要是经过加工的第二手资料，因此也被称为间接调查法。它的优点是调查速度快，能够在短时间内形成调查区内的整体性映像。但是，由于是经过加工过的材料，在使用时往往有讹误产生，而且，这种调查法也不能给调查人员一个动态的感性认识，也会影响到以后结论的正确性。

2. 访问调查法

访谈访问是这种方法的最大特色，在旅游规划的资源调查中也经常采用这种方法。访问调查包括直接访问和间接访问两种方式。直接访问就是调查人员与所在地的部门、居民及旅游者直接交谈，从而可以及时地了解没有记载的事实和难以出现的现象。间接访问是利用调查问卷、调查卡片等向熟悉情况的居民或旅游者进行调查，结果以书面的形式提供。

3. 统计分析法

由于旅游资源区是一个由多种旅游景观类型和环境要素组成的综合体，因此就必须采取统计的方法，对各类资源进行综合统计，得出旅游资源区的相关数据。对于旅游资源单体而言，则可以通过统计分析的方法，得出单体的面积、长度、宽度、角度、温度数据。这对旅游资源的深度开发具有重大的意义。

4. 综合考察法

旅游资源总是分布在一定的地理范围之内，对它的分布位置、变化规律、数量、特色、特点、类型、结构和功能、价值等方面的了解，只有到调查区实地考察后才能得知，也才能有一个全面的认识。

5. 区域比较法

比较法可分为两个层次，一是不同类型旅游资源的对比，二是同类型旅游资源的对比，其中同类型旅游资源的对比在旅游规划中显得最为重要。因为不同类型旅游资源的特色非常鲜明，而相似的资源则需要认真观察研究，找出两者的不同特色，才能为下一步的开发奠定基础。

6. 遥感调查法

随着现代科技的发展，遥感技术也逐渐应用到了旅游资源的调查上。这种调查方法不仅能对旅游资源的类型定性，而且能成为旅游资源的定量标志，还能发现一些野外综合考察时不易发现的潜在资源。

（三）按调查所采用的记录手段划分

1. 文字记录法

文字记录法是旅游资源调查中最简便的一种方法，它是将考察过程中的所见所闻用文字记录下来，以便在规划时利用。这种方法简单易行，但往往不够准确，通常会带有记录人的主观意志。

2. 图表记录法

使用这种记录方法，需要在调查前设计相应的调查表，在调查过程中，将所收集的信息（需要的信息）一一标注在底图上，从而准确地在表中记录下景点、景物、周边的基本情况，可采取的建设措施等。

3. 实地素描法

在考察中，用画笔、颜料等绘画材料描绘出实地考察的对象，但使用这种方法要求调查人员必须具有一定的绘画技能。

4. 影视录摄法

对考察内容进行录像、摄影的一种方法。现代科技手段的应用，为旅游资源调查带来了许多方便。在野外实地考察的时候，使用声像摄录设备可以将野外考察过程全面地记录下来，真实地显示出旅游区的重要资源概况。这种记录手段不仅能将旅游景观静态描述出来，而且能通过声音和图像，让人们看到景观的系统景象。

此外，利用计算机技术，可以录入实地调查所收集到的数字、文字、图表、影像等信息，并能迅速而便捷地对信息进行查询、分析、处理、调整和整理。

此外，还可以利用飞机和卫星，对旅游资源进行实地航空、航天遥感调查。但是，这种手段对资金、技术等要求较高。在调查未发掘的地下文物资源时，物理探测方法也不失为极好的调查手段。

三、旅游资源调查资料分类

（一）资料分类的目的和意义

经过对规划区内和规划区外相关内容的调查，可取得旅游区旅游资源状况的全面、具体、详尽的资料。这些资料繁多而杂乱，并不能系统地反映旅游规划区的特点，也不能说明与规划有关的指标。因此，必须对资料进行整理，使调查资料系统化，便于分析和利用。调查资料整理的主要任务是对调查资料进行分类。

(二)旅游资源调查资料分类

1. 按调查资料形式划分

按调查资料形式，可将资料划分为4种类型，即：

(1)按调查资料利用价值分：从旅游开发角度出发，可将调查资料按利用的重要程度划分为：基础资料、参考资料和补充资料。

(2)按调查资料提供形式分：按照提供或调查的资料的形式，可将资料划分为文字资料、图片资料、图件资料、统计图表、音像资料、机读资料等。

(3)按调查资料时间分：按调查资料的发表或统计时间，可将调查资料分为历史资料和现实资料。

(4)按调查资料加工程度分：按对调查资料的加工程度，可将调查资料分为原始资料、已处理资料和成果资料。

2. 按调查资料的类型划分

由于旅游资源的复杂性，国内外不同的学者从不同的角度提出了众多的分类方案。从旅游规划的角度出发，目前公认和较为常用的有两种方案：

(1)按《中国旅游资源普查规范》要求分类：这一分类方案是1992年由国家旅游局资源开发司和中国科学院地理研究所编制完成的。在这一分类体系中，将旅游资源共分为两级，即类与基本类型。类是若干属性相同或相近的基本类型的归并，不开展实际的调查；基本类型（“旅游资源基本类型”的简称）是普查的具体对象，由相应的旅游资源组成。全部基本类型共有74种，归为6类。

(2)按《旅游资源分类、调查与评价》要求分类：《旅游资源分类、调查与评价》(GB/T18972—2003)的分类方法，由国家质量监督检验检疫总局于2003年2月24日颁布，2003年5月1日起实施。这一体系在分类结构上采用了主类、亚类、基本类型3个层次，共划分出8大主类、31个亚类、155个基本类型，每个层次的旅游资源(tourism resources)类型有相应的汉语拼音代号。这一分类标准，在前一个分类的基础上作了进一步修改和完善，增加了一些新的内容，使各类更具体、更具有操作性(表2-4)。

表2-4　旅游资源分类表

主类	亚类	基本类型
A地景观文	AA综合自然旅游地	AAA山丘型旅游地 AAB谷地型旅游地 AAC沙砾石地型旅游地 AAD滩地型旅游地 AAE奇异自然现象 AAF自然标志地 AAG垂直自然地带
	AB沉积与构造	ABA断层景观 ABB褶曲景观 ABC节理景观 ABD地层剖面 ABE钙华与泉华 ABF矿点矿脉与矿石积聚地 ABG生物化石点
A地景观文	AC地质地貌过程形态	ACA凸峰 ACB独峰 ACC峰丛 ACD石(土)林 ACE奇特与象形山石 ACF岩壁与岩缝 ACG峡谷段落 ACH沟壑地 ACI丹霞 ACJ雅丹 ACK堆石洞 ACL岩石洞与岩穴 ACM沙丘地 ACN岸滩
	AD自然变动遗迹	ADA重力堆积体 ADB泥石流堆积 ADC地震遗迹 ADD陷落地 ADE火山与熔岩 ADF冰川堆积体 ADG冰川侵蚀遗址
	AE岛礁	AEA岛区 AEB岩礁

（续）

主类	亚类	基本类型
B 水域风光	BA 河段	BAA 观光游憩河段 BAB 暗河河段 BAC 古河道段落
	BB 天然湖泊与池沼	BBA 观光游憩湖区 BBB 沼泽与湿地 BBC 潭池
	BC 瀑布	BCA 悬瀑 BCB 跌水
	BD 泉	BDA 冷泉 BDB 地热与温泉
	BE 河口与海面	BEA 观光游憩海域 BEB 涌潮现象 BEC 击浪现象
	BF 冰雪地	BFA 冰川观光地 BFB 常年积雪地
C 生物景观	CA 树木	CAA 林地 CAB 丛树 CAC 独树
	CB 草原与草地	CBA 草地 CBB 疏林草地
	CC 花卉地	CCA 草场花卉地 CCB 林间花卉地
	CD 野生动物栖息地	CDA 水生动物栖息地 CDB 陆地动物栖息地 CDC 岛类栖息地 CDD 蝶类栖息地
D 天象与气候景观	DA 光现象	DAA 日月星辰观察地 DAB 光环现象观察地 DAC 海市蜃楼现象多发地
	DB 天气与气候现象	DBA 云雾多发区 DBB 避暑气候地 DBC 避寒气候地 DBD 极端与特殊气候显示地 DBE 物候景观
E 遗址遗迹	EA 史前人类活动场所	EAA 人类活动遗址 EAB 文化层 EAC 文物散落地 EAD 原始聚落
	EB 社会经济文化活动遗址遗迹	EBA 历史事件发生地 EBB 军事遗址与古战场 EBC 废弃寺庙 EBD 废弃生产地 EBE 交通遗址 EBF 废城与聚落遗迹 EBG 长城遗迹 EBH 烽燧
F 建筑与设施	FA 综合人文旅游地	FAA 教学科研实验场所 FAB 康体游乐休闲度假地 FAC 宗教与祭祀活动场所 FAD 园林游憩区域 FAE 文化活动场所 FAF 建设工程与生产地 FAG 社会与商贸活动场所 FAH 动物与植物展示地 FAI 军事观光地 FAJ 边境口岸 FAK 景物观赏点
	FB 单体活动场馆	FBA 聚会接待厅堂（室）FBB 祭拜场馆 FBC 展示演示场馆 FBD 体育健身馆场 FBE 歌舞游乐场所
	FC 景观建筑与附属建筑	FCA 佛塔 FCB 塔形建筑物 FCC 楼阁 FCD 石窟 FCE 长城段落 FCF 城（堡）FCG 摩崖字画 FCH 碑碣（林）FCI 广场 FCJ 人工洞穴 FCK 建筑小品
	FD 居住地与社区	FDA 传统与乡土建筑 FDB 特色街巷 FDC 特色社区 FDD 名人故居与历史纪念建筑 FDE 书院 FDF 会馆 FDG 特色店铺 FDH 特色市场
	FE 归葬地	FEA 陵区陵园 FEB 墓（群）FEC 悬棺
	FF 交通建筑	FFA 桥 FFB 车站 FFC 港口渡口与码头 FFD 航空港 FFE 栈道
	FG 水工建筑	FGA 水库观光游憩区段 FGB 水井 FGC 运河与渠道段落 FGD 堤坝段落 FGE 灌区 FGF 提水设施
G 旅游商品	GA 地方旅游商品	GAA 菜品饮食 GAB 农林畜产品与制品 GAC 水产品与制品 GAD 中草药材及制品 GAE 传统手工产品与工艺品 GAF 日用工业品 GAG 其他物品
H 人文活动	HA 人事记录	HAA 人物 HBB 事件
	HB 艺术	HBA 文艺团体 HBB 文学艺术作品
	HC 民间习俗	HCA 地方风俗与民间礼仪 HCB 民间节庆 HCC 民间演艺 HCD 民间健身活动与赛事 HCE 宗教活动 HCF 庙会与民间集会 HCG 饮食习俗 HCH 特色服饰
	HD 现代节庆	HDA 旅游节 HDB 文化节 HDC 商贸农事节 HDD 体育节
数量统计		
8	31	155

[注]如果发现本分类没有包括的基本类型时，使用者可自行增加。增加的基本类型可归入相应亚类，置于最后，最多可增加 2 个。编号方式为：增加第 1 个基本类型时，该亚类 2 位汉语拼音字母 + Z、增加第 2 个基本类型时，该亚类 2 位汉语拼音字母 + Y。

（3）按《旅游名胜区规划规范》要求分类：按照《旅游名胜区规划规范》（GB50298—1999）国家标准的有关规定，旅游资源分类有3个层次结构，即大类、中类、小类。其中，大类按习惯分为自然和人文两类；中类基本上属旅游资源的种类层，分为8个类型；小类是在同一中类内部，或其自然属性相对一致、同在一个单元中，或其功能属性大致相同、同是一个人工建设单元和人类活动方式及活动结果的类型。小类基本上属旅游资源的形态层，是旅游资源调查的具体对象，分为74个小类（表2-5）。

表2-5　旅游资源分类表

大类	中类	小类
一、自然景源	1. 天象	（1）日月星光（2）虹霞蜃景（3）风雨阴晴（4）气候景象（5）自然声像（6）云雾景观（7）冰雪霜露（8）其他天象
	2. 地景	（1）大尺度山地（2）山景（3）奇峰（4）峡谷（5）洞府（6）石林石景（7）沙景沙漠（8）火山溶洞（9）蚀余景观（10）洲岛屿礁（11）海岸景观（12）海底地形（13）地质珍迹（14）其他地景
	3. 水景	（1）泉井（2）溪流（3）江河（4）湖泊（5）潭池（6）瀑布跌水（7）沼泽滩涂（8）海湾区域（9）冰雪冰川（10）其他水景
	4. 生景	（1）森林（2）草地草原（3）古树名木（4）珍稀生物（5）植物生态种群（6）动物群栖息地（7）物候季相景观（8）其他生物景观
二、人工景源	1. 园景	（1）历史名园（2）现代公园（3）植物园（4）动物园（5）庭宅花园（6）专类游园（7）陵园墓园（8）其他园景
	2. 建筑	（1）风景建筑（2）居民宗祠（3）文娱建筑（4）商业服务建筑（5）宫殿衙署；（6）宗教建筑（7）纪念建筑（8）工交建筑（9）工程构筑物（10）其他建筑
	3. 胜迹	（1）遗址遗迹（2）摩崖题刻（3）石窟（4）雕塑（5）纪念地（6）科技工程（7）游乐文体场地（8）其他胜迹
	4. 风物	（1）节假庆典（2）民族民俗（3）宗教礼仪（4）神话传说（5）民间文艺（6）地方人物（7）地方特产（8）其他风物
数量统计		
2	8	74

四、调查资料范围和深度要求

（一）测量资料

1. 地形图

小型旅游区图纸比例为1:2000～1:10000；

中型旅游区图纸比例为1:10000～1:25000；

大型旅游区图纸比例为1:25000～1:50000；

特大型旅游区图纸比例为1:50000～1:200000。

2. 专业图

专业图包括航片、卫片、遥感影像图、地下岩洞、河流测绘图、地下工程等管理网测绘图。

（二）自然与资源资料

1. 水文资料

水文资料中的江河湖海的水位、流量、流速、流向、水量、水温、洪水淹没线；江河区的流域情况，流域规划、河道整治规划、防洪设施；海滨区的潮夕、海流、浪涛；山区的山洪、泥石流、水土流失等。

2. 地质资料

地质资料中的地质、地貌、土层、建筑地段承载力；地震或重要地质灾害的评估；地下水存在的形式、储量、水质、开采及补给条件。

3. 自然资料

自然旅游资料中的景源、生物资源、水土资源、农林牧副渔资料、矿产资源等的分布、数量、开发利用价值等资料，自然保护对象及地段。

(三)人文与经济资料

1. 历史与文化

历史演变及变迁、文物、胜迹、风物、历史与文物保护对象及地段。

2. 人口资料

历年常住人口数量、年龄结构、劳动结构、教育状况、自然增长和机械增长；服务职工和暂住人口及其结构变化，游人及结构变化；居民、职工、游人分布状况。

3. 行政区划资料

行政建制及区划，各类居民点及分布、城镇辖区、林界、乡界及其他相关地界。

4. 经济社会资料

有关经济社会发展状况、计划及其发展战略；旅游区范围内及其周边的国民生产总值，财政、产业产值状况；国土规划、区域规划、相关专业考察报告及其规划。

5. 企事业单位分布与现状

该项目调查该地区各行业的企业及事业单位的现状及发展资料，规划区管理现状等。

(四)设施与基础工程现状

1. 交通运输现状

旅游规划区及其可依托的城镇，旅游规划区的对外交通运输和内部交通运输的现状、近期规划及有关发展资料。

2. 旅游设施

旅游规划区及其可以依托城镇的旅行、游览、饮食、住宿、购物、娱乐、保健等设施的现状、规划及发展资料。

3. 基础工程

旅游规划区内及其周边的水电、气热、环保、环卫、防灾等基础工程现状及发展资料。

(五)土地利用与其他资料

1. 土地利用

规划内各类用地分布状况，历史上土地利用重大变更资料，土地资源分析评价资料。

2. 建筑工程

规划内各类主要建筑物、工程物、园景、场馆场地等项目的分布状况、用地面积、建筑面积、体量、质量、特点等资料。

3. 环境资料

大气、水文、土壤等环境项目的质量监测成果，“三废”排放的数量和危害情况，垃圾、灾害和其他影响环境的有害因素的分布及危害状况，地方病及其他有害公民健康的环境监测与分析资料。

第三节 环境调查与分析评价

风景旅游区现状分析内容主要有水资源分析、大气质量分析、环境污染状况分析及社会条件分析等。通过对旅游区规划区现状分析，可明确提出旅游区发展的优势和动力、存在的矛盾与制约因素、规划对策与规划重点等方面内容。

一、水环境资源分析

水资源分析包括水量分析和水质分析两个方面的内容。

1. 水量分析

(1)规划旅游区内的小溪、河流数，年最大日流量，日平均流量及旅游季日流量。

(2)规划旅游区内的湖泊数量、面积、储水量;

(3)规划旅游区内的泉及瀑布的个数、流量、瀑布的落差。

对以上内容的调查和分析，可为旅游区能否开发水上游乐项目以及以水为主体的景观规划建设提供依据。

2. 水质分析

(1)旅游区规划内的生活饮用水应符合《中华人民共和国国家标准——生活饮用水质量标准》(GB5749—85)中的相关规定;

(2)旅游区内的江河、湖泊、水库等具有使用功能的地面水水域，应以质量划分类别，对各测定值与《中华人民共和国国家标准——地面水环境质量标准》(GB8383—88)进行对照分析，并做出应用价值评价;

(3)对于以景观、疗养、度假和娱乐为目的的江、河、湖或水库、海水水体或其中一部分的利用，应对测定结果与《中华人民共和国国家标准——景观娱乐用水质量标准》(GB12941—91)进行对照分析，并做出应用价值评价。

旅游区规划内的水资源应由权威部门进行相关指标测定，对测定结果应与国家有关水质量标准进行对照，并确定水的质量等级，如实说明该旅游区内的水质可否作为旅游资源或生活饮用水被利用，为旅游区规划提供可靠依据。

二、环境空气质量分析

环境空气质量是旅游区一项很重要的分析指标，旅游区环境空气质量的好坏不仅关系到旅游业的前景，也影响到游人的身体健康。因此，评价时应在权威部门测定的基础上，对照相关标准做认真分析，若发现问题，应找出原因，提出解决办法。

1. 环境空气质量分类

环境空气质量可按《环境空气质量标准》(GB3095—1996)分为3类。即一类区：对自然保护区、旅游名胜区和其他需要特殊保护的地区，其环境空气质量必须达到国家标准中的一级标准；二类区：为城镇规划中确定的居住区、商业交通居民混合区、文化区、一般工业区和农林地区，这些区域的环境空气质量必须达到国家标准中的二级标准；三类区：为特定工业区，这些区域的环境空气质量必须达到国家标准中的三级标准。

2. 环境空气质量测定

环境空气质量的测定指标为：SO_2、NO_2、NO_X、O_3、CO、P_b、氟化物、苯并芘、总悬浮颗粒物，可吸入颗粒物等；取值时间为任何一个标准状态(温度273k，压力101.325Kpa)时间的年平均、季平均、日平均和1小时平均。

3. 环境空气质量分析

在环境空气质量分析时，应对上述测定值与《中华人民共和国国家标准——环境空气质量标准》(Ambient air quality standard)进行对比分析，并做出评价结论。

三、环境污染状况分析

在规划区内，环境污染源主要来自于城内或近域工厂、矿业的废水、废气、废料，以及居民、商业的生活垃圾。这些废物和垃圾往往会对旅游区内的水域、土壤、空气造成污染。为了保护环境，合理利用和开发旅游资源，就必须对这些污染物的类型和污染程度进行分析，对有负面影响的污染源，还应提出解决方案，并列入规划中。

环境污染现状分析，应在相关指标测定的基础上，与下列国家标准对照，并做出客观评价，对不符合有关如排放标准的企业，应提出相应措施，使其达到规定要求。这些标准有：《造纸工业水污染排放标准(GB 3544－92)》《环境噪声标准(GB 3096)》《农药安全使用标准(GB 4285－89)》《水泥厂大气污染物排放标准(GB 4915－1996)》《城镇垃圾农用控制标准(GB 8172－87)》《污水综合排放标准(GB 8978－88)》等。

此外，在有辐射源的旅游区，还应对辐射状况进行调查，并参照《中华人民共和国国家标准——放射防护标准(GB/J 8－74)》中规定的有关限制指标进行分析评价。

四、社会状况分析

社会状况与分析包括以下内容：

(1)居民现状：旅游区居民人口数、分布、受教育的程度；

(2)居民收入：农业(或牧业、渔业)收入来源、人均年收入、人均可利用地面积、单位面积产量等；

(3)居民认识：居民对旅游产业的认识，地方农副特产品的种类、品种、年产量，可作为旅游产品的前景，其他可作为旅游产品开发的资源量与开发技术等

五、SWOT分析

1. SWOT分析的意义

SWOT是指强项或优势(Strength)、弱项或劣势(Weakness)、机会或机遇(Opportunity)，以及威胁或对手(Threat)。SWOT分析法是一种能够较客观而准确地分析和研究一个单位现实情况的方法。利用这种方法可以从中找出对自己有利的、值得发扬的因素，以及对自己不利的并如何去避开的东西，发现存在的问题，找出解决办法，并明确以后的发展方向。根据这个分析，可以将问题按轻重缓急分类，明确哪些是目前急需解决的问题，哪些是可以延缓的事情，哪些属于战略目标上的障碍，哪些属于战术上的问题。它很有针对性，有利于领导者和管理者在单位的发展上做出较正确的决策和规划。

2. SWOT 分析原理

按照企业竞争战略的完整概念，战略应是一个企业的强项和弱项，以及环境的机会和威胁之间的有机组合。著名的竞争战略专家迈克尔·波特提出的竞争理论，从产业结构入手对一个企业“可能做的”方面进行了透彻的分析和说明。而管理学家则运用价值链解构企业的价值创造过程，注重对公司的资源和能力的分析。SWOT 分析，就是在综合了前面两者的基础上，以资源学派学者为代表，将公司的内部分析与产业竞争环境的外部分析结合起来，形成了自己结构化的平衡系统分析体系。

与其他的分析方法相比较，SWOT 分析从一开始就具有显著的结构化和系统性的特征。就结构化而言，首先在形式上，SWOT 分析法表现为构造 SWOT 结构矩阵，并对矩阵的不同区域赋予了不同分析意义；其次在内容上，SWOT 分析法的主要理论基础也强调从结构分析入手对企业的外部环境和内部资源进行分析。另外，早在 SWOT 诞生之前的 20 世纪 60 年代，就已经有人提出过 SWOT 分析中涉及到的内部的优势和劣势，外部的机会和威胁这些变化因素，但只是孤立地对它们加以分析。SWOT 方法的重要贡献就在于用系统的思想将这些似乎独立的因素相互匹配起来进行综合分析，使得企业战略计划的制定更加科学和全面。

SWOT 方法自形成以来，广泛应用于战略研究与竞争分析，成为战略管理和竞争情报的重要分析工具。分析直观、使用简单是它的重要优点。即使没有精确的数据支持和更专业化的分析工具，也可以得出有说服力的结论。但是，正是这种直观和简单，使得 SWOT 不可避免地带有精度不够的缺陷。例如 SWOT 分析采用定性方法，通过罗列 S、W、O、T 的各种表现，形成一种模糊的企业竞争地位描述。以此为依据做出的判断，难免带有一定程度的主观臆断。所以，在使用 SWOT 方法时要注意方法的局限性，在罗列作为判断依据的事实时，要尽量真实、客观、精确，并提供一定的定量数据弥补 SWOT 定性分析的不足，构造高层定性分析的基础。

3. SWOT 分析方法

从整体上看，SWOT 可以分为两部分。第一部分为 SW，主要用来分析内部条件；第二部分为 OT，主要用来分析外部条件。另外，每一个单项如 S 又可以分为外部因素和内部因素，这样就可以对情况有一个较完整的概念了。

SWOT 分析是一种对企业的优势、劣势、机会和威胁的分析，在分析时应把所有的内部因素(包括优势和劣势)都集中在一起，然后用外部的力量来对这些因素进行评估。这些外部力量包括机会和威胁，它们是由于竞争力量或企业环境中的趋势所造成的。这些因素的平衡决定了公司应做什么以及什么时候去做。可按以下步骤完成这个 SWOT 分析表：

(1)把识别出的所有优势分成两组，分的时候应以下面的原则为基础：看看它们是与行业中潜在的机会有关，还是与潜在的威胁有关；

(2)用同样的方法把所有劣势分成两组。一组与机会有关，另一组与威胁有关；

(3)建构一个表格，每个占 1/4；

(4)把公司的优势和劣势与机会或威胁配对，分别放在每个格子中。SWOT 表格表明公司内部的优势和劣势与外部机会和威胁的平衡(图 2-2)。

内部	优势S	劣势W
外部	机遇O	挑战T

图 2-2　SWOT 分析结构矩阵

第四节　旅游资源分析评价

一、旅游资源评价目的

1. 便于对旅游资源的全面认识

利用各种各样的评价模式和评价方法，可以促进规划者对旅游规划区内的旅游资源更全面和统一的认识，以便更合理地遵循客观规律和按照旅游需求合理地开发旅游资源。

2. 可明晰旅游资源的质量和品位

旅游资源质量表现为客源市场对它的感知或认识。通过对旅游资源的种类、组合、结构、功能和性质的评价，以便确定旅游资源的质量水平，论证其独有的魅力，评估其在旅游区开发建设中的地位。

3. 可确定旅游资源数量与规模

旅游资源数量表现为对旅游区规划的功能密度和丰度，旅游资源规模包含旅游资源紧密度和资源容量两个相互联系的方面。通过对旅游资源规模水平、类别、数量、密度和承载容量的评定，明确旅游资源的类别数量和丰度，为进行分级规划和管理提供系列资料和判断标准，还可拟定未来旅游区的旅游资源结构和旅游开发计划。

4. 可确定规划区开发顺序

通过对各旅游资源的定性定量评价，确定出各个旅游资源单体的等级次序。对于品位高、文化内涵深，并具有较大市场开发潜力的旅游资源，可列入优先开发建设项目中。而对等级不高、市场开发条件不成熟的资源，则要先进行保护，等到一定时期才能予以开发。

二、旅游资源评价原则

旅游资源是一个包罗万象的综合体，涉及多学科多方面的知识，如果没有一个评价的准则，则很难做到公正客观和便于开发利用，下面是在评价中必须遵守的几个原则：

1. 客观实际原则

旅游资源评价必须在真实资料的基础上，将现场踏查情况与资料分析相结合，实事求是地进行。旅游资源是客观存在的事物，它的价值、内涵、功能等也是客观存在的。因此在评价时就必须从实际出发，实事求是地进行如实的科学界定，既不能夸张，也不能贬低，不能随意称“世界少有”、“国内惟一”，应从实际情况出发，避免无谓的开发。

2. 符合科学原则

指标的设定及指标的运用均要遵循科学的方法和标准，不能因为某个事物的影响大就给出过高的评估。比如某个地方的某种封建迷信活动影响很大，如果在等级评定时也给出高分值，就违背了科学原则，是不能接受的。此外，还应根据旅游资源的类别及其组合特点，选择适当的评价单元和评价指标。对独特或濒危景源，还应进行单独评价。评价单元应以景源现状分布图为基础，根据规划大小和景源规模、内容、结构及其游赏方式等特点，划分若干层次作为评价单元，以便进行等级评价。

3. 全面系统原则

由于旅游资源的价值和功能是多方面的、多层次的、多形式的和多内容的。因此，在进行资源评价时，就要综合衡量、全面完整地进行系统评价，准确全面地反映旅游资源的整体价值。在省域、市域的旅游区体系规划中，应对旅游区、景区或景点做出等级评价；在旅游区的总体、分区、详细规划中，应对景点和景物做出等级评价。

4. 效益估算原则

对旅游资源进行调查和评价是为其开发利用服务的。开发利用的目的是要取得一定效益，在评价时，要考虑到投入产出比，切不可盲目建设。

5. 力求定量原则

旅游资源评价应采取定性概括与定量分析相结合的方法，综合评价景源特征。评价时应尽量减少主观色彩、个性色彩。为了使评价更为科学合理，要求应在定性评价的基础上，加重定量、半定量评价的分量，通过一定的数据来说明评价结果，以弥补单纯定性评价的缺憾。另外，在旅游资源定量评价时，评价指标的选择应符合实际和有关规定，应对所选择评价指标的权重进行充分分析。

三、旅游资源评价内容

明确旅游资源评价的内容，客观科学地评价旅游资源是进行旅游开发规划和经营管理的重要环节。规划区旅游资源评价是指对规划区内旅游资源各单体及各单体之间的数量与规模、质量与品位的评价。规划区旅游资源评价，可从旅游资源的特性和特色、价值和功能、密度和布局、环境容量和承载力、节律变化以及开发现状等方面进行分析。

在旅游区规划中，旅游资源评价的内容主要包括旅游资源调查、旅游资源筛选与分类、旅游资源分级与评分、评价结论四部分。

四、旅游资源评价方法

旅游资源评价方法，从全面认识旅游资源的价值和便于旅游区规划的编制的需要出发，可将各种不同的评价方法或评价体系归纳为定性和定量两个大系统。

(一)旅游资源定性评价

旅游资源定性评价是指评价者凭借已有的知识、经验和综合分析能力，通过在旅游资源区的考察或游览及其对关资料的分析推断之后，给予旅游资源的整体印象评价。

旅游资源定性评价应对规划区的山景、林景、水景、文物、社会文化等可开发利用的旅游资源进行综合描述，给人以宏观的印象，并依次说明它所具有的开发潜力和被开发的可行性。如“一日有四季，十里不同天”。是对一个旅游区极富概括性的描述，再如长安八景之一的“坝柳风雪”，陕西安康市境内的“巴山神域”、“生物基因库”等又是对一个景群或景点的概括性描述。定性评价就是要对这些景源进一步从数量(如面积、种类数量、个体体量等)和质量(如分布状况、影响力、知名度、保存完整度等)进行描述，为下一步的定量评价以及也为以后的宣传促销奠定基础。

在定性评价时，不仅要对规划区整体进行评价，而且也应对主要景点(依赖性景点)进行评价和说明，并对各景源或景点按要求列表分类(表2-4，表2-5)。

(二)旅游资源定量评价

旅游资源的定量评价是指评价者在掌握大量的数据资源基础上，根据给定的评价标准，运用科学的统计方法和数学评价模型，提示评价对象的数量变化程度及其结构关系，给予旅游资源量化测算评价。

1. 应用GB/T18972－2003标准评价

2003年，国家质量监督检验检疫总局颁布的《旅游资源分类、调查与评价》(GB/T18972－2003)，此标准采用打分评价方法，对旅游资源单体进行评价，评价主要由调查组完成。

GB/T18972－2003标准依据“旅游资源共有因子综合评价系统”赋分，设“评价项目”和“评价因子”两个层次。评价项目层为“资源要素价值”“资源影响力”“附加值”。其中在“资源要素价值”项目层中含“观赏游憩使用价值”“历史文化科学艺术价值”“珍稀奇特程度”“规模”“丰度与几率”“完整性”等5项评价因子。在“资源影响力”项目层中含有“知名度和影响力”“适游期或使用范围”等2项评价因子。“附加值”项目层含“环境保护与环境安全”1项评价因子。评价项目和评价因子用量值表示。“资源要素价值”和“资源影响力”两个项目总分合计为100分。其中“资源要素价值”为85分，“资源影响力”为15分，“附加值”中“环境保护与环境安全”分正分和负分。每一项评价因子分为4个档次，其每一项评价因子分值也分为4个档次(表2-7)。

表2-6　各级旅游资源单体数量统计表

<table>
<tr><td colspan="7">各级风景资源单体数量统计</td></tr>
<tr><td rowspan="2">等级</td><td colspan="3">优良级风景资源</td><td colspan="2">普通级风景资源</td><td rowspan="2">未获等级</td></tr>
<tr><td>五级</td><td>四级</td><td>三级</td><td>二级</td><td>一级</td></tr>
<tr><td>数量</td><td></td><td></td><td></td><td></td><td></td><td></td></tr>
<tr><td colspan="7">D. 优良风景资源单体名录(必要时另加附页)</td></tr>
<tr><td colspan="7">五级</td></tr>
<tr><td colspan="7">四级</td></tr>
<tr><td colspan="7">三级</td></tr>
</table>

根据对旅游资源单体的评价，得出该单体旅游资源共有综合因子评价赋分值。依据旅游资源单体评价总分，将其分为五级，从高级到低级依次为：五级旅游资源，得分值域≥90分；四级旅游资源，得分值域≥75～89分；三级旅游资源，得分值域≥60～74分；二级旅游资源，得分值域≥45～59分；一级旅游资源，得分值域≥30～44分。此外，还有未获等级的旅游资源，得分≤29分。其中，五级旅游资源也称为“特品级旅游资源”，五级、四级和三级旅游资源被通称为“优良级旅游资源”；二级、一级旅游资源被通称为“普通级旅游资源”。

此外，旅游资源种类与各旅游资源单体评价分级统计详见表2-6，表2-8。

表 2-7　旅游资源单体评价赋分标准

评价项目	评价因子	评价依据	赋值
资源要素价　值（85 分）	观赏游憩使用价值（30 分）	全部或其中一项具有极高的观赏价值、游憩价值、使用价值	30~22
		全部或其中一项具有很高的观赏价值、游憩价值、使用价值	21~13
		全部或其中一项具有较高的观赏价值、游憩价值、使用价值	12~6
		全部或其中一项具有一般观赏价值、游憩价值、使用价值	5~1
	历史文化科学艺术价值（25 分）	同时或其中一项具有世界意义的历史价值、文化价值、科学价值、艺术价值	25~20
		同时或其中一项具有全国意义的历史价值、文化价值、科学价值、艺术价值	19~13
		同时或其中一项具有省级意义的历史价值、文化价值、科学价值、艺术价值	12~6
		历史价值、或文化价值、或科学价值、或艺术价值具有地区意义	5~1
	珍稀奇特程度（15 分）	有大量珍稀物种，或景观异常奇特，或此类现象在其他地区罕见	15~13
		有较多珍稀物种，或景观奇特，或此类现象在其他地区很少见	12~9
		有少量珍稀物种，或景观突出，或此类现象在其他地区少见	8~4
		有个别珍稀物种，或景观比较突出，或此类现象在其他地区较多见	3~1
资源要素价值（85 分）	珍稀奇特程度（15 分）	有大量珍稀物种，或景观异常奇特，或此类现象在其他地区罕见	15~13
		有较多珍稀物种，或景观奇特，或此类现象在其他地区很少见	12~9
		有少量珍稀物种，或景观突出，或此类现象在其他地区少见	8~4
		有个别珍稀物种，或景观比较突出，或此类现象在其他地区较多见	3~1
	规模、丰度与几率（10 分）	独立型风景资源单体规模、体量巨大；集合型风景资源单体结构较和谐、疏密度优良级；自然景象和人文活动周期性发生或频率极高	10~8
		独立型风景资源单体规模、体量较大；集合型风景资源单体结构较和谐、疏密度良好；自然景象和人文活动周期性发生或频率很高	7~5
		独立型风景资源单体规模、体量中等；集合型风景资源单体结构较和谐、疏密度较好；自然景象和人文活动周期性发生或频率较高	4~3
		独立型风景资源单体规模、体量较小；集合型风景资源单体结构较和谐、疏密度一般；自然景象和人文活动周期性发生或频率较小	2~1
	完整性（5 分）	形态与结构保持完整	5~4
		形态与结构有少量变化，但不明显	3
		形态与结构有明显变化	2
		形态与结构有重大变化	1
资　源影响力（15 分）	知名度和影响力（10 分）	在世界范围内知名，或构成世界承认的名牌	10~8
		在全国范围内知名，或构成全国性的名牌	7~5
		在本省范围内知名，或构成省内的名牌	4~3
		在本地范围内知名，或构成本地区名牌	2~1
	适游期或使用范围（5 分）	适宜游览的日期每年超过 300 天，或适宜于所有游客使用和参与	5~4
		适宜游览的日期每年超过 250 天，或适宜 80% 左右游客使用和参与	3
		适宜游览的日期每年超过 150 天，或适宜于 60% 左右游客使用和参与	2
		适宜游览的日期每年超过 100 天，或适宜于 40% 左右游客使用和参与	1
附加值	环境保护与环境安全	已受到严重污染，或存在严重安全隐患	-20
		已受到中度污染，或存在明显安全隐患	-10
		已受到轻度污染，或存在一定安全隐患	-3
		已有工程保护措施，环境安全得到保证	3

表 2-8　旅游资源数量统计表

各层次旅游资源数量统计			
系　　列	标准数目	调查区	
		数目	占全国比例(%)
主　　类	8		
亚　　类	31		
基本类型	155		
E. 各主类、亚类、基本类型旅游资源数量统计			
地文景观	37		
综合自然旅游地	7		
沉积与构造	7		
地质地貌过程形迹	14		
自然剧变遗迹	7		
岛礁	2		
水域风光	15		
河段	3		
天然湖泊与池沼	3		
瀑布	2		
泉	2		
河口与海面	3		
冰雪地	2		
生物景观	11		
树木	3		
草原与草地	2		
花卉地	2		
野生动物栖息地	4		
天象与气候景观	8		
光现象	3		
天象与气候现象	5		
遗址	12		
史前人类活动场所	4		
社会经济文化活动遗址遗迹	8		
建筑与设施	50		
综合人文旅游地	12		
单体活动场馆	5		
景观建筑与附属型建筑	11		
居住地与社区	8		
归葬地	3		
交通建筑	5		
水工建筑	6		
旅游商品	7		
地方旅游商品	7		
人文活动	15		
人事记录	2		
艺术	2		
民间习俗	7		
现代节庆	4		

2. 应用旅游区质量等级评价法评价

国家旅游局在1999年对全国各地的旅游区(点)进行全面的评估，特别制定了一个旅游区(点)的景观质量评分细则。在这个细则中，旅游资源的评价分为资源要素价值和景观市场价值两大部分，共9项因子，总分为100分。其中资源要素价值为65分，景观市场价值35分。各评价因子分4个评价档次(表2-9)。

表2-9 景观质量等级评价表

评价项目	评价因子	评价依据和要求	等级赋值				本项得分
			Ⅰ	Ⅱ	Ⅲ	Ⅳ	
资源要素价值(65分)	观赏游憩价值(25)	1. 观赏游憩价值很高 2. 观赏游憩价值较高 3. 观赏游憩价值一般 4. 观赏游憩价值较小	25~30	19~13	12~6	5~0	
	历史科学文化价值(15)	1. 同时具有极高的历史价值、文化价值、科学价值、或其中一类价值世界意义 2. 同时具有很高的历史价值、文化价值、科学价值、或其中一类价值具全国意义 3. 同时具有较高的历史价值、文化价值、科学价值、或其中一类价值具全国意义 4. 同时具有一定的历史价值、文化价值、科学价值、或其中一类价值具全国意义	15~13	12~9	8~4	3~0	
	珍稀或奇特程度(10)	1. 有大量珍稀物种，或景观异常奇特，或有世界级资源实体 2. 有较多珍稀物种，或景观奇特，或有世界级资源实体 3. 有少量珍稀物种，或景观突出，或有世界级资源实体 4. 有个别珍稀物种，或景观比较突出，或有世界级资源实体	10~8	7~5	6~4	3~0	
	规模与丰度(10)	1. 资源实体体量巨大，或基本类型数量超过40种，或资源实体疏密优良 2. 资源实体体量很大，或基本类型数量超过30种，或资源实体疏密良好 3. 资源实体体量较大，或基本类型数量超过20种，或资源实体疏密较好 4. 资源实体体量中等，或基本类型数量超过10种，或资源实体疏密一般	10~8	7~5	6~4	3~0	
	完整性(5)	1. 资源实体完整无缺，保护原来形态与结构 2. 资源实体完整，基本保护原来形态与结构 3. 资源实体基本完整，保护原来结构，形态发生少量变化 4. 原来形态与结构均发生少量变化	5~4	3	2	1~0	

（续）

评价项目	评价因子	评价依据和要求	等级赋值				本项得分
			Ⅰ	Ⅱ	Ⅲ	Ⅳ	
景观市场价值（35分）	知名度（10）	1. 世界知名	10~8				
		2. 全国知名		7~5			
		3. 省内地名			6~4		
		4. 地市知名				3~0	
	美誉度（10）	1. 有极好的声誉，受到95%以上游客的绝大多数专业人员的普通赞美	10~8				
		2. 有很好的声誉，受到85%以上游客的大多数专业人员的普通赞美		7~5			
		3. 有较好的声誉，受到75%以上游客和多数专业人员的普通赞美			6~4		
		4. 有一定声誉，受到65%以上游客和多数专业人员的赞美				3~0	
	市场影响力（10）	1. 有洲际远程游客，且占一定比重	10~8				
		2. 有洲内入境游客及洲际比重近程游客，且占一定比重		7~5			
		3. 国内远程游客占一定比重			6~4		
		4. 周边市场游客占一定比重				3~0	
	适游期（5）	1. 适宜游览的日期超过300天	5~4				
		2. 适宜游览的日期超过250天		3			
		3. 适宜游览的日期超过150天			2		
		4. 适宜游览的日期超过100天				1~0	

3. 应用GB50298－1999标准评价

GB50298－1999标准是《旅游名胜区规划规范》。按照《旅游名胜区规划规范》国家标准的有关规定，旅游资源应按表2-4中的规定进行分类，而分级和响应指标计算另有规定。

（1）景源分级：景源也称旅游资源。在景源评价时，应根据景源评价单元的特征，及其不同层次的评价指标分值和吸引范围，评出旅游资源等级，并按GB50298－1999的规定将旅游资源划分为5个等级。即：特级、一级、二级、三级、四级。

①特级景源：该景源应具有珍贵、独特、世界遗产价值和意义，有世界奇迹般的吸引力；

②一级景源：该景源应具有名贵、罕见、国家重点保护价值和国家代表性作用，在国内外著名或具国际吸引力；

③二级景源：该景源应具有重要、特殊、省级重点保护价值和具地方代表性作用，在省内外闻名或具省际吸引力；

④三级景源：该景源应具有一定价值和游线辅助作用，有市县级保护价值和具对相关地区的吸引力；

⑤四级景源：该景源应具有一般价值和构景作用，有对本旅游区和对当地的吸引力。

（2）景源层次系统：在GB50298－1999的国家标准规定中，对景源进行了详细的次划分，并规定了对于不同的评价对象应使用不同的景源层次。该标准中规定的景源层次系统划分如图 2-3 所示。

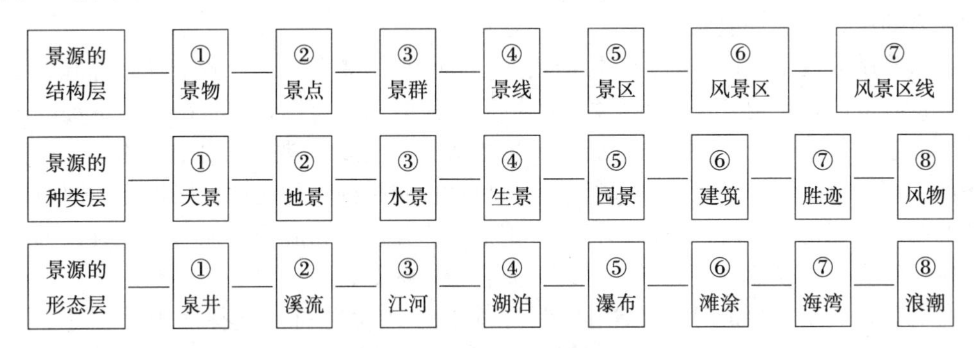

图 2-3 旅游资源层次系统

从景源层次中可以看出，评价应在同层次或同类型的景源之间进行。通常在规划大纲、总体规划、分区规划阶段，经常在景源结构层选择评价对象和评价单元。在各种详细规划或景点规划阶段，经常在景源种类层中选择评价对象和评价单元。例如："桂林山水甲天下，桂林山水在漓江，漓江山水在兴坪"就包含着不同景源层次阶段，是对桂林旅游区域、漓江旅游区、兴坪景区等三层景源单元评价结果的一种概括性说明。再如："泰山天下雄""黄山天下奇""华山天下险""峨眉天下秀""青城天下幽"等，就是对某种景源种类的等级概括。这些都是程度不等的反映着对不同层次景源评价的概括性评价。

(3)景源评价方法：在 GB50298－1999 的国家标准规定中，将景源评价因素和景源评价指标划分为 3 个层次，即：综合评价层，项目评价层，因子评价层(表 2-10)。

表 2-10 旅游资源评价指标层次表

综合评价层	赋值	项目评价层	权重	因子评价层	权重
1. 景源价值	70～80	(1)欣赏价值 (2)科研价值 (3)历史价值 (4)保建价值 (5)游憩价值		(1)景感度(2)奇特度(3)完整度 (1)科技值(2)科普值(3)科教值 (1)年代值(2)知名度(3)人文值 (1)生理值(2)心理值(3)应用值 (1)功利性(2)舒适度(3)承受力	
2. 环境水平	20～10	(1)生态特征 (2)环境质量 (3)设施状况 (4)监护管理		(1)种类值(2)结构值(3)功能值 (1)要素值(2)等级值(3)灾变值 (1)水电能源(2)工程管网(3)环境设施 (1)监测机能(2)法规配套(3)机构设置	
3. 利用条件	5	(1)交通通讯 (2)食宿接待 (3)客源市场 (4)运营管理		(1)便捷性(2)可靠性(3)效能 (1)能力(2)标准(3)规模 (1)分布(2)结构(3)消费 (1)职能体系(2)经济结构(3)居民社会	
4. 规模范围	5	(1)面积 (2)体量 (3)空间 (4)容量			

在旅游资源评价时，评价指标的具体选择及其权重分析，是依据评价对象的特征和评价目标的要求而决定的。一般认为：

①在对旅游区或景区评价时，一般使用综合评价层的4个指标。其中景源价值当属首要指标，其重要度的量化值——权重系数当然会高。有时，仅有综合评价结果尚不足以表达参评旅游区或景区的特征及其差异。这就需要依据评价目标的需要，在景源价值、环境水平、旅游条件、规模范围等4个指标中选择某个项目评价层指标为补充评价层指标。例如，为反映自然的山水特征与差异时，可以选择欣赏价值；为强调文物胜迹特征与差异时，可以选择历史价值；为突出规模效益差异时，可以补充客量指标等；

②在对景点或景群评价时，经常在项目评价层的16个指标中选择使用。这时若仍用综合评价层的4个指标，就会显得过分概略或粗糙，虽有可能评出级差，但难以反映其特征，不利于评价结果的描述和表达。景点评价在旅游区规划中应用最多，评价指标的选择及其权重分析的可行性方案也较多，重要的是针对评价目标来选择能反映其特征的相关要素指标；

③在对景物评价时，经常在因子评价层近50个指示中选择使用，由于评价目标和景物特征的差异较大，实际上所选使用指标相对50个而言仅占较少数量，因人因物的灵活性也就较大。

例如，某旅游区要进行旅游资源综合评价，其各项目评价层按照其特点、旅游资源的水平等，依照百分制得分及各项目层权重(表2-11)，则对旅游区的综合评价为76.59分。

表2-11　某旅游区综合资源评价

综合评价层	景源价值	环境水平	利用条件	规模范围
赋值	75	15	5	5
项目评价层	欣赏价值(85，0.5)	生态特征(100，0.5)	交通通讯(20，0.3)	面积(90，0.3)
	科学价值(60，0.1)	环境质量(100，0.2)	食宿接待(20，0.2)	体量(70，0.3)
	历史价值(60，0.1)	设施状况(0，0.1)	客源市场(50，0.3)	空间(95，0.2)
	保健价值(70，0.1)	监护管理(10，0.2)	营运管理(30，0.2)	客量(100，0.2)
	游憩价值(90，0.2)			
合计	59.89	10.80	1.55	4.35
	76.59			

五、风景旅游资源评价结论

1. 一般要求

旅游资源评价结论应由景源等级统计表、评价分析、特征概况等三部分组成。旅游资源评价分析应表明主要评价指标的特征或结果分析，特征概括应表明旅游资源的级别数量、类型、特征及其综合特征。

2. 景源评价与分析

旅游资源评价分析是在景源评价与等级划分的基础上进行的结论性分析，该分析既要显示所选的主要评价指标在评价中的作用与结果，也要显示景源分项优势、劣势、潜力状况，也应反应检查评价指标选择及其权重分析的准确度。在分析中，如果发现有漏项或不符合实际权重的现象，应该随机调整、补充，甚至重新评分与分级。

3. 景源特征概括

景源特征概括是在旅游资源级别、数量、类型等排列的基础上，提取各类各级景源的个性特征，进而概括出整个旅游区景源的若干项综合特征，这些特征是对旅游区定性、发展对策、规划布局的重要依据。

4. 旅游区级别

按照目前对旅游区的级别划分，其惯例为世界级旅游名胜区、国家级旅游名胜区、省级旅游名胜区和地市级旅游名胜区。

(1)世界级旅游名胜区：该级旅游名胜区其主体景源应具特级景源标准，并要求综合资源评价值在90分以上。

(2)国家级旅游名胜区：该级旅游名胜区其主体景源应具一级景源标准，并要求综合资源评价值在75分以上。

(3)省级旅游名胜区：该级旅游名胜区其主体景源应具二级景源标准，并要求综合资源评价值在50~75分之间。

(4)地(市)级旅游名胜区：该级旅游名胜区要求应有相当数量的景源，但因种种原因其综合评价值在50分以下。虽如此，但仍可以开发成旅游地，形成具有一定规模的旅游区。

此外，一个旅游区的级别不是一成不变的，随着时间的推移和景物的变化，也可以升级，若管理不当也可以降级。

第五节 调查报告编写

一、规划区内部资源与环境条件

1. 旅游资源调查报告内容

规划区旅游资源调查报告中的旅游资源条件，除了必须按照要求分类阐述旅游资源特点、数量、品位和质量级别外，还应包括调查区基本资料，各层次旅游资源数量统计，各主类、亚类旅游资源基本类型数量统计，各级旅游资源单体数量统计，优良级旅游资源单体名录，调查组主要成员、主要技术存档材料。

规划区旅游资源调查报告中的内部环境条件包括大气质量、水质以及其他生态环境质量，区内社会经济状况，交通条件与等级，工矿企业与事业单位分布与规模等。

2. 旅游资源调查报告填表要求

旅游资源调查报告中所需表格，其格式和内容见本章各节。其中：

(1)“单体序号”项：由调查组确定的旅游资源单体顺序号码。

(2)“单体名称”项：旅游资源单体的常用名称。

(3)“代号”项：用汉语拼音字母和阿拉伯数字表示，即表示单体所处位置的汉语拼音字母—表示单体所属类型的汉语拼音字母－表示单体在调查区内次序阿拉伯数字。如果单体所处的调查区是县级和县级以上的行政区，则单体代号按“国家标准行政代码(省代号2位－地区代号3位－县代号3位，见GB/2260)－旅游资源基本类型代号3位－旅游资源单体诒

2位”的方式设置，共5组13位数，每组之间用短线“－”连接；如果单体所处的调查区是县级以下的行政区，则旅游资源单体代号按“国家标准行政代码(省代号2位－地区代号3位－县代号3位，见GB/T2260)－乡镇代号(由调查组自定2位)－旅游资源基本类型代号3位－旅游资源单体序号2位”的方式设置，共6组15位数，每组之间用短线“－”连接。

如果遇到同一单体可归入不同基本类型的情况，在确定其为某一类型的同时，可在“其他代号”后按另外的类型填写。操作时只需改动其中的“旅游资源基本类型代号”，其他代号项目不变。填表时，一般可省略本行政区及本行政区以上的行政代码。

(4)“行政位置”项：填写单体所在地的行政归属，从高到低填写政区单位名称。

(5)“地理位置”项：填写旅游资源单体主体部分的经纬度(精度到秒)。

(6)“性质与特征”项：填写旅游资源单体本身个性，包括单体性质、形态结构、组成成分的外在表现和内在因素，以及单体生成过程、演化历史、人事影响等主要环境因素。在“性质与特征”项中，外观形态与结构：旅游资源单体的整体状况、形态和突出(醒目)点，代表形象部分的细节变化，整体色彩和色彩变化、奇异华美现象，装饰艺术特色等，组成单体整体各部分的搭配关系和安排情况，构成单体主体部的构造细节、构景要素等；内在性质：构成单体主体部分的构造细节，如功能特性、历史文化内涵与格调、科学价值、艺术价值、经济背景、实际用途等；组成成分：构成旅游资源单体的组成物质、建筑材料、原料等；成因机制与演化过程：表现旅游资源单体发生、演化过程、演变的时序数值，生成和运行方式，如形成机制、形成年龄和初建时代、废弃时代，发现或制造时间、盛衰变化、历史演变、现代运动过程、生长情况、存在方式、展示演示及活动内容、开放时间等；规模与体量：表现旅游资源单体的空间数值如占地面积、建筑面积、体积、容积等，个性数值如长度、宽度、高度、深度、直径、周长、进深、面宽、海拔、高差、产值、数量、生长期等，比率关系数值如矿化度、曲度、比降、覆盖度、圆度等；环境背景：旅游资源单体周围的境况，包括所处具体位置及外部环境，如目前与其共存并成为单体不可分离的自然要素和人文要素，如气候、水文、生物、文物、民族等。影响单体存在与发展的外在条件，如特殊功能、雪线高度、重要战事、主要矿物质等。单体的旅游价值和社会地位、级别、知名度等；关联事物：与旅游资源单体形式、演化、存在有密切的关系的典型的历史人物与事件等。

(7)“旅游区域及进出条件”项：包括旅游资源单体所在地区的具体部位、进出交通，与周边旅游集散地和主要旅游区(点)之间的关系等。

(8)“保护与开发现状”项：旅游资源单体存现状、保护措施、开发情况等。

(9)“共有因子评价问答”项：旅游资源单体的观赏游憩价值、历史文化科学艺术价值、珍稀或奇特程度、规模与丰度、完整性、知名度和影响力、适游期和使用范围、污染状况与环境安全。

二、规划区外部环境条件

规划区外部环境条件是多种多样的，它们会直接影响到风景旅游区的开发，影响到旅游资源价值和功能的发挥和利用。因而，规划区外部环境评价对规划区的开发建设是一项必须的工作。规划区外部环境主要包括区位环境条件、自然生态环境条件、社会政治经济环境条件、客源市场环境条件、投资环境条件和施工建设环境条件等。

三、旅游资源图编绘

1. 旅游资源图类型

在规划区旅游资源调查报告中，旅游资源图一般有两种图式，一种图式为“旅游资源图”，另一种图式为“优良级旅游资源图”。前者须表现五级、四级、三级、二级、一级旅游资源单体，后者仅表现五级、四级、三级的优良级旅游资源单体。

2. 旅游资源图比例与标注

旅游资源图的底图为规划区的等高线地形图，该图的比例尺应根据规划区的面积大小而定，较大面积的规划区应为1∶50000～1∶2000000，较小面积的规划区为1∶5000～1∶25000，特别情况下可使用较大比例尺。在地形图上标注旅游资源单体，各级旅游资源单体应使用表2-12中的图例表示。

表2-12　各级旅游资源单体图例

旅游资源等级	图　例	使用说明
五级旅游资源	■	①图例大小根据图面大小而定，图例形状不变。 ②自然旅游资源（旅游资源分类表中主类：A 地文景观，B 水域风光，C 生物景观，D 天象与气候景观）使用蓝色图例；人文旅游资源（旅游资源分类表中主类：E 遗址，F 建筑与设施，G 旅游商品，H 人文活动）使用红色图例。
四级旅游资源	●	
三级旅游资源	◆	
二级旅游资源	□	
一级旅游资源	○	

四、旅游资源调查报告编写内容

规划区旅游资源调查报告编写的内容包括：

(1)前言；

(2)调查区旅游环境；

(3)旅游资源开发历史和现状；

(4)旅游资源基本类型；

(5)旅游资源评价；

(6)旅游资源保护与开发建议。

此外，还应附主要参考文献，附“旅游资源分布图”或“优良级旅游资源图”。

第六节　案例

一、SWOT分析(宁夏中卫市旅游发展规划〈2003～2012年〉)

1. 优势(Strength)分析

(1)旅游资源禀赋优势

中卫市旅游资源比较优势主要体现在：在沙坡头很小的空间内，承载了大漠、黄河、长城和古丝绸之路等能反映中华民族历史和中华民族精神的物质载体，是其他任何一个沙漠旅游地和黄河旅游地或长城旅游地所难以比拟的，在西北乃至中国都是极其罕见的。在WTO提出的世界五大旅游趋势(文化、生态、海洋、沙漠、探险)中，中卫的资源基本都已具备，符合世界旅游新潮流的发展趋向，具有很强的世界垄断性特征。

(2)区域开发优势

中卫在西部大开发中占有重要地位，是陇海线—新疆经济带上的重要交通枢纽和水利城市，是宁夏未来最具发展活力的区域。目前中卫县各主要旅游区交通、通讯、电力设施基本完善。为下一步旅游景区开发提供了必要条件。

(3)社会环境优势

对旅游业是区域经济新的增长点的观念已得到全市上下的普遍认识。为促进旅游业健康发展，中卫市人民政府印发了《关于加快城市化进程的决定》，全市人民也普遍开始重视旅游业的发展，社会力量加大旅游投资，积极参与景区(点)开发建设，也已成为一种新的投资趋势，形成了以旅游引导经济发展的共识。

2. 劣势(Weakness)分析

(1)区外长线交通滞后

中卫市连接主要客源产出地的交通条件，对旅游业的发展有相当的制约性。首先是空港过远。中卫距西安空港、兰州空港分别为684km和318km。区内银川拥有空港，但中卫距离银川河东机场185km，同时河东机场现有国内航线分布及航班安排，远远达不到形成旅游客流的条件，而中卫又不具备单独建立空港的支撑条件，与西北敦煌、兵马俑、吐鲁番等旅游点相比，沙坡头现在位于一个航空交通的死角。这在一定程度上影响了长线游客的选择。

其次在铁路运输方面存在的问题也相当突出，中卫市火车站小而陈旧，功能和形象均不尽人意；且只开通了至北京、上海、兰州、西安、乌鲁木齐的过境列车和至自治区首府银川的直达列车，而开往华中、华南和西南地区的过境列车很少，列车班次严重不足，在相当大的程度上影响了游客的选择。

(2)气候原因造成明显的淡旺季

中卫属干旱季风气候，在夏季沙漠地区白天日照强烈，地面温度高达70℃，冬季严寒漫长且干旱少雪，使中卫形成明显且难以改变的淡旺季。为扩大旅游业规模增添了困难。

(3)区内交通中心和吸引力中心分离

无论是从现状还是发展潜力看，中卫市城区无疑是整个中卫的交通中心。但就目前的情况看，中卫市城区这个交通中心尽管拥有较丰富的旅游资源，如高庙及规划的黄河楼，但中卫的吸引力中心仍在沙坡头及通湖，这导致出现了游客在县城停留时间短，县城旅游效益低等问题。

(4)旅游产业结构和布局不合理

主要表现在以下几个方面：高吸引力产品空间容量小，产品单一，品牌有待进一步提升；旅行社发育不成熟；饭店总量较大，但存在结构短缺和空间布局不合理的问题；旅游产业要素布局与交通布局不相吻合；缺乏旅游业空间联系和空间扩散机制。

(5)旅游人力资本不足

中卫县在旅游人力资源方面存在以下不足：旅游企业中高级管理人员缺乏足够的专业训练，特别是国际市场的认识远远不足；大多数旅游从业人员外语能力非常有限；旅游服务的标准化、个性化水平有待提高，服务态度存在生、冷、硬；旅游教育培训事业刚刚起步，尚不能很好地满足行业发展对后备人才的需求。

3. 机遇(Opportunity)分析

从前瞻的眼光看，中卫县有大力加快发展旅游产业的诸多良好机遇，主要表现在西部大开发、旅游市场需求稳步增加、中太铁路及高速公路等交通项目建设、沙坡头水利枢纽建设和经济国际化速度加快等方面。

(1)西部大开发的区域机遇

西部大开发是中国一项规模宏大的系统工程，西部大开发战略的实施给西部旅游业带来了强劲的东风，为西部地区把旅游资源转化为旅游产品创造了多方条件。国家不仅给予政策上的优惠，在资金投入上也给予了大力支持，(尤其是在旅游业的瓶颈问题上如交通、环保、城市建设等方面。)除此之外，西部大开发将西部置于公众和媒体的关注之下，形成一种任何宣传促销都难以相比的声势浩大的国家宣传。中卫地处西部“二带一区”中的“陇海线至新疆的经济带”上，且又是西部重要交通枢纽。中卫在西部大开发中占有得天独厚的区位优势和机遇优势，在未来将是西部重要的交通枢纽和水利枢纽，如能科学策划，借此东风进行规划建设、宣传促销，旅游业势必能得到突破性进展。

(2)旅游市场需求的稳步增加的时间机遇

中国经济正处于结构升级、体制转轨的阶段。2000年以来，国民经济初步摆脱了前几年持续减速运行的局面，呈现稳步回升的新趋势。2000年，经济增长7.2%，2001年增幅为7.3%。预计2001~2010年，GDP的年均增长速度为7.2%。在国民经济发展过程中，旅游业作为新的增长点，将以更快的速度发展。同时，旅游需求亦将随着人民生活水平的不断提高而持续增长。

今后5年，国家将全面实行带薪假期，预期全国工薪阶层每年平均可享受两周的带薪假期。我国公民享受的假期除了公共假期外，还有一段在时间上可以自主的假期。目前这种出游时间十分集中的“假日经济”，将逐步发展为更加均衡的旅游经济。

(3)经济国际化的全球机遇

中国加入WTO，外国旅游企业进入中国市场，将推动中国旅游业以更快的步伐与世界接轨。我国旅游业的市场规则，企业的经营理念、经营机制、运营模式都会向更加有利的方向发展。外资投入旅游建设，介入旅游经营的机会更多，旅游区的经营管理将更多地按照市场规则运行。

在加入WTO之后，中国经济将以较快的速度融入世界经济体系之中。随着西部大开发的进行，中卫县在全球经济一体化过程中具有一定的比较优势。换言之，中卫县面对较好的经济发展环境。经济国际化对旅游业的积极意义主要体现在以下3个方面：一是促进中卫县社会经济的外向性发展，从而增加商务旅游活动和提高旅游业的国际化程度；二是有利于吸收国际投资，从而扩大旅游产业规模，壮大旅游企业实力，提高旅游市场的占有份额；三有利于引进新的市场运作机制和先进的经验管理方法，加快与国际接轨的步伐。

(4)2008年奥运会的旅游需求机遇

2008年奥运会在北京举办，这对于中国旅游业的发展是一个极其重要的机遇。从亚特兰大、汉城、悉尼的经验看，举办奥运会将大大提高举办国的全球影响力，并带来大量的入境游客。奥运会对旅游的直接促进，会始于确定的那一年并持续10年以上。中卫县可以利用北京奥运会扩大自己的国际旅游市场。尤其是本次奥运会提出的绿色奥运方案，从理念上将环境治理与奥运会相联系，而中卫沙坡头是沙漠治理的典型，可借机策划一些与奥运会有关的活动，如中卫县应当加强同北京或奥委会等有关方面合作，开展种植奥运林、奥运冠军腾格里治沙等活动，将奥运之机遇发挥到极致。

4. 威胁(Threat)分析

(1)与周边地区的竞争

中卫市处在大西北旅游圈内，资源尽管有差异和互补，在某些方面也存在雷同。比如沙漠旅游有内蒙古的响沙湾、甘肃武威的沙漠公园、敦煌的鸣沙山以及内蒙古的阿拉善左旗的沙漠探险等，黄河旅游在黄河沿岸有多处，如郑州、兰州、青铜峡等。另外，依据大众游客的目光，宁夏沙湖也对中卫县构成了威胁因素。总之到目前为止，中卫县尚缺乏对自身丰富的旅游资源，尤其是对旅游资源的空间组合的专业整合和品牌提升，缺乏在细分市场基础上的产品开发，缺乏通过在市场上开展有一定规模的叠加促销树立起来的旅游形象。因此，在近期内，中卫县旅游业某些产品仍将面临来自甘肃、内蒙古和新疆几个省区的替代和竞争，只有在区域分工体系形成之后，这几个省区的旅游关系才会由以竞争为主转为以合作为主。

(2)水利工程建设对景观的不利影响

目前正在修建的沙坡头水利枢纽工程是国家黄河治理开发纲要中确定的梯级枢纽工程之一。因距离沙坡头主景区很近，将在很大程度上抬升水位，对目前沙坡头主活动区、造成不利影响，同时水位上升，落差变小，在沙坡头主景区形成湖面，黄河水流由动变静，不仅影响了特色项目黄河漂流，也影响了“大漠黄河”的强烈对比效应，也将引起沙坡头童家园一带的土地盐碱化，从而产生对那里的众多古枣树的生存威胁。即将在大柳树修建的水利枢纽工程，将使黄河漂流变的更加困难。同时，正在论证的黄河大柳树水利枢纽工程，如马上完工后，将使黑山峡“高峡变平湖”，这些都将对沙坡头游览区的环境和景观效果产生巨大影响。

(3)旅游需求与旅游产业组织的变革

旅游需求格局正在发生深刻的变化，那种以较低的价格，在尽可能短的时间里，走尽可能多的景点的走马观花式的旅游消费行为，正在被成熟的消费者所摈弃。在经济较发达地区尤其是大城市，已经有一个相当规模的消费群体愿意消费，享受更好的旅游服务。目前，旅游者在中卫市的人均停留时间和消费水平并不高，如果不能尽快调整产品结构，以高档次的产品，去适应高层次的消费需求，就会长期陷于较低层次的消费市场，没有足够的旅游收入，就无力在开发与宣传方面作必要的投入，没有足够的投入，就无力再发展，长此以往，将形成恶性循环。

(4)生态环境总体脆弱

总体上本区处于干旱荒漠地区，生态环境自我修复能力差，游人的大量涌入，易造成生态环境的破坏。如：通湖草原如无有力的措施，草场和水体必然会迅速恶化。又如：腾格里沙漠及其治沙成果是中卫县的精品旅游资源之一，应当重点予以开发和利用。但是，沙漠生态环境具有脆弱性，这就要求沙漠旅游开发必须在开发形式、开发力度、产品结构、市场选择、组织管理等方面予以特殊安排，以保证生态环境的持续性。

5. SWOT 分析结论

综上所述，中卫县具有大力发展旅游业的自然、文化禀赋条件和外部环境条件，加快旅游业的发展是中卫县新时期经济建设和社会繁荣的迫切需要。但是，中卫县也存在发展旅游业的内在劣势和外在威胁，这些劣势和威胁大多数可以通过努力加以克服或规避，同时也决定了宁夏回族自治区政府和中卫县政府在促进中卫县旅游产业发展过程中必须采取特殊的战略和措施。如果能够做到扬长避短、重点突破、有序发展，中卫县的旅游业不仅能为当地社会的发展发挥重要作用，还能有力地带动宁夏旅游业的全面进步，成为与银川同辉的宁夏两大旅游核心地区。

二、旅游资源评价(陕西省少华山森林公园总体规划)

1. 少华山风景旅游资源定性评价

少华山位于陕西省华县县城东南7km的少华乡肖杨村境内，与华阴市境内的西岳华山并称为二华。华山曾被称为太华山，少华山因其稍低，故被称为小华山、少华山。

(1)历史悠久的人文景观

少华山在古代就有记载，如《山海经》《水经注》等均对少华山有考。明朝张光孝《华州志：山川考》曾记载：入(潼)关者，自华岳过，瞻其(太华)巍耸，未尝不叹其为岳镇之雄；及西遵少华诸山峰而览，则神秀屏嶂之设，又未尝不爱其为胜绝之区。著名文学家张衡在《西京赋》里说：少华山一带，峰峦并(立)，联络一山，无异径别途也。

少华山旅游规划区有3处颇具影响的佛教和道教古建筑群，其中佛教寺二处(潜龙寺、宁山寺)，道教院一处(华山前院)。

潜龙寺俗称藏龙寺，位于莲花寺镇迷湖峪与柳枝镇白崖峪交汇处的蟠龙山顶，坐北朝南，掩映在茂林修竹之中。相传此寺始建于东汉，据考唐代即有此寺。潜龙寺自唐代僧人周钵迄今，代不乏人。历朝均多次修葺，现存建筑为清代重修。寺院总面积约3000m^2，寺内有从明成化四年(1468年)至清咸丰四年(1854年)的，记载着潜龙寺兴衰史的历代石碑8块，另有明正统十四年(1449)铸就的铁钟一口。此寺1978年已被列为县级重点文物保护单位。

宁山寺位于华县莲花寺镇贺崖村西，总面积3413m^2。四周竹林环绕，溪水长流，佛事兴盛，是终南山东部的一座名刹古寺。北宋熙宁五年(1072年)及元佑元年(1086年)，今柳枝镇半截山和莲花寺小敷峪内分别山崩，当地僧众以图镇山在此建寺。寺内建筑现存有知客寮、司阁寮、退居堂、讲经堂、笔室、外廊、山门等古建筑。朱梓桥先生书写“退居”二字，王典章先生书写“大雄宝殿”四字，于右任先生书对联“天雨虽宽不润无根之草，佛门广大难度不信之徒”，并题山门横额“宁山净寺”四字。20世纪90年代，宁山寺观主持释悟德苦守寺业，率众曾节衣缩食，募捐化缘，集资百万元，先后整修西道院五间，天王殿3间，东道院5间，大雄宝殿3间，使寺院焕然一新，香火日盛，游人络绎不绝。1978年5月，华县人民政府公布宁山寺为县级重点文物保护单位。

华山前院为道教净地，据《华州志》记载，在唐贞观元年(627年)，太宗李世民在少华山山麓建少华山前院，占地面积50余亩，建筑面积13000m^2，呈四合院状，分别为春秋楼、祖师宫、老爷宫、少华宫、三教祠等。公元889年，唐昭宗李晔幸临华州，封少华山神为佑顺侯，在少华山峰建玉皇庙、中峰寺、灵官庙、枉死庙等庙宇，及圣母堂、石塔、枉死塔等多处道观和道教建筑。现在原有道观、建筑已毁，仅存有断垣残壁遗迹。

此外，少华山旅游规划区丰富的历史传说，景情交融的人物故事，更充实了这里的人文景观。刘秀崖绝壁百米，相传刘秀曾在此伏牛；鹰咀石形象逼真凶猛，活似一只高约50m

的巨雕。有人说刘秀当时在此支锅煮鱼，当他在醉仙湖游观之际，这只鹰偷食了他煮的鱼，他一怒之下，把这只老鹰变成了一只石鹰，即现在所看到的鹰咀石。而且从那以后，罗纹河里虽然河水清澈，水生动物种类繁多，但就是无鱼。也有人说，当年华山二次论剑之后，神雕大侠杨过、小龙女夫妇就此隐居，而他们的那只神雕在这里苦苦等待，最终变成了这只遥首期待的石雕；位于华岳剑景区的关公磨刀石，更是景物逼真，故事传说久远。一说当年关公磨刀时，足蹬悬崖，身体悬空，仰天而作。另有一种传说，关公每年五月二十六日都会来少华山磨刀，因为关公为玉皇大帝之一，所以为了方便关公磨刀，每逢五月二十六日便会下雨。因此，民间至今都流传着一首民谣，“今年收秋不收秋，就看五月二十六，五月二十六滴一点，华州城里卖大碗”。如此等等，不一而举。

(2)雄险奇秀的地貌景观

少华山旅游规划区地处秦岭北坡山地，区内峰峦迭嶂，幽谷深曲，水环云绕。一进入峪口，小敷峪水库如巨龙盘幽谷，高山出平湖，气势雄伟，场面壮观；沿河而上，峰回路转，两侧垂岸对峙，高峰送迎。白龙滩南部的红崖高逾百丈，险不可攀；天官府高踞山巅，三面临崖，南倚翠峰，仅有羊肠石径可上；悬崖上有石门，易守难攻，相传为寇天官驻兵之地；隔河而对的八戒峰、鸡冠峰和大圣峰与所喻之物惟妙惟肖，生动形象；西部的“少华晴岚”是古华州八景之一。少华山由东峰、西峰、中峰及南峰、北峰组成，五峰除由狭窄的石梁连接之外，几乎四周都是壁立的岩石。主峰玉女峰海拔1664.4m，上曾建有玉皇庙，石壁上刻有古人的诗句：“少华苍苍，渭水泱泱。君子之风，与之久长”。峰北的王伯当跑马岗、饮马池、石门均高居云端，令人翘首难望；小敷峪上部的燕子碥岩石层叠，群燕翻飞，壁立千仞；母子峡狭窄曲折，阴暗曲幽；祖师峰独秀山中，古柏隐庙；天岩子巍峨挺拔，奇石峥嵘；石门两崖夹峙，宛若斧开。仰天大佛，全身部位匀称，体态丰满，栩栩如生。不胜枚举的地貌景观或气势雄伟，或奇秀独特，可与西岳华山媲美。

(3)清丽多姿的水色景观

“小敷峪七十二岔，岔岔清溪长流”，汇聚成滔滔不绝的罗纹河，由南至北贯穿规划区。复杂的地形及较大的高差使旅游区内曲溪湍流，飞瀑高挂。深潭清溪，在陡狭的幽谷中击石拍崖，水花飞溅如雪、如珠，时而急流咆哮，声震山谷，时而绕石缓流，明明灭灭。龙泉瀑布从高逾百米的龙王咀飞流而下，水色晶莹如玉，仿佛天河泻流；龙潭瀑布为二级瀑布，在光滑岩石之上飞流直泻，声如雷鸣，大小龙潭水色墨绿。鹰岩瀑布分为两段，飞流腾雾，水星点点。祖师峰下的降龙潭与伏虎潭水面平静，山树倒映，美丽清秀；金蟾湖中青蛙鸣谷，绝壁栈桥环绕，翠峰倒映，如人间仙境；峪口是小敷峪水库，水岸曲折，水色墨绿，水鸟翔集，波光粼粼。

(4)绚丽多彩的森林景观

规划区的植被类型属于暖温带落叶阔叶林带。植物种类繁多，生长茂密。海拔1100m以下植被主要为栎类、侧柏、核桃、漆树、杨树等，下木有马桑、酸枣、金银花、黄栌、悬钩子等。海拔1100～2100m主要以华山松、油松、山杨、桦类、白皮松、漆树、枫杨等为主，下木有锈线菊、胡颓子等。海拔2100m以上优势树种为红桦，伴生有山杨、华山松等。林下有高山杜鹃、绣线菊等。区域森林覆盖率在60%以上，植物种类丰富，生长茂密，一年四季，各有特色，形成了旅游区多彩的森林景观。春天，万物复苏，树木嫩叶初发，生机勃勃，峪中翠柳报春，柳絮如雪，山坡上山花烂漫，姹紫嫣红；炎夏，柳溪荫浓，凉风习习。山上绿波起伏，青翠锁目，林内上有绿叶如盖，下有绿茵缀花；秋季，霜降红叶，如诗如画，峪中山楂、柿子硕果坠枝，红艳诱人；冬季，山上松柏更加青翠挺拔，大雪初降，山如银蛇，崖挂冰帘，林中如梨花盛开，粉妆玉砌。

(5)诗情画意的气象景观

少华山最低海拔不足700m，最高海拔2500余米，相对高差达1800余米，平均气温相差10℃有余。气候垂直变化不仅孕育了绚丽多彩的植物景观，而且气象万千，丰富多彩。早观大佛，由西向东而望，在晨辉的衬托下，不仅佛身逼真，亦充满珠光宝气；在蒙蒙细雨之中，少华五峰宛如薄纱中的少女，靓丽可爱；夏季雨过天晴之后，登高而望，逥云漂移，万山初露，犹如置身于天堂；隆冬季节，大雪飞舞，整个山林银装素裹，此时可赏大自然赋予的胜景，可寒峭踏雪寻梅，感受梅花傲霜，体会松声竹韵。少华山旅游区的气象景观，正如有关地理史书对“少华晴岚”的记载：月色才临秦华东，岚光如画蔼溶溶，轻凝远嶂浓还淡，悠忽凌崖翠且重；浑似蚩尤军逐鹿，恍如神女醉巫峰，非烟更觉还非雾，幻尽先天造化踪。

2. 少华山旅游资源定量评价

(1)旅游资源种类评价

按照《风景名胜区规划规范》(GB 50298—1999)标准，少华山森林公园旅游资源有2个大类，8个中类，46个小类。这些旅游资源类型与《风景名胜区规划规范》中规定的旅游资源分类系统相比，分别占到大类的100%、中类的100%和小类的42.8%。

按照《旅游资源分类、调查与评价》(GB－T18972—2003)标准，少华山森林公园旅游资源有7个主类，22个亚类，76个基本类型。这些旅游资源类型与《旅游资源分类、调查与评价》中规定的旅游资源分类系统相比，分别占到主类的87.78%、亚类的79.70%和基本类型的49.03%(表2-13)。

表2-13 少华山森林公园各层次旅游资源数量统计

各层次旅游资源数量统计			
系　列	标准数目	调查区	
		数目	占全国比例(%)
主　类	8	7	87.78
亚　类	31	21	79.70
基本类型	155	76	49.03

(2)旅游资源等级评价

根据对少华山森林公园规划开发区的旅游资源详细调查，并对其单体按照《风景名胜区规划规范》(GB 50298—1999)的标准要求，进行认真比较分析认为，该规划区优良级旅游资源单体共计28个，占该规划区旅游资源单体总数的60.86%；普通级旅游资源单体共计11个，占旅游资源单体总数的23.91%；未获等级单体共计7个，占旅游资源单体总数的15.21%(见表2-14)。

表 2-14　少华山森林公园各级旅游资源单体数量统计

各级旅游资源单体数量统计(单体总计 46)						
等级	优良级旅游资源			普通级旅游资源		
	特级	三级	四级	三级	四级	五级
数量	4	6	5	6	5	7

(3)开发综合定量评价

根据对少华山森林公园规划开发区的景源价值、环境水平、利用条件、规模范围详细调查与分析，并对其四项内容按照《风景名胜区规划规范》(GB50298—1999)的标准评价和确定各项项目评价层的权重，结果认为：少华山森林公园规划开发区景源价值得分 54.60 分，占该评价层总分值的 78.0%；环境水平得分 12.00 分，占该评价层总分值的 60.0%；利用条件得分 2.40 分，占该评价层总分值的 48.0%；规模范围得分 4.65 分，占该评价层总分值的 81.3%；少华山森林公园规划开发区 4 项指标评价总分值为 73.65 分(表 2-15)。

表 2-15　少华山森林公园开发建设总体数量评价

综合评价层	项目赋值	项目评价层	权　重	评价分值
景源价值	70	欣赏价值	0.18	54.60
		科学价值	0.10	
		历史价值	0.10	
		保健价值	0.20	
		游憩价值	0.20	
环境水平	20	生态特征	0.20	12.00
		环境质量	0.20	
		设施状况	0.10	
		监护管理	0.10	
利用条件	5	交通通讯	0.10	2.40
		食宿接待	0.05	
		客源市场	0.23	
		运营管理	0.10	
规模范围	5	面　积	0.25	4.65
		体　量	0.23	
		空　间	0.20	
		客　容	0.25	
合计	100			73.65

三、**开发利用评价**（陕西省子午岭自然保护区综合规划）

1. 旅游资源定性评价

子午岭自然保护区是陕北地区最具有代表性的区域。区内岭谷交织，山峦起伏，极具黄土高原梁峁地貌之特征；岭下稻田如茵，绿水如镜，有“小江南”之称；岭上山势形若游龙，蜿蜒险峻，梁坡林草茂密，有黄土高塬“天然植物标本园”之誉。春天，山花烂漫，七色争艳；夏季，林波随风鼓荡，山丹迎朝绽放，满山遍野红绿共影；初秋，白桦玉枝黄叶，松柏苍翠葱郁，似黄又似红的辽东栎夹杂其中，绘就了一幅色彩丰富的自然画卷；冬日，银装素裹，冰冻河封，松柏尽显苍劲挺拔。茂密的森林孕育着清澈的细流，开阔的河谷随处可见翻飞的浪花，谷中虽无振撼的瀑布、温柔的涌泉，但不乏柔声细雨的跌水。清澈的河水、碧蓝的湖泊、独特的岩石景观，与水中倒映的山林一起构成了罕见的自然风光，可谓黄土高原的一颗璀璨明珠。“赤岩托碧水，柳浪花更浓”是保护区的真实写照。

独具特色的地域为保护区积淀了深厚的文化内涵和丰富的人文旅游资源。著名的古代高速公路“秦直道”，是中华民族五千年文明史上的一大奇迹，它可与万里长城、秦兵马俑珠联璧合，相互辉映，比著名的古罗马大道宽出数倍，属世界级历史工程。石泓寺石窟显明地表现了我国不同时代的雕刻艺术，反映了我国古代劳动人民智慧的结晶，它为研究我国历史文化、宗教艺术，特别是雕刻艺术提供了大量宝贵的历史资料。保护区坐落于革命胜地，有老一辈无产阶级革命家留下的战斗和生活的足迹，是后人瞻仰、学习的活教材。独特的地方民俗文化，具有很强的地域性和典型性，是难以被模仿的人文资源。

2. 旅游资源定量评价

（1）评价方法

根据国家《中国森林公园风景资源质量等级评定》方法和标准，结合自然保护区的具体情况，通过旅游资源质量、区域环境质量、开发利用条件3项指标评价，评定出保护区旅游资源质量等级，并按照旅游资源质量评定分值划分等级。

（2）旅游资源质量评价

评价方法：选取典型度、自然度、多样度、科学度、利用度、吸引度、地带度、珍惜度、组合度9项评价因子，每项评价因子得分采取专家（旅游、林学、地质、水文、野生动物、地方领导等）评分法，各评价因子权值应用《中国森林公园风景资源质量等级评定》规定权值。

旅游资源质量评价：自然保护区旅游资源质量评价分值按照下列公式计算，计算结果见表2-16、表2-17。

$$M = B + Z + T, \quad B = \sum X_i F_i / \sum F$$

式中：M——旅游资源质量评价分值；

X_i——旅游资源类型评分值；

F_i——旅游资源类型权数；

Z——旅游资源组合状况评分值；

T——特色附加分值。

(3)旅游资源质量等级综合评定

根据子午岭自然保护区旅游资源总体状况以及旅游资源质量、区域环境质量、开发利用条件3项指标评价，其累计得分为43.74分，符合一级森林公园旅游资源标准，资源价值和旅游价值高，难以人工再造。

(4)区域环境质量评价

最后计算结果为27.24分，旅游资源质量佳(表2-18)。经调查和查阅相关资料，并与相关标准对照认为，保护区环境质量评价分项得分见表2-18，总得分为9.5，评价认为环境质量达优级标准。

表2-16　风景资源基本质量评价表

资源类型	评价因子	理想分值	评价分值	权值	得分值
地文资源 X_1	典型度	5	5	20(F_1)	3.6
	自然度	5	5		
	吸引度	4	3		
	多样度	3	3		
	科学度	3	2		
水文资源 X_2	典型度	5	5	20(F_2)	3.8
	自然度	5	5		
	吸引度	4	4		
	多样度	3	2		
	科学度	3	3		
生物资源 X_3	地带度	10	10	40(F_3)	14.4
	珍惜度	10	6		
	多样度	8	8		
	吸引度	6	6		
	科学度	6	6		
人文资源 X_4	珍惜度	4	3	15(F_4)	1.8
	典型度	4	4		
	多样度	3	3		
	吸引度	2	1		
	利用度	2	1		
天象资源 X_5	多样度	1	0.4	5(F5)	0.14
	珍惜度	1	0.7		
	典型度	1	1		
	吸引度	1	0.4		
	科学度	1	0.3		

表2-17　风景资源基本质量评价表

风景资源项目	评价值	基本加权评价值	总评价值
基本质量B	22.24		
组合状况Z	1.5	23.74	
特色附加T	2		
资源质量M			27.24

(5)开发利用条件评价

保护区交通方便，有西安—包头、兰州—宜川两条干线公路和西安—延安铁路从富县县城过境，县城已成为连接陕西、甘肃、山西三省的重要枢纽。从县城到直罗镇40km沥青路面；从直罗镇到保护站为三级砂石路面；其余为泥土路；林区内便道10条，累计长度113km。区内有一定通讯、供水和供电设施。保护区开发利用条件分项得分见表2-19，总得分为7分，评价认为开发利用达优良级标准。

表2-18　区域环境质量评价表

评价项目	评价指标	评分值
大气质量	达到国家大气环境质量(GB3096—1996)一级标准	2
地面水质量	达到国家地面水质量(GB3838—1988)一级标准	2
土壤环境质量	达到国家土壤环境质量(GB15618—1995)二级标准	1.5
负离子含量	旅游旺季主要景点含量为1～5万个/cm^3	2
空气细菌含量	空气细菌含量为1000个/m^3以下	2

表2-19　开发利用条件评价表

评价项目	基本现状		评分值
面　积	规划面积大于500hm^2		1
旅游适游期	在150天/年以上		1
区位条件	距著名旅游区在200km以内		1
外部交通	铁路	50km内通铁路，不在铁路干线上，客流量小	0.5
	公路	有省级或县级道路，交通车较多，有一定客流量	0.5
	水路	无水陆交通	0
	航空	在100km内有国内空港	1
内部交通	有多种交通方式可供选择，具备游览的通达性		1
基础设施	有水源，有充足电力供应，有较为完善的内外通讯条件，旅游接待服务设施较好		1

3. 开发条件分析与存在问题

(1)开发条件分析

子午岭自然保护区与秦岭、大巴山山区的旅游资源相比，旅游资源质量虽有所不及，但与黄土高原其他地域的景观比较具有很强的代表性。

子午岭自然保护区拥有独特优美的自然风光，罕见的人文景观和良好的环境质量，在黄土高原及以北地区的旅游资源中具有很强的代表性，对旅游者吸引性强。由旅游资源质量等级评定结果可知，自然保护区符合一级森林公园旅游资源标准，是黄土高原上不可多得的旅游开发地域。

子午岭自然保护区所在地——富县处于延安革命胜地旅游区、宜川壶口瀑布旅游区和黄帝陵旅游区的中心位置，是旅游产业开发的黄金地带，易构成旅游网络节点。此外，自然保护区内、外部交通便利，方式多样，为开展保护工作和发展旅游业提供了良好的基础。

在自然保护区的中心区外建立森林公园，在以“全面规划、积极保护、科学管理、永续利用”的方针为指导，以国家森林公园建设与管理的有关政策、法规为前提，以保护环境和确保自然生态系统良性循环为目标的基础上，建立多功能、高品位的充分展现独特的旅游资源的森林公园是切实可行的，也一定能够实现资源的合理保护和可持续发展的自然保护区建设目的。

(2)存在问题

根据调查，保护区开发旅游业主要存在以下几个方面的问题：一是自然保护区道路等级较差，部分路段年久失修，水毁比较严重；保护区内有部分单位和居民，给保护区的保护和旅游的管理方面将带来一定困难；保护区森林覆被率较低，加之植被破坏较严重，应加强植被的保护和恢复。

【复习思考题】

1. 风景旅游区规划调查的目的是什么？调查应遵循什么原则？
2. 风景旅游区规划调查包括哪些内容？各项内容对规划有什么意义？
3. 说明《旅游资源分类、调查与评价》和《中国旅游资源普查规范》的旅游资源分类体系。
4. 说明 SWOT 分析的原理和方法，对风景旅游区规划有何价值？
5. 掌握景观质量等级评价方法和旅游资源评价体系。
6. 风景旅游资源评价结论包括哪些内容？
7. 掌握《中国森林公园风景资源质量等级评定》(GB/T18005－1999)的评定体系。

第三章　风景旅游区规划技术分析

【本章提要】

作为风景旅游区规划方面的专门技术要求，包括风景旅游区范围的界定、环境容量的分析、客源市场的调查与分析、被规划风景旅游区的游客量的确定、被规划风景旅游区的基本定位等与风景旅游区规划关系密切。以上因素的合理确定，关系到被规划风景旅游区建成后“三大效益”能否有效发挥。本章对以上问题的阐述，旨在使学生认识风景旅游区规划专门技术分析的目的和意义，掌握技术分析方法，为风景旅游区规划提供技术保障。

第一节　风景旅游区范围确定

一、范围确定的意义

确定风景旅游区范围是风景旅游区规划的重要内容，是风景旅游区规划建设管理中各种面积计量的具体依据，也是风景旅游区规划水平及其可比性的基础。同时，规划确定的风景旅游区范围就是未来风景旅游区的管辖范围。因此，风景旅游区范围的确定至关重要，必须进行。风景旅游区范围划分，因受人均资源渐趋紧缺和资源利用的多重性的客观条件影响，以及它所涉及的责任、权利、利益关系的主观条件影响，要求在边界划分时应多方讨论，取得一致意见，并应遵从相应原则和规定。

二、范围确定原则

风景旅游区范围确定应依据以下原则进行，即：

1. 景源特征及其生态环境的完整性原则

在确定风景旅游区范围界限时，对景源特征、景源价值、生态环境等应保障其完整性，不得因划界不当而损坏其特征、价值和生态环境。

2. 历史文化与社会的连续性原则

在一些历史悠久和社会因素丰富的风景旅游区划界中，应维持其历史特征，保持其社会延续性，使历史、社会、文化遗产及其环境得以保存，并能永续利用。

3. 地域单元的相对独立性原则

在对待地域单元矛盾时，应强调其相对独立性，不论是自然区、人文区、行政区、线状区等哪种地域单元形式，在划界中均应考虑其相对独立性及其带来的主要状态关系。

4. 保护、利用、管理的可行性原则

在对待风景区资源利用方面，应分析所在地的环境因素对景源保护的要求、经济条件对开发利用的影响、社会背景对风景区管理的要求，综合考虑风景旅游区与其社会辐射范围的供需关系，提出风景旅游区保护利用、管理的必要范围。

三、范围界定与计算要求

1. 应有明确的地形标志物为依托

规划范围和具体界限，必须有明确的地形标志物为依托，使其既能在地图上标出，又能在现场定桩标界。严禁用三角板或丁字尺在地图上随意划界，而在现场无法立桩标界的工作行为。在确立风景旅游区范围时，有时会与原有行政区划发生矛盾，特别是一些原始性较强的山水景观，常常又处在原有行政区划的边缘，或数个行政区的交界部位。为了保护和合理利用这些景源，既可以不受有关行政区划的限制，又要在适当的行政主管支持和相关部门协同下，或适当调整行政区划，或适当协调责权利关系，探讨一种既合理又可行的风景旅游区范围。在提出的方案中，应防止“人和地分家”的现象，应坚持居民与其生存条件一并合理安排的原则。

2. 依地形图作为面积计量依据

风景旅游区的标界范围，是风景旅游区面积的计量依据，是风景旅游区规划建设管理中各种面积计量的基本依据，也是风景旅游区规划水平及其可比性的基础，因而强调面积计量的统一性和严肃性是十分必要的。因此，在规划风景旅游区内的各种面积计算时，应以地形图上的标界范围为面积计量依据，其他来源的面积数据可作为参考或视为无效。

3. 各类面积为投影面积

规划阶段的所有面积计量，均应以同精度的地形图的投影面积为准。投影面积可利用求积仪计算，在没有条件的情况下也可采用网格法、网点法、面积重量法或割补法。为了使所计算面积较为准确，可几种方法兼用，或用同一种方法复测，在允许的误差范围内求其平均值。

四、范围确定应注意的问题

1. 风景旅游区范围界限

在确定范围界限时，对景源特征、景源价值、生态环境等应保障其完整性，不得因划界不当而损坏其特征、价值和生态环境。

2. 保存历史文化遗产

在一些历史悠久和社会因素丰富的风景区划界中，应维持其历史特征，保持其社会延续性，使历史文化遗产及其环境得以保存，并能永续利用。

3. 地域单元应独立

在对待地域单元矛盾时，应强调其相对独立性，不论是自然区、人文区、行政区、线状区等多种地域单元形式，在划界中均应考虑其相对独立性及其带来的主要状态关系。

4. 保护利用范围应明确

在对待风景区保护利用、管理的必要性时，应分析所在地的环境因素，对景源保护的要求、经济条件对开发利用的影响、社会背景对风景区管理的要求，综合考虑风景区与其社会辐射范围的供需关系，提出风景区保护利用、管理的必要范围。

5. 边界应鲜明容易识别

规划范围和具体界限，必须有明确的标志物为依托，严禁用三角板或丁字尺在地图上随意划界而在现场无法立桩标界的工作行为。

第二节　风景旅游区环境容量分析

一、环境容量分析意义

风景旅游区环境容量是根据风景区基本资源决定的，使生态环境得到保护并有利于恢复，实现风景资源可持续利用的约束性指标。在风景旅游区规划中，根据空间大小、资源种类、功能特性、风景区性质等计算的各种环境容量，是风景旅游区未来游客管理的重要依据，以实现“三大效益”协调和同步发展的一项必要措施。因此，风景旅游区环境容量分析，应在充分调查研究的基础上，按照规划要求制定出切实可行的容量指标，以便能够有效指导风景旅游区的建设和发展工作。

二、环境容量分类

(一)从时间意义划分

1. 一次性环境容量

一次性游人容量亦称瞬时容量，是指一次性可容纳的游人数，单位以“人/次”表示。

2. 日环境容量

是指一日内可容纳的游人数，单位以“人次/日”表示；在日游人容量中，常用的容量指标还有日最大游人容量和日平均游人容量。

3. 年环境容量

是指一年内可容纳的游人数，单位以“人次/年”表示。

(二)从指导意义划分

从对风景旅游区建设和发展的指导意义上划分，风景区环境容量可分为生态允许容量、游览心理容量、功能技术容量。在风景旅游区规划时，都应对以上3种环境容量进行详细分析。

1. 生态允许容量

生态允许容量是以生态环境的自净和恢复能力为理论基础，以资源可持续利用以及资源、环境质量不断提高，风景景观价值不断增强为先决条件，依据风景区实际情况分析提出的一种环境容量指标。生态允许容量标准是对景物及其占地而言，其风景资源类型不同，允许容量标准也不同。在一个风景区内，通过分析得出的各类环境容量指标，在应用于人口(或旅游人数)控制方面，均应以生态允许容量为标准，其他环境容量的最终指标值不得大于生态允许容量。

2. 旅游心理容量

游览心理容量是以游客的心理活动和审美思维为理论基础，以提高游客的旅游兴致和增强风景区良好形象为先决条件，依据风景区的风景资源与设施情况分析提出的一种环境容量指标。游览心理容量是游人对景物的景感体现，也是游客对旅游者本身在风景区内所占有支配空间的一种心理表现，是介于管理者希望游客相对较多和旅游者希望游客相对较少的矛盾对立体中的一种容量形式。游览心理容量与生态允许容量相比，若游览心理容量大于生态允许容量，说明所制定的环境容量指标对旅游者是有利的，否则在不降低生态允许容量的条件下对旅游者是不利的。

3. 功能技术容量

功能技术容量是以风景区景观资源，特别是服务设施与基础设施为基础，以设施的合理、安全利用为先决条件，依据对风景区的建设情况分析提出的一种环境容量指标。功能技术容量是游人欣赏风景对所处的具体设施条件而言，这一容量指标特别是在安全方面，对风景区未来开展旅游活动有积极意义。例如，索桥的一次性容人量、景点的一次性容人量等。

三、环境容量分析

（一）生态环境容量分析

1. 生态环境容量分析指标

按照我国《风景名胜区规划规范》中关于态环境容量指标的规定，以生态允许量为标准的、不同用地类型指标见表 3-1。

表 3-1　游憩用地生态容量允许标准表

用地类型	允许容人量和用地指标	
	（人/hm^2）	（m^2/人）
针叶林地	2～3	5000～3300
阔叶林地	4～8	2500～1250
森林公园	<15～20	>660～500
疏林草地	20～25	500～400
草地公园	<70	>140
城镇公园	30～200	330～50
专用浴场	<500	>20
浴场水域	1000～2000	20～10
浴场沙滩	1000～2000	10～5

2. 生态环境容量计算

风景区环境容量计算，根据有利于生态环境保护、有利于风景区可持续发展的原则，一般应按照面积法计算。

在按照面积法计算时，常用的计算方法有 3 种：

（1）风景旅游区面积计算法：以整个风景旅游区面积计算，其计算方法是首先对规划区按用地类型进行分类，确定用地类型面积及允许容人量指标，然后按加权平均法计算整个规划风景区的生态环境容量。这种方法其特点是计算简单、便于操作，但仅适应于风景区域战略性规划，而在风景区总体规划中就过于概略。

（2）“可游面积”计算法：这一计算方法首先应确定可游区域及各区域用地类型与面积，在此基础上确定各分区的生态环境容量及整个规划风景旅游区的生态环境容量。以风景区内“可游面积”计算适合于总体规划中使用，然而“可游面积”很难地计算，与总体规划中的各项其他规划也难以相接，这是必须引起注意的问题。

(3)景点面积计算法：以景点面积计算是在确定各景点面积的基础上，通过对各景点游人生态环境容量的计算，最终得到规划风景区的生态环境容量。景点面积计算法适应于各个规划层次，同各专项规划口径一致，对其他工作适应性也较强。在游人容量计算时，对景点面积以外的范围，可用较概略的指标框算其容量，以补充风景区仅以景点面积计算的不足。

3. 生态环境容量研究

生态环境容量的测算是一个比较复杂的问题，对它的研究和指标确定实际上与多种因素有关，如植被因素中的植被覆盖率、植被组成、植被年龄结构、稀有植物的灭绝、植物的机械性损伤，土壤因素中的土壤密度、土壤组成、植被温度、土壤冲蚀与径流，水文因素中的病原体的数目与种类、水中的养分及水生植物的生长情况、污染物，动物因素中的野生动物栖息地、种群改变，旅游活动对种群活动的影响，大气因素中的空气污染等。

目前，对于生态环境容量的研究常采用以下 3 种方式：

(1)既成事实分析(After-the-Fact Analysis)。在旅游行动与环境影响已达平衡的系统，选择游客量不同的压力区进行调查，确定合理生态环境容量，并用于指导拟规划的风景旅游区；

(2)模拟实验(Simulation Experiment)分析。使用人工控制的破坏强度，观察其影响程度，根据实验结果测算相似地区环境容量；

(3)长期监测(Monitoring of Change through Time)分析。从旅游活动开始阶段作长期调查，分析使用强度逐年增加所引起的改变，或在游客压力突增时，随时作短期调查，所得数据用于测算相似地区的环境容量。

(二)功能技术容量分析

1. 线路法

即按风景旅游区的游览线路长度、宽度、类型计算游人容量的一种方法。在计算时为了保证与实际情况基本相符，应在线路法计算的基础上增加主要景点、游乐场游客量。在线路法计算中，其指标以每个游人所占平均道路面积为依据。根据《风景名胜区规划规范》，该指标取值范围为 5 ~ $10m^2$/人。线路法是日环境容量的计算方法之一，适宜于风景旅游区在总体规划设计对日环境容量的计算，其计算公式为：

(1)完全游道：
$$C = \frac{M}{m} \times D$$

(2)不完全游道：
$$C = \frac{M}{m + (m \times E/F)} \times D$$

式中：C——风景区日游人容量，单位为人次；

A_i——为第 i 个游道面积，单位为 m^2；

a_i——每位游客在第 i 个游道占用合理游道面积，单位为 m^2；

D_i——周转率，即风景区全天开放时间/游完第 i 个游道所需时间；

F——游完第 i 个游道所需时间；

E——沿第 i 个游道返回所需时间。

结合上述公式，用线路法计算日游人容量，可采用表 3-2 进行列表统计。

表 3-2　线路法计算风景区日游人容量统计表

游道区段	游道面积（m^2）	合理面积（m^2/人）	一次性容量（人/次）	周转率（次/日）	日游人容量（人次）	备　注
……	……	……	……	……	……	
合　计						

2. *面积法*

即按风景旅游区的景点、海滩、沙滩及其他游乐场等面积计算游人容量的一种方法，该方法按每个游人所占实际游览用地地面积计算游人容量。根据《风景名胜区规划规范》，主景景点按景点面积 50～100m^2/人，一般景点按景点面积 100～400m^2/人，浴场海域在海拔 0～2m 以内按水面面积为 10～20m^2/人，浴场沙滩在海拔 0～2m 以内按水面面积为 5～10m^2/人，其他指标可通过调查研究确定。线路法是日环境容量的计算方法之一，适宜于风景区在总体规划设计对日环境容量的计算，其计算公式为：

$$C = \frac{A_i}{a_i} \times D_i$$

式中：C——风景区日游人容量，单位为人次；

A_i——第 i 个游览或游乐区实际面积，单位为 m^2；

a_i——每位游人在第 i 个区域应占有的合理面积，单位为 m^2；

D_i——周转率，即第 i 个区域开放时间/游完第 i 个区域所需时间。

根据《风景名胜区规划规范》，按面积法计算环境容量时，其采用的指标以每个游人所占平均游览面积计，其中：主要景点（景点面积）50～100m^2/人；一般景点（景点面积）100～400m^2/人；浴场海域 10～20m^2/人（海拔 0～－2m 以内水面）；浴场沙滩：5～10m^2/人（海拔 0～2m 以内沙滩）。

日环境容量的测算是在给出各个空间使用密度的情况下，把游客的日周转率考虑进去，即可估算出不同的日环境容量。例如，假设某游览空间面积为 A_i 平方米，在不影响游览质量的情况下，平均每位游客占用面积为 $a_i m^2$/人，日周转率为 D_i。则该游览日环境容量为：

$$C_i = A_i \times D_i / a_i$$

结合上述公式，用面积法计算日游人容量，可采用表 3-3 进行列表统计。

表 3-3　面积法计算风景区日游人容量统计表

类型或名　称	区域面积（m^2）	计算指标（m^2/人）	一次性容量（人/次）	日周转率（次/日）	日游人容量（人次/日）	备　注
……	……	……	……	……	……	……
合　计						

3. 卡口法

卡口法是用实测的方法，测定卡口处单位时间内通过的合理游客量的一种计算方法，即实测卡口处单位时间内通过的合理游客量，单位以“人次/单位时间”表示。用卡口法计算日游人容量，对于新建型或风景区不适用，仅适应于改建型风景旅游区。

$$C = D \times A = \frac{H - t_2}{t_3} \times A$$

式中：C——日环境容量，单位为人次；

D——日游客批数，$D = t_1/t_3$；

A——每批游客人数；

t_1——景点每天游览时间，单位为分；

t_3——两批游客相距时间，单位为分；

H——景区每天开放时间，单位为分；

t_2——游完全程所需时间，单位为分。

风景区日空间总容量等于各分区空间容量之和，即：

$$C_{总} = \sum C_i = \sum (A_i \times D_i)$$

其中接待设施如宾馆、休疗养院的日周转率建议为0.4。

(三)游览心理容量分析

游览心理容量又称社会心理容量，游览心理容量的主要影响因素是拥挤度。对于它的测算是一个比较复杂的问题。目前主要有两个模型可以利用：一是满意模型(Hypothetical Density)，二是拥挤认识模型(Perceived Crowding Models)。次外，还可用问卷调查的方式对游览心理容量进行分析计算。

(四)环境容量的确定

对一个风景旅游区而言，最基本的要求就是对生态环境容量和功能技术容量的测算，对游览心理容量进行分析。有条件的情况下，也应对游览心理容量进行测算。如果上述3种容量均可取得测算值，那么这个风景区的环境容量就取决于生态环境容量、功能技术容量、游览心理容量三者的最小值。风景旅游区容量包括环境容量、设施容量、生态容量和社会心理容量。对于一个风景旅游区而言，日环境容量与日设施容量的测算是最基本的要求。

第三节　客源市场调查与分析

一、客源市场调查分析的意义

客源市场调查是通过客观地收集客源市场需求信息及相关影响因素信息，分析拟开发风景区对旅游者吸引力的大小，从而确定出它的市场前景，以便对被开发风景区进行合理的建设规划。通过调查获得的可靠信息，可为旅游经济部门和旅游管理部门的决策者提供重要的管理依据。

二、客源市场调查内容

(一)市场环境调查

市场环境调查是指对规划的风景区有影响的政治环境、经济环境、社会文化环境和自然地理环境进行调查。政治环境包括社会安定状况、政府政局变化，一定时期内政府对旅游业及相关行业的法令法规等。如果是境外的客源地还要了解与此有关的关税、外汇、政策等情况。经济环境包括人口情况、国民生产总值、收入水平、城市居民储蓄存款情况、消费水平和消费结构、物价水平、风景资源状况等。社会文化环境是指当地的民族、民俗状况，受教育的程序，对旅游的意识程度以及职业种类等。自然地理环境包括地理位置、气候条件、植被覆盖和地形地貌等。

(二)市场需求调查

市场需求调查可以依据4C理论进行。4C理论是美国的舒尔兹等人提出了整合营销新观念，以消费者为出发点，在此新规范下提出了理论。4C理论首先强调消费者需求(Consumer wants and need)，企业要生产消费者所需要的产品而不是买自己所能制造的产品；其次是消费者愿意付出的成本(Cost)，企业定价不是根据品牌策略而是要研究消费者的收入状况、消费习惯以及同类产品的市场定位；再次是为消费者提供方便(Convenience)，这里主要指购买环节的便利。最后是与消费者的沟通(Communication)，消费者不只是单纯的受众，本身也是新的传播者，必须实现企业与消费者的双向沟通，以谋求与消费者建立长久关系。4C理论着眼于消费者需求，落足于建立企业与消费者的关系。

旅游消费需求是一个很复杂的系统，涉及面广，范围大，给旅游消费需求调查带来了相当的难度。它主要包括以下几个因素：一是旅游者对旅游地的印象，了解旅游活动的开展对旅游者的影响力，包括好与坏两个方面；二是旅游者家庭情况、消费习惯，划分出不同的层次，以便于日后的分析研究；三是旅游者休闲时间及居住地；四是旅游者对旅游设施的反映；五是旅游者未来的期望，属于一种综合性的评价，有利于旅游部门进行市场分析与预测；六是旅游者的旅游目的或动机。

(三)市场销售调查

市场销售调查可针对营销组合的各个因素进行，分为产品(Product)、价格(Price)、促销(Promotion)和渠道(Place)4个子类(即4P理论)。产品策略调查的主要内容包括：旅游者对旅游产品的评价，旅游产品的生命周期，同类旅游产品竞争态势等方面。价格策略调查的主要内容包括：旅游者对产品价格的评价、对价格调整的反应，价格对来游人数的影响等。促销策略调查的主要内容包括：各种公共关系的活动方式与效果，广告媒体的选择，广告效果的评价，人员促销方式与效果以及销售方式及效果等方面。渠道策略调查的主要内容为：旅游者通过何种渠道购买产品，现有渠道的长短种类，与渠道的关系如何，竞争者采用何种渠道，渠道是否通畅，渠道是否有效等。

三、客源市场调查方法

(一)调查程序

一般来说都要经过以下9个过程(图3-1)。

(二)市场调查问卷设计

一份完整的市场调查问卷通常由标题、说明信、填表指导、调查主题内容、编码、被调查者基本情况、调查过程记录等项构成。下面结合一个具体的问卷表进行说明(表3-5)。

1. 问卷的标题

问卷的标题概括说明调查主题，使被调查者对要回答的问题有一个大致了解。问卷标题要简明扼要，点明调查对象或调查项目，而不要只简单地写上“市场调查问卷”之类空泛的词句。在表3-4中，标题是×××风景区客源市场调查问卷”，这里点出了要调查的主题是“客源市场”，限定的范围是“×××风景区”。

2. 说明信

在问卷标题之下，要附有一封简短的说明信，说清楚调查的意义(如进行×××风景区规划)、内容(是有关风景区规划的意见)等，以消除被调查者的顾虑或紧张，求得合作的顺利进行。说明信的用词应该精心选择，力求言简意明，文笔亲切随和。最后要注明进行调查的单位，使被调查者更为放心地进行回答。

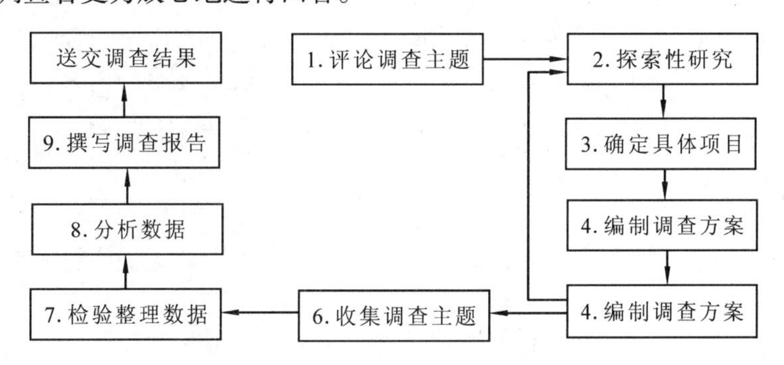

图3-1　客源市场调查程序

表3-4　×××风景区客源市场调查问卷(样表)

问卷编号：□□□□

尊敬的女士，尊敬的先生：

我们正在进行×××风景旅游区规划工作，您的意见对我们相当重要，请您花几分钟填写此表。对您的合作表示衷心的感谢！

×××旅游局　　×××旅游规划组

在符合您的情况的选项上打“√”或空格上填写上合格的内容

1. 请问您的性别是：□男；□女
2. 您的年龄在：□14岁以下；□15~24岁；□25~44岁；□45~64岁；□65岁以上
3. 您的职业是：□政府工作人员；□企事业管理人员；□专业技术人员；□职员；□教育工作者□工人；□农民；□学生；□服务及售货人员
4. 请问您的受教育程度：□小学；□初中；□高中；□大学；□研究生以上
5. 您的家庭成员是：□单身；□2~4人；□5人以上
6. 家庭月收入是：□500元以下；□501~1000元；□1001~2000元；□2001~4000元；□4001~10000元；□10000元以上
7. 您是否来过这里：□是；□否
8. ×××地方，让您较容易联想到的有：______
9. 对×××地方的了解途径主要来自：□亲友或同事介绍；□电视/广播□报纸/杂志；□网络；□广告/宣传品；□其他途径(请举一例)______
10. 您的旅游目的是：□休闲/观光/游览/度假；□探亲访友；□商务；□会议；□医疗；□宗教朝拜；□文化/体育/科技交流；□其他
11. 一般与谁结伴旅行？(可选多种答案)□亲人；□亲朋好友；□同学同事；□旅游团体；□客户；□其他
12. 如下哪些因素有碍您来×××旅游：□交通不便；□路途远；□风景资源档次不高；□服务设施不完善；□了解不够；□其他

调查员：______地点：______时间：200___年___月___日；星期___

3. 填表指导

填表指导是告诉被调查者如何填写问卷。在实际应用中，通常可以采取两种方式：一是直接在问卷上注明，有的放在说明书中列出，有的则单独列出；另一种是通过调查员的现场讲解来完成。对于简单的问卷，可以在问卷中直接说明，也可以由调查员现场说明。一些简单问题，可直接给出“在符合您的情况的选项上打‘√’或空格上填上合适的内容”的说明，如果是比较复杂的填写，则需将两者结合起来使用。

4. 被调查者基本情况

调查内容包括被调查者的年龄、性别、收入、职业、文化程度等。这些是分类分析的基本控制变量，在实际调查中可根据具体情况选定询问的内容。这类问题一般放在问卷的开始部位或者是末尾部分。有些调查表中，由于被调查者的基本情况就是调查内容的一部分，因此在调查内容中就有体现出来。

5. 调查内容

这是调查问卷的主要部分，应按照调查设计逐步逐项列出调查的问题。调查问题的设计与调查质量的高低、调查进行顺利与否有着直接的关系。

从调查问题的格式来看，可以将客源市场调查中的问题分为封闭式和开放式两种。封闭式问题是指已设计了各种可能答案的问题，被调查者可以从备选的答案中选出一个或几个现成答案。这种问题回答方便，而且易于问卷的整理和分析，但是也容易造成强迫式回答，或者被调查者为应付答题而乱答。开放式问题，是指所提出的问题并不列出所有可能的答案，而是由调查者根据自己的想法自由补充的问题。这类问题提问简单，得出的答案比较真实，但也存在着由答题不统一而带来的统计分析困难，以及被调查者不愿意做答等弱点。有鉴于此，在一般的调查问卷中，都是将这二者结合起来设计。

6. 编码

编码是将问卷中调查项目以及备选答案给予统一设计的代号，以便对其整理和分析。现代市场调查问卷一般采用数字代号，并在问卷的最右侧留出“问卷编码”位置。

7. 调查过程记录

在问卷的最后，要求注明调查者姓名、调查开始和结束时间等事项，以利于对问卷的质量检查和控制。如有必要，还可注明被调查者的姓名、单位或家庭住址、电话等，供复核或追踪调查之用，但在填写之前需征求被调查者的意见。

（三）市场调查技术

在具体的提问方式上，可根据提问角度或方式的不同采取相应的提问技法。常用的有二项选择法、多项选择法、排序法等。

1. 二项选择法

二项选择法也称为“是否法”或“二分法”，即将回答项目分为两种，被调查者只能选择其一。例如，“以前您是否来过这里?”回答者根据事实只能在“是”和“否”的答案中进行选择，没有第三种答案。这种方法的优点是易于理解和可以迅速得到明确答案，但是它也有不能表达意见程度差别的缺点。

2. 多项选择法

这种方法是事先预备好 3 个或 3 个以上的答案，回答者可以选择其中一项或几项的方法。如“如果是来，您的旅游目是什么?”下面有观光游览、度假、探亲访友、商务、会议、医疗、宗教朝拜、科技交流，或其他等备选答案，被调查者可以根据自己的实际情况选择多个答案。

3. 排序法

排序法又称为顺位法、顺位填充法，是指列出若干项目让回答者按重要程度决定先后排序的调查方法。例如，“请您说明×××风景旅游区风景资源最重要的是哪一项?”或者是“请您按照吸引力的大小顺序，给下列景点进行排序”。

此外，在客源市场的调查中，还会经常运用的方法有：成对比较法，项目核对法、数值尺度法等。

(四)市场调查抽样方法

对市场进行调查主要有两种方法，即全面普查和抽样调查。全面普查就是对所有有关旅游主题方面的内容进行全面调查。全面普查法在客源市场调查方面，主要用于对国内外游客收入水平的高低、休闲时间的长短、游客数量多少等项目的调查。虽然通过这种方法可以获取较为准确的数据，但如果在较大的范围中进行，则需耗费大量的人力物力，故在实际的调查中运用得较少。抽样调查是按一定方式从调查总体中抽取部分样本进行调查，用所得结果说明总体情况。简单地说就是指从一个大群体(总体)中选出一个小群体(样本)，然后根据对样本的分析来预测总体的特征，从而找出所调查总体对象的特征。

抽样方法根据对样本的选择情况，又可分为随机抽样方式和非随机抽样方式，但在客源市场调查中应用较多的还是分层抽样方法。分层抽样法是按调查对象的类型，即个体特征分层分类抽样，主要特点是将总体按主要指标分类编组，然后在各组中采用随机抽样方法进行抽样。例如，在对一个地方进行游客行为特征调查时，选择样本时就要考虑到旅游者是来自不同地区或国家，有着不同的旅游动机，又要考虑到来自相同的国家，在职业、文化程度、年龄等方面的不同。因此，采取分层抽样的方法，能使调查更具客观性和准确性。分层，既可以按年龄结构层次来编排(表3-5)，也可以按文化程度来编排(表3-6)等，具体分层编排方式应当根据调查目的确定。

(五)市场调查资料收集方法

在客源市场调查中，资料的来源主要有两个途径：一是原始资料的收集，二是第二手资料的收集。由于两种收集途径在实际运用中各有优缺点，因而总是将二者结合使用。

1. 原始资料的收集

原始资料又称第一手资料，是根据特定的研究目的，通过调查人以不同的方式从调查者那里直接获取的看法和意见。为获取原始资料，须运用多种调查方法。

表3-5　按年龄分层抽样调查表样表

按文化分层	决定因素	比例(%)
小学程度	能自由自在度过假期	
中学程度	此地风景比别地好	
大学程度	为休闲而观赏风景	
大学以上	能学到更多的东西，了解当地风土人情	

表3-6　按文化程度分层抽样调查表

按年龄分层	决定因素	比例(%)
9～18岁	此地风景比别地好	
18～27岁	了解当地风土人情	
28～45岁	能学到更多的东西	
46～55岁	为休闲而观赏风景	
56岁以上	疗养休息	

(1)访谈调查法：访谈调查法是通过直接或间接的问答收集市场信息的一种方法。调查

人员可以灵活地提出各种设计好的问题，使收集资料的过程富有弹性，还可以倾听回答的全过程，以利于及时辨别回答的真伪，有时还能发现意想不到的信息。访谈调查有多种操作方式，较多采用的有个人访问、电话访问和邮寄问卷访问三种。这三种问卷方式各有其优缺点（表3-7），需在具体实践过程中加以灵活运用。

（2）专家调查法：这种方法在各种调查及预测中经常使用，它是对有专长的各类人群进行的调查，收集群体集合资料的一种方法。专家调查法通常表现为两种形式：一是座谈会，即组织一定数量的专家集中在一起讨论一个专项问题，国外称之为“头脑风暴法”；二是背对背地信函讨论，即各专家在并不知晓相互情况的条件下，对某一问题提出自己的看法，国外称之为“特尔菲法”。

（3）观察调查法：调查人员凭借自己的感观或借助于摄像录音器材，在现场直接记录正在市场上发生的目标、动作或现象的方法。

（4）实验调查法：这是在某一个可控制的环境内，通过改变某一变量来研究各因素间相互关系的方法。

2. 第二手资料的收集

表3-7　三种调查方式的优缺点比较表

评价标准	邮寄问卷	个人访问	电话访问
处理复杂问题能力	差	很好	好
收集大量信息能力	一般	很好	好
敏感问题答案准确性	好	一般	一般
对调研员效应控制	很好	差	一般
样本控制优劣	一般	很好	好
时间允许程度	一般	一般	很好
调查灵活程度	差	很好	好
调查费用大小	低	较高	较低

第二手资料的来源主要有以下两个方面：

（1）公开发表的资料：各类报刊、杂志、书籍是资料的主要来源。如《中国旅游报》、《中国旅游年鉴》等。另外，网上资料在现代社会里是重要资料来源，必须引起高度重视。

（2）内部资料：这一资料来源在风景区规划中显得更为重要。这些资料包括政府机关的内部工作文件、旅游局的统计数据等。由于某些数据存在一定的机密性，因此在收集过程中要注意保密。

（五）市场调查资料整理分析方法

客源市场资料收集回来以后，要对资料进行整理和分析。现代的资料整理分析通常是通过计算机来完成的。具体过程是：先将收集来的资料进行编码，然后连同原始材料一同输入计算机内，通过相应的软件进行编辑统计，最后得出相应的结果。数据完成以后，还要进行客源市场调查报告的编写。只有完成这些基本步骤之后，才算正式结题。

四、风景区开发的市场分析

客源市场分析，就是针对客源状况了解市场的需求量和需求方向，把握市场需求前景，在这个基础上有的放矢，确定开发的目标市场，以获得更好的经济效益与社会效益。由于旅游需求受多种因素的影响，不稳定性十分明显，这给旅游带来了许多困难。目前，对客源市场的预测主要采取特尔菲法、类似项目比较法、移动平均法、回归分析法、趋势外推法等。

（一）市场分析方法

1. 特尔菲法

特尔菲法又称专家小组法，是一种集体讨论判断法。它以匿名的方式，逐步征求一组专家各自的预测意见，最后由主持者进行综合分析，确定市场预测值。特尔菲法的具体程序是在专家组组成后，将预测的问题通知有关专家，专家对预测问题提出看法并说明其依据和理由。如此反复多次，直到意见基本一致为止。

2. 类似项目比较法

类似项目比较法是将已开发的项目作为拟开发项目的参照进行适当比较修正的方法。这是一种简单易行的预测方法，但预测结果很难保证准确性。如某风景区目前接待游客量达100万人次，拟开发的风景资源所在地资源性质与其相同。前者价值较高，辐射吸引力较强，区位条件较理想。后者开发后，若改善交通状况，加大促销力度，预计客流量可达40万人次。其后各年客流量增长状况可参照前者的逐年变化幅度作相应的预测。

3. 移动平均法

简单移动平均法也称算术平均法，是在客源市场预测中用算术平均数作为下期预测值，得出一种较为平滑的发展趋势。移动平均法的缺陷是没有考虑近期客源市场情况的变化趋势，所以准确度往往不是很高，该法最好与其他方法协调使用，或者采用加权平均法。加权移动平均法和简单移动平均法基本相同，所不同的只是对各期数值给以不同的权数，也就是说，认为各期资料对预测数的影响不相等，时期越近影响越大，权数越大。简单移动平均的公式为：

$$F = \sum S_i / N = (S_1 + S_2 + S_3 + \Lambda + S_n) / N$$

式中：F——预测数；

S_i——第 i 个时期的客源市场流量；

N——资料的期数。

必须指出的是，影响客源市场的因素很多，虽然通过一些预测方法可以提示一些未来发展的方向和趋势，但没有一种方法绝对精确。针对这种情况，可采用多种预测方案，最后将这些数据综合进行分析，以求得与未来客源市场相符合的预测值。

（二）市场分析内容

利用游人统计资料，分别预测本地游人、国内游人、国际游人的变化状况，进行判断、选择，确定合理的游人发展规模和结构。当然，确定的游人发展规划均不得大于相应的游人容量。

1. 风景区性质分析

不同性质的风景区，因其特征、功能和级别的差异，而有不同的游人来源地，其中，还有主要客源地、重要客源地和潜在客源地等区别。客源市场分析的目的在于更加准确地选择和确定客源市场的发展方向和目标，进而预测、选择和确定游人的发展规模和结构。

2. 游人现状分析

游人现状分析，主要是掌握风景区内的游人情况及其变化势态，既为游人发展规模的确定提供内在依据，也是风景区发展对策、规划、布局调控的重要因素。其中，年递增率积累的年代愈久、数据愈多，其综合参考价值也愈高；时间分布主要反映淡旺季和游览高峰变化；空间分布主要反映风景内部的吸引力调控；消费状况对设施调控和经济效益评估有意义。

3. 客源市场分析

客源市场分析，首先要求对各相关客源地游人的数量、结构、空间和时间分布进行分析，包括游人的年龄、性别、职业和文化程度等因素；第二，分析客源地游人的出游规律或出游行为，包括社会、文化、心理和爱好等因素；第三，分析客源地游人的消费状况，包括收入状况、支出构成和消费习惯等因素。

在上述分析的基础上，依据本风景区的吸引力、发展趋势和发展对策等因素，进而分析出所选择客源市场的发展方向和目标，确定主要、重要、潜在等3种客源地，并预测三者相互转化、分期演替的条件和规律。

第四节　风景旅游区游客量预测

一、游客量预测的意义

风景旅游区游客量是一个风景旅游区在单位时间内所接待的游客数，单位为人次。风景旅游区游客量预测的意义在于：

1. 游客量是风景旅游区建设规模的基础

风景区规划的建设项目和规模与游客量大小关系密切。在风景区规划中，为了在吃、住、行、游、购、娱各方面满足游客的需要，因此规划所包含的建设项目较多，而这些建设项目的规模又受到游客量的直接影响，也就是说游客量是确定建设项目特别是建设规模的基础和依据。因此，没有合理的游客量预测，或游客量预测欠科学，均对风景区建设有极大影响，甚至会导致风景区开发的失败。

2. 游客量是风景旅游区规划经济效益分析的基础

风景旅游区规划中的经济效益分析是“三大效益”分析的重要内容之一，也只要达到衡量经济效益若干项指标要求的风景旅游区规划才有开发价值，也才允许被开发。就经济效益分析而言，游客在风景区内的消费是风景旅游区收入来源的主要渠道或惟一渠道，对风景旅游区游客量的预测就是对风景区经济收入的预测。因此，游客量又是风景旅游区规划中经济效益分析的基础。除此之外，风景区游客量预测与社会效益分析中的经济指标也密切相关。

二、游客量预测内容

(1)分析客源地的游人数量与结构、时空规律、出游规律、消费状况等；

(2)分析客源市场的发展方向及目标；

(3)预测本地区游人、国内游人、海外游人递增率和旅游收入。

此外，合理的年、日游人发展规模不得大于相应的环境容量。

三、年游客量预测

(一)游客量基数测算

风景旅游区游客量基数是开发建设的最初年(第一年)风景旅游区的游客量。在风景旅游区规划中，为了合理地规划开发建设项目和强度，就必须对分析期内各年度的游客量进行预测，其预测的依据就是风景区游客量基数。在一般情况下，风景旅游区规划可分为新建型和改建型两种，因而游客量基数测算也有所差别。

1. 游客量基数的统计分析法测算

统计分析法测算风景旅游区的游客量基数，是以风景旅游区历年的游客量及其结构为依据，应用统计分析的方法进行的游客量基数测算。统计分析法适应于在改建型风景旅游区规划中对游客量基数的测算，其分析方法见表3-8。

表3-8　风景区游客量基数统计分析表

年度	海外游人		国内游人		本地游人		三项合计		年游客量（万人次/年）	年环境容量（万人次/年）
	数量	增率	数量	增率	数量	增率	数量	增率		

2. 游客量基数的市场分析法测算

市场分析法测算风景旅游区的游客量基数，是以客源地的人口、经济、出游率为依据，并依此测算游客量基数的方法。该方法适应于对新建型风景旅游区规划时的游客量基数测算，其具体方法如下：

(1)统计客源地总人口数，并依此为计算根据；

(2)调查了解各客源地的年出游人数，确定不同客源地的出游率；

(3)调查了解各客源地出游人员旅游方向，并与同类风景区比较，确定正确的不同客源地的入游率；

(4)按照风景旅游区的增长规律规定年旅游人数(表3-9)。

表3-9　风景旅游区游人基数预测表

客源地	城市居民人口（万人）	出游率（%）	距离（km）	入游率（%）	游人基数（万人）	备注
A	1117	9.27	91	10	10.35	
B	189	7.84	56	15	2.23	
C	231	7.36	42	15	0.34	
D	476	8.05	80	10	3.83	
E	661	8.69	80	5	2.87	
F	589	7.32	135	3	1.27	
合计	3263				20.89	

例如：某风景区经开发建设后，从区位条件、资源特色、旅游功能等方面确定了6个目标市场，并通过对6个目标市场的居民人口数、年出游率、旅游人员的爱好和去向等进行分析，确定了该风景区的年游客进入量(游人基数)，其计算方法及结果是：

计算公式为：游客进入量(万人)＝城市居民人口(万人)×出游率×入游率

(二)年游客量预测

在风景旅游区规划中，应根据分析需要对年游客量进行预测。年游客量预测一般采用增率预测法。增率预测法是按照同类风景旅游区游人增加的百分率预测规划区年度旅游人数的一种方法，增率预测法的具体方法如下：

(1)对于新建型风景旅游区规划而言，用市场分析法测算的游人基数即为以后年游客量预测的基础；对于改建型风景旅游区规划而言，用统计分析法测算的游人基数仅实际为游人基数的一部分，而另一部分则因规模的扩大或因观光项目、区域和内容的增加而使基数增加。因此，对于改建型风景旅游区实际游人基数应为上述两部分之和；

(2)按照风景区的游客增长规律，确定年旅游人数增长率；

(3)根据年增长率和上年旅游人数确定下年旅游人数。

根据上述方法在预测年旅游人数方面，还应考虑因未来交通、游客的旅游方向、其他景区建设等因素带来的不利或有利影响，以便对增长率进行修正和调解，使其对游客预测更接近年度实际游客人数，使各项设施建设充分发挥使用功能(表3-10)。

表3-10　风景旅游区年游人预测表

预测年度(年)	游人基数(万人)	增长率(%)	年游客量(万人)	备注

四、游人时间分布预测

游人时间分布是指风景旅游区在一年内游客人数在各月和各日的分配情况，游客人数时间分布的不均衡性(不等性)对任何一个风景区都是存在的，无一风景旅游区例外。一般而言，以人文景观为主的风景旅游区比以自然景观为主的风景区的变化小；以娱乐为主的风景区要比以观光为主的风景旅游区变化小。风景旅游区是以自然景观为主的旅游区，因此，它在一年内的不同月份、不同风景旅游区的游客人数不同。这一规律不仅是必然的，而且也有相当大的差异。

1. 月游人分布预测

月游人分布应依据风景旅游区的景观时效性，气候的适宜性、游乐项目的可利用性等为依据进行预测。其确定方法如下：

第一步：统计分析并确定娱乐和观光两大类旅游方向的旅游人员比例；

第二步：依据限制条件确定娱乐项目可开展活动的时间(月份)；

第三步：依据景观时效性和气候的适宜性确定适宜旅游等级；

第四步：计算娱乐和观光两大类旅游方向的活动百分率。娱乐型旅游项目可按平均活动率法计算；观光型可按最适宜、较适宜、可适宜和不适宜4个等级，并分别按80%～100%、60%～80%，10%～60%，0%～10%的活动率计算；

第五步：计算各月综合活动百分率及各日游人分布。

2. 日游人分布预测

日游人分布预测应依据日游人分布的规律性、游客出游的时间性进行预测计算，其方法如下：

第一步：确定月游人分布规律；

第二步：确定游客出游的时间性百分率。

在目前情况下，只有按照国家相关规定进行预测，如大多数游客最有可能的出游时间为“五一”劳动节，国庆节、春节以及星期天和其他节假日，并随节假日时间的增加，出游的时间性百分率会越高。据此，在预测时，可按出游的时间允许条件分为最有可能出游，有可能出游，有出游时间和无出游时间 4 个等级，各等级依次的出游时间性百分率为 50% ~ 60%，25% ~35%，15% ~25%，0% ~15%；

第三步：确定日游人分布，并最终计算出最大日游人规模。

第五节　风景旅游区区位分析与定位

一、区位概念

区位，或者说经济区位，是指地理范畴上的经济增长带或经济增长点及其辐射范围。区位是资本、技术和其他经济要素高度积聚的地区，也是经济快速发展的地区。我们通常所说的美国的硅谷高新技术产业区等就是经济区位的例子。经济区位兴起与发展将极大地带动其周边地区的经济增长。

风景旅游区区位是指被规划的风景旅游区在区域大环境背景下所处的位置，属于宏观空间环境范畴。风景旅游区区位的优劣与定位是风景区开发与经营成功与否的重要因素，在规划时应该给予高度重视。

二、区位和区位理论

在学术界产生重大影响的一些区位理论包括：杜能的农业区位理论、韦伯的工业区位理论、克里斯塔勒的“中心地理论”和廖什的市场区位理论。廖什在 1940 年出版的《经济的空间分布》一书，提出了市场区及市场网的理论模型。其特点是把生产区位和市场范围结合起来。他提出，生产和消费都在市场区中进行，生产者的目标是谋求最大利润，而最低成本、最小范围的区位却不一定能保证最大利润。因此，正确地选择区位，是谋求最大市场和市场区。

风景旅游区的区位定位理论来自地理学中的区位论。区位论主要是说明和探讨地理空间对各种经济活动分布和区位的影响、研究生产力空间组织的一种学说，是自然地理位置、经济地理位置和交通地理位置在空间地域上的有机结合的具体表象，其中又着重于经济地理位置的研究。有关风景旅游区的区位定位理论，涉及的有意义的理论有以下几种：

1. 中心地学说

这一学说在地理学界影响较深远，创始人为德国学者克里斯塔勒，稍后几年他的同国人廖什根据其理论做了进一步的完善与发展，从而构建了中心地学说的完整理论体系。中心地学说在旅游规划中得到了较有意义的应用。在这一应用中，将风景区为旅游者生产、销售的旅游产品和服务称为中心吸引物，而风景区则构成吸引旅游者前往的中心地，从中心地到其影响范围最远的客源地则构成了不同圈层的市场腹地。

2. 距离衰减法则

距离衰减法则来源于牛顿的万有引力公式，认为地理现象之间是相互作用的，但这种作用力随着距离的增加而呈现出反向运动，即距离越大，引力越小。从风景区的吸引范围来看，也表现了这样的一种倾向，即随着旅游目的地和客源地之间距离的增加，接待的旅客数量逐渐减少。

3. 集聚规模经济

集聚就是将各种设备、资金、技术等通过联合利用，以达到效益最大化的经济布局模式，因此它要求将相互协调的资源进行地域上的集中布局。风景区的集聚布局，也就是要求能在一种区位条件下，充分利用现有的或将要建设的设施、服务、技术等，将其集合成一体，组成一个地区的整体旅游形象，增强整体旅游吸引力，从而形成集聚规模效应。

4. 环城游带与中央旅游商务区(REBAM、CRBD)

REBAM(Recreational Belt Around Metropolis)即“环城游带”，是指生产于大城市郊区，主要为城市居民光顾的旅游设施、场所和公共空间，特定情况下还包括位于城郊的外来旅游者经常光顾的各级旅游目的地，一起形成大都市的活动频发地带。

CRBD(Central Recreational Business District)即“中央旅游商务区”，是指以旅游中心地位基础形成的具有一定规模的旅游人口和一定吸引范围的游客活动中心，这里不仅处于风景资源、游览设施、游戏活动较集中的地位，更要求有较大的游客流量。

三、区位要素对旅游项目的影响

风景旅游区是处于区域大背景环境下的相对微观位置，在区位的定位上不仅受本景区诸多因素的影响，还受到大环境下的各种因素的制约。具体包括：

1. 规划区的资源影响力(资源基础)

规划区的资源影响力主要是考虑资源条件本身在区域范围内的影响力，以及区域范围内不同旅游项目的空间作用。资源本身的影响力可以通过旅游资源评价来予以衡量，而不同规划区的空间作用主要表现为两种方式，即竞争性与互补性。风景旅游区的风景资源的品位、丰度、集聚度是组成景区吸引力的首要条件，风景资源等级的高低则影响着吸引力的大小。鉴于此，进行风景旅游区的定位时，须认真分析评价规划区的资源。

2. 经济特征

经济特征包括收入、消费习性、区域经济状况以及企业关系。收入和消费习性是针对于潜在游客而言的，没有一定的收入来源，就不可能形成现实的出游行为。区域经济状况往往影响土地、劳力、资金的可获得性及成本。旅游产业关系涉及到同行业的竞争，这种竞争主要争夺客源。

3. 交通条件

风景旅游区的可进入性是衡量交通条件的基本标准。我们通常说某风景旅游区可进入性强，就是指风景旅游区与外界联系的交通条件良好，而交通条件的优劣，则直接决定能否为游客提供方便、安全、快捷的进入或离开的服务。风景旅游区的交通联系可以从航空、铁路、公路和水上交通 4 个大的方面去考察。

交通直接影响到旅游目的地的通达性以及游客到达目的地所花费的时间。二者都直接影响到旅游项目及旅游目的地的吸引力。有调查表明，凡是旅游业发达、游客量大的旅游点，它的路途花费时间与目的地游览时间之比小于或等于1，如果路途花费时间与目的地游览时间之比大于1，则尽管有良好的旅游资源，旅游业也仍然得不到发展。

4. 市场范围

市场范围包括两个层面：第一个层面是指在地域空间方面，通常可以规划区为中心，划出一级市场、二级市场、三级市场的同心圆的范围；第二个层面是指市场细分方面，有的风景旅游区是针对于大众的，而有的风景旅游区则只能是针对于特定的消费群体。

5. 城镇依托关系

城镇依托关系涵盖有上述4种因素，但又是一个独立的影响要素。风景旅游区与城镇的依托关系主要是指两者之间的距离和依托城镇的重要性，距离越近，对风景区的发展也就更为有利；而依托城镇的大小则直接影响着风景旅游区发展的前期启动及后期的发展。在我国现阶段内，对风景旅游区与依托的城镇的距离有一个大致的限定，一般是以依托城镇为中心，以150km为半径的范围内首先考虑风景旅游区的开发。

5. 可以改变的区位要素

区位要素往往不是固定不变的。如果根据上述内容分析发现是区位劣势，可以考察哪些因素是可以进行改变的。改变方式是多种多样的，依据区位要素的不同而不同。例如通过空间竞争分析发现旅游项目可能与现有的项目存在较大的竞争，那么可以通过重构特色资源来加以改变；通过交通要素分析发现路途时间过长而影响到游客的旅游收益，那么可以考虑改善交通道路或增加更为便捷的交通方式。

区位分析是旅游项目策划的基础工作中至关重要的一环，它是项目发展条件分析中的重要内容，直接影响着旅游策划的内容和方向。总的来说，旅游项目的区位分析尚缺乏固定的模式和标准，经验在其中仍然占有重要地位，但传统的各种区位理论中所包含的区位法则和思想应该成为旅游项目区位分析的一个基本出发点。

四、时空位序下的区位定位

风景旅游区的区位定位随着时间、空间的变化会导致相应的定位变更。

1. 时间位序下的区位定位

(1)近期规划时的区位定位：要从方便、实用的角度出发，选择在交通枢纽或交通线路附近，地形不太复杂，施工条件较为优越，能够利用现有的基础设施条件，为游客的进出和服务提供方便的区位。

(2)中期规划时的区位定位：主要是在近期规划的基础上扩张规模，巩固维护原有的设施基础上开辟出新的区位场所。并要特别重视对生态环境的保护工作，必须对区位内的地形地貌进行详细勘查、具体测量，采取谨慎的开发态度。

(3)远期规划时的区位定位：主要是在前两期的基础上进行巩固与深化。

2. 空间位序下的区位定位

(1)跨区域级的区位定位：指的是国家间或洲际间共有的风景资源区域，对于这一区位定位，应该在加强相互联系的前提下，实行共同开发，从有利于国家间或洲际间游客的相互往来出发，大力推动边界风景的发展。

（2）国家级的区位定位：主要是针对于国内各省市的客源市场，但同时也还要有针对国际客源市场定位的要求。

（3）区域级的区位定位：区域级在一个国家内，多数为跨省市的区域。这类区域的区位定位，在区内首先要求要协调好相互间的关系，在巩固区内市场的同时，着力向外拓展。

（4）地区级的区位定位：地区级可以是一个省，也可以是一个县或更小单元的地区。这一级别的区位随着尺度大小应该有所区别。

第六节　案例

一、规划范围确定（新疆哈纳斯湖风景区总体规划）

喀纳斯景区规划范围处于喀纳斯国家自然保护区南端，包括喀纳斯湖二道湾以南及沿喀纳斯河两侧呈带状分布的河谷地带。按风景资源比较优势原则、生态保护的整体性原则、风景区项目布局的紧凑性、典型性与差异性原则，确定喀纳斯景区的主要分景区规划范围，以主要景点环境范围为中心（如喀纳斯湖、观鱼亭、喀纳斯村、鸭泽湖、神仙湾、月亮湾、卧龙湾等），以主要观光视线范围为界，构成了“喀纳斯景区”的规划范围，面积约 $20km^2$，其中，规划设计重点范围总面积约 $13km^2$，包括：喀纳斯湖（二道湾以南）分景区，观鱼亭分景区，喀纳斯村、喀纳斯山庄分景区，鸭泽湖分景区，神仙湾分景区，月亮湾分景区以及卧龙湾分景区。

二、游人容量测算（陕西华县少华山森林公园总体规划）

根据少华山风景区的景点、资源、面积及拟建项目等基本情况，参照《风景名胜区规划规范》（GB50298－1999）国家标准，具体测算如下：

1. 测算指标

游人容量允许标准取指标 $15/hm^2$；线路法取指标 $7.5m^2$/人；面积法计算，采取用可游率加用地类型的方法。根据少华山风景区的实际情况，其可游率不同景区和地段在 5%～30%，允许容量指标根据不同用地类型取 3～500 人/hm^2。

2. 日游人容量测算

（1）按环境容量计算：少华山风景区总面积 $6300hm^2$，依指标 15 人/hm^2测算，则少华山风景区的游人容量允许标准为 9.45 万人/日；

（2）按线路法计算：少华山风景区共规划设计游道长度 39 000m，平均宽度 2.0m，游道总面积 78 000m^2，则按线路法计算的游人容量为 1.04 万人/日，低于游人容量允许标准；

（3）按面积法计算：根据调查，并结合风景区的实际情况，各类用地、计算指标及不同游人容量类型列于表 3-11。

从上表可以看出，少华山风景区按面积法计算的日游人容量为 1.552 万人次，低于环境容量允许水平，而高于按线路法计算的游人容量值。经过对少华山风景区的整体情况综合定量分析和定性研究，认为规划设计按 1.5 万人次/日确定其游人日容量较为适宜。

表 3-11 少华山森林公园游人容量计算一览表

游览用地	可进入率（%）	计算面积（hm^2）	计算指标（人/hm^2）	一次性客量（人次）	日周转率（次）	日游人容量（人次/日）
针叶林地	30	760	3	2280	1	2280
阔叶林地	15	430	8	3340	1.5	5160
疏林草地	5	90	20	1800	2	3600
草地公园	100	8.4	50	420	4	1680
专用浴场	100	1.6	500	800	2	1600
水景公园	100	3.0	80	240	5	1200
合计	20.52	1293		8880		15520

3. 年游人容量测算

经对少华山风景区特点、功能及游客需求分析，认为风景区的旅游旺季（最适旅游季节）为5～8月份，共计约120天，平季3～5月份和8～10月份，共计约80天，其余时间为淡季，共计165天。旺季系数取1，平季取0.6，淡季取0.2，则年游人容量为301.5万人次。其计算方法如下：

年游人容量（万人次）$=1.5\times(120\times1+80\times0.6+165\times0.2)=301.5$

三、客源市场分析

1. 客源地定位分析

滨海森林公园以京津地区为基础客源市场，主攻北京市场，逐步辐射周边地区。积极开拓海外客源市场，海外客源开发重点为在京津地区的外国人这一消费群体，力争实现接待国际、国内游客的规划目标。各客源市场特点及分布见表3-12，表3-13。

表 3-12 客源市场分析表

市场类型	特点
基础客源市场	立足天津市区及郊县；具有人口多，经济发达、交通便利、旅游费用低等特点；人均消费、出游率的增长速度快。
重点客源市场	具有较大辐射范围和吸引力较强的北京市场一直为塘沽较大的客源地；市场大、人均消费高、重游率高；人均消费、出游率的增长速度快。
潜力客源市场	天津周边地区如河北、山西、内蒙等的周边客源市场；在来塘游客中比例不大，呈逐年增长趋势；该客源市场面广、层厚，有广泛的客源基础，极具开发潜力。
少数客源市场	少数的海外游客及在京津的外国人；现所占比例较小，但增长速度快。

表 3-13 市场特征分析表

旅游目的	游客来源	市场特征
生态观光	主要为区外游览者	数量多、流动快、停留短
休闲度假	由塘沽区内及大部分北京客源、少部周边城市客源和国外旅游者组成	停留时间长，消费水平高，重游率高
商务会议	由区内旅游者及大部分北京客源组成	市场潜力大，消费水平高
娱乐消费	由区内旅游者组成	儿童及青少年所占比重较大，市场潜力大，重游率高

2. 按旅游功能的客源市场定位分析

由于旅游者的出游目的不同，包括放松休闲、认识和贴近自然、度假、购物等，出游目的不同决定旅游者对旅游地的要求、选择不同，通过分析滨海森林公园客源市场的功能，针对不同客源的市场特征有目的的开发。

四、客源市场分析(中卫市旅游发展总体规划)

中卫市在1990～1997年期间游客数量徘徊不前，“九五”期间中卫县国内旅游发展迅猛，1999～2002接待国内游客人数年均递增40%～50%，到2002年接待国内游客64.24万人次(图3-2)；国内旅游收入增长速度较快，2001年已经达到7500多万元，总收入占到全县GDP的4.12%。

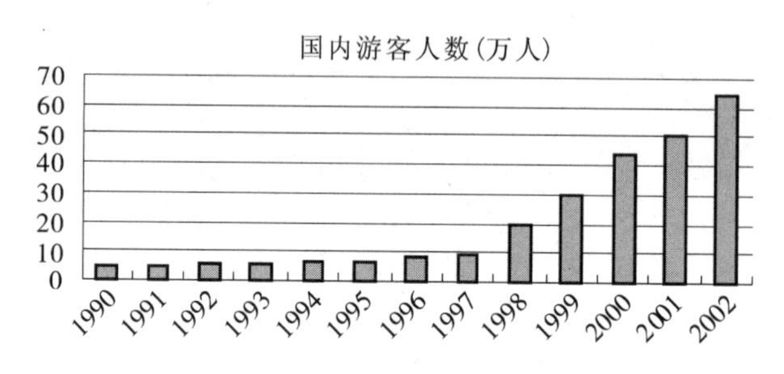

图3-2　国内旅游市场分析图

2002年规划组和中卫县旅游局在国庆黄金周期间，对来中卫游客进行了抽样调查，同时根据过去统计材料并借鉴其他相关信息，我们对中卫国内客源市场进行了剖析，最终确定了目标市场。

1. 国内市场总体特征分析

(1)地区构成

国庆黄金周期间的游客调查结果显示：从中卫县目前客源地区来看，宁夏、甘肃、北京位居前三名，区内游客占40.2%，甘肃14.9%，北京7.3%，陕西6.8%，而其他地区的份额总共占有30.8%。(表14，图3-3)

表3-14　2000年中卫县国内游客地区构成表

省份	所占比重(%)	省份	所占比重(%)	省份	所占比重(%)	省份	所占比重(%)
宁夏	40.2	广东	3.2	上海	3.2	河南	3.6
陕西	6.8	北京	7.3	江苏	0.6	湖南	0.9
甘肃	14.6	河北	1.8	广西	0.9	福建	0.6
内蒙古	1.8	湖北	1.8	海南	0.5	山西	1.8
东北	1.4	重庆	1.0	四川	3.2		
青海	1.4	山东	1.4	浙江	1.8		

根据分析，中卫县是一个辐射范围较广、面向全国的旅游地。其游客在地区分布上具有高度集中性，主要以区内及周边省市客源为主，我国的东部、南部和西南部地区的客源占有一定份额；在本自治区及周边省(区)的客源中，在距中卫县约1000km半径的区域内，游客

占到70%以上，这说明游客来源主要集中于距中卫县1000km半径的中近距离地区，表现出较强的出游距离衰减规律，并且衰减速度较快。进一步研究表明，在非铁路、公路干线通过的地区，衰减速度更快，也即在各个方向上的衰减速度不一致。在远地市场中，游客则集中在与本地区有较大差异的北京、广东、上海、四川等地区。分析表明：本风景区的交通通达性和与客源地景观差异是决定性因素。

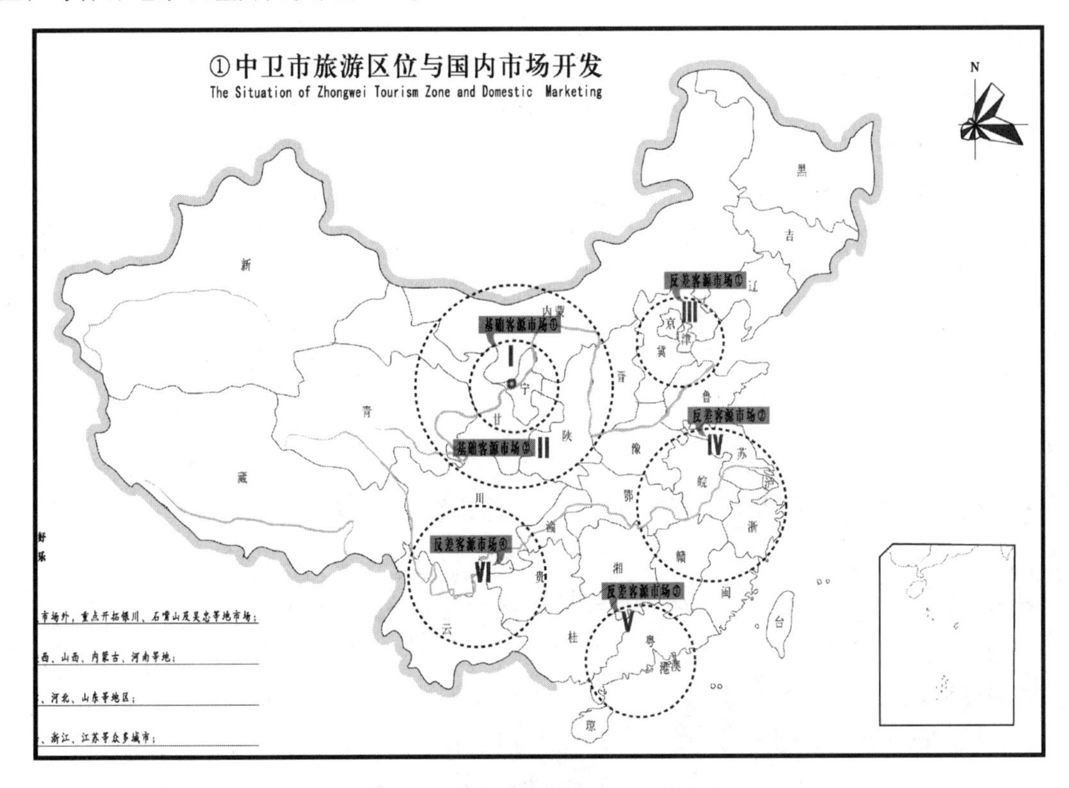

图 3-3 国内旅游客源市场分析图

(2)性别构成

来中卫县的国内游客以男性略多，占54.9%，这与男性就业机会多，就业面广，且平均收入比女性普遍略高有关；也与男性在单位有较多外出公务活动，家务负担相对较轻有关；同时，还与家庭、社会、自身对男性期望值更高，男性较女性更富于异向型心理特质以及一些传统文化和生理因素有关。

(3)年龄构成

中卫县国内旅游者年龄结构比较合理，在主要的年龄段都有分布，表中显示21～40岁年龄段为明显的出游高峰，占全部游客的63.7%左右，可见，来中卫县游客中以中青年为主，构成国内游客的中坚力量。而11～20和41～50岁的比例超过30%，说明这是一个极有潜力的市场。

(4)身份(或职业)构成

从调查情况来看，学生和教师占据最大的份额，约占1/3左右；另外，公务员、工人也是中卫县国内游客的主要组成部分。

2. 游客的行为特征分析

(1)时间特征

据2002年国庆黄金周抽样调查表明，来中卫县的过夜游客比例仅为35.4%，平均停留时间仅为1.38天/人，不利于综合效益的发挥。一日游游客占到了48.5%，半日游占16%，不利于旅游经济的平稳运营，同时也反映出我国的带薪休假制度实施的必要性与紧迫性。

(2)旅游方式

出游方式构成表显示，随旅行社团队来中卫县者比例相对不高，占13.8%左右，表明旅行社在接待国内游客上其作用未能得到较好体现，跟中卫县没有旅行社或接团能力不强有关，同时表明中卫县国内旅游组织化程度还不高。72.9%的人选择个人或与家庭、亲友结伴的出行方式，一方面说明散客仍是中卫国内旅游者的主体，同时也表明旅游的个性化、自由化已经初露端倪；另一方面也说明游人的出游对他人(亲友、同学、同事)影响较大。单位组织出游占13.3%，主要是一些大企业和机关事业单位的工会系统组织职工出游。

(3)旅游动机(目的)

由上表可以看出，中卫县仍是一个多目的地的风景区，观光游览仍占多数，值得重视的是出游动机的前六位中，都与沙漠风光、黄河、当地文化有关系，因此在旅游产品开发中，应进一步深挖当地地理和历史文脉，加强突出重点。

五、客流量分析预测(天津市滨海森林公园总体规划)

1. 游客容量分析

森林生态旅游的受益者除游客和经营者外，还有当地居民、当地经济，未来居民、未来经济；森林生态旅游则以改良生态与发展旅游经济紧密结合。森林生态旅游的成功有赖于对森林资源的保护。发展森林生态旅游，要正确处理资源与客源的关系。因此，客源加资源才能成为市场。为保证滨海森林公园的合理开发利用，对其客源容量予以计算。

参照一般风景区日客量经验数据，森林型风景区内游览用地标准0.27hm^2/人为基数，推算本风景区日适宜客量，乘以2.5为日饱和客量；滨海森林公园区辖总面积600hm^2，风景游览区总面积180公顷。年可游日为360天，故：

环境容量 $=180/0.27\times2.5\times360=600000$ 人次/年；

通过以上计算，可知年游客量的适宜数目应为约60万人次/年。

2. 客流量及收入预测分析

依据“天津市塘沽区旅游业发展十五规划”，塘沽区每年接待国内、国外游客人数、收入及其增长率进行预测(表3-15，表3-16)。

滨海森林公园近期起步运营阶段，一方面名声不大，另一方面由于其分期开发建设将受到规模、设施完整程度的限制无法大规模接待大量游客，暂按低速方案进行预测，滨海森林公园年游客量约达20万~30万人/年，收入达5000万~6000万元/年。

随着滨海森林公园二期完成，景区建设基本完成，内部和外部各项设施完善，对外知名度的不断上升，客源将大大增加，可以按中速或高速发展方案预测，滨海森林公园年游客量将达到40万~60万人次/年。

表 3-15　塘沽区 2001～2015 年国内旅游接待人数、收入表

年份	接待人数(万人次)	增长率(%)	收入(亿元)	增长率(%)
2003	394	15	9.81	18
2004	453	15	11.57	18
2005	521	15	13.65	18
2010	1003	14	29.93	17
2015	1848	13	62.86	16

表 3-16　塘沽区 2001～2015 年国外游接待人数、收入表

年份	接待人数(万人次)	增长率(%)	收入(万美元)	增长率(%)
2003	6.7	5	2234	5
2004	7.03	5	2346	5
2005	7.38	5	2463	5
2010	9.87	6	3296	6
2015	13.84	7	4623	7

表 3-17　滨海森林公园旅游客源市场预测表

方　案	项　目	2006 年	2007 年	2010 年	2015 年
低速方案	旅游收入(万元)	5798.52	6668.3	9542.5	17756.32
	旅游收入年增长率(%)		15	14	13
	国内游客(万人)	21.6	24.2	37.6	58.1
	国内旅游年增长率(%)		12	11	10
	海外游客(万人)	0.27	0.28	0.33	0.41
	海外游客年增长率(%)		2	3	6
中速方案	旅游收入(万元)	6442.8	7602.5	11972	20953.33
	旅游收入年增长率(%)		18	17	16
	国内游客(万人)	24	27.6	40	61
	国内旅游年增长率(%)		15	14	13
	海外游客(万人)	0.3	0.32	0.4	0.5
	海外游客年增长率(%)		5	6	9
高速方案	旅游收入(万元)	7087.08	8575.37	13078.22	22457.9
	旅游收入年增长率(%)		21	20	19
	国内游客(万人)	26.4	31.15	48	70
	国内旅游年增长率(%)		18	17	16
	海外游客(万人)	0.33	0.35	0.52	0.67
	海外游客年增长率(%)		8	9	11

【复习思考题】

1. 风景旅游区规划范围确定的原则是什么？
2. 环境容量包括哪些类型？从指导意义上划分的容量对规划有什么意义？
3. 如何进行客源市场分析？客源市场分析要求的结论包括哪些内容？
4. 如何分析规划区游客量？游客量对风景旅游区规划有何影响？
5. 影响风景旅游区区位定位的因素有哪些？区位定位包括哪些内容？
6. 试对一个熟悉的国家级风景名胜区进行区位定位分析。

第四章　风景旅游区景区景点规划

【本章提要】

风景旅游区的景区规划、景点设计及功能区划分，是风景旅游区规划的核心内容，对上述内容方面规划的好坏、能否科学合理的规划与设计，关系到规划结果的成败，关系到风景旅游区未来的发展。本章主要介绍风景旅游区的性质与规划目标，重点阐述景区划分、景点设计、功能区划分的原则和方法，提出风景旅游区的分区结构与布局。本章的阐述，旨在使学生掌握对上述问题的解决方法，合理对景区、景点及功能区进行规划和划分。

第一节　风景旅游区性质与规划目标

一、风景旅游区性质

(一)概念

风景旅游区的性质指规划的风景旅游区区别于其他风景旅游区的根本属性。风景旅游区的性质必须依据区域的典型景观特征、欣赏特点、资源类型、区位因素，以及发展对策与功能选择来确定。在风景区的性质表述方面，一般应包含风景特征、主要功能、风景区级别等3个方面的内容，定性用词应突出重点、准确精炼。

(二)确定依据

确定风景旅游区性质是规划阶段的重要内容之一，由于它涉及若干重大原则的论证，因而有时会成为各方关注和争议的焦点。

风景旅游区性质表达方式虽然多样，但基本包含特征、功能、级别3项内容。为了表达出风景旅游区的景观特征，不仅需要从景源评价结论中提取，还要考虑景观、景源同其他资源间的关系，要参照现状分析中关于风景旅游区发展优势和区位因素的论证。为了表达出风景旅游区的功能和级别特征，还将涉及风景旅游区发展的社会经济技术条件，及其在相关范围、相关领域的战略地位，结合风景旅游区的发展动力，发展对策和规划指导思想，拟定风景旅游区的级别定位的功能选择。因此，风景旅游区性质的确定，必须依据典型景观特征及其游览特点，依据风景旅游区的优势、矛盾和发展对策，依据规划原则和功能选择来确定。

(三)确定方法

表述风景旅游区性质的文字应重点突出，准确精炼。当争论点较多时，可辅以重要观点的分项论述，并列于后。

1. 风景旅游区景观特征

确定景观典型特征常分成若干个层次表达，最精炼的一层仅用一句或若干词组表示，第二层则为能说明第一层的景物、景象或景点，使第一层表述的景观特征成立。

2. 风景旅游区功能确定

风景旅游区的功能常从下述 7 个方面演绎出本风景旅游区的功能形式，它们是游憩娱乐、审美与欣赏(旅游观光)、认识求知(科考)、休养保健(疗养)、启迪寓教(科教)、保存保护与培育、旅游经济与生产等。

3. 风景旅游区级别的确定

关于风景旅游区级别的定位，对已正式列入三级名单的风景旅游区其级别肯定，而当规划者认定有新意义时，也常称为具有“某一等级”意义的“原级”风景区。对于尚未定级的风景旅游区，规划者常称其谓具有国家级意义或省级意义，或市级意义的风景旅游区。

二、风景旅游区规划目标

1. 规划目标确定的原则

(1)贯彻严格保护、统一管理、合理开发、永续利用的基本原则；

(2)充分考虑历史、当代、未来 3 个阶段的关系，科学预测风景区发展的各种要求；

(3)因地制宜地处理好人与自然的和谐关系；

(4)使资源保护和综合利用、功能安排和项目配置、人口规模和建设标准等各项主要目标同国家与地区的社会经济技术发展水平、趋势及步调相适应。

2. 规划目标的基本内容

风景旅游区的规划目标，应依据风景旅游区的性质和社会需求，提出适合本风景旅游区的自我健全目标和社会作用目标两个方面的内容。

(1)自我健全目标

风景区自我健全目标可以归纳为 3 点：

①融审美与生态价值、文化与科技价值于一体的风景地域；

②具备与其功能相适应的游览设施和具时代活力的社会单元；

③独具风景旅游区特征并能支持其自我生存或发展的经济实体。

风景、社会、经济三者协调发展，并能满足人们精神文化需要和社会持续进步的要求。

(2)社会作用目标

风景旅游区发展的社会作用目标也可归纳为 3 个方面：

①保护培育国土，树立国家和地区形象的典型作用；

②展示自然和人文遗产，提供游憩风景地，促进人与自然共生共荣和协调发展的启迪作用；

③促进旅游发展，振兴地方经济的先导作用。

上述形象典型、精神启迪、经济先导等三者协同作用，使人们从这里获得其他领域所无法企及的活力。

(3)确定目标应注意的问题

在规划工作中，风景旅游区规划目标的确定是目标分析的结果，也是提出问题、界定问题，并确定解决问题方法的规划要求。当有多个目标时，还应确定各目标之间的优先顺序及其权重，在此基础上建立系统的总目标框架。为此，就必须涉及国民经济长远规划和相关地域的社会经济发展规划，就要探讨风景旅游区发展的技术经济依据和发展条件。应该贯彻国家有关风景旅游区的基本方针，充分考虑历史、当代、未来三个阶段的关系。应使风景旅游区规划的各项主要目标同国家与地区的社会经济技术、发展水平、趋势及其步调相适应。

第二节　分区、结构与总体布局

一、风景旅游区规划分区

(一)规划分区的意义

风景旅游区的规划分区，是为了使众多的规划对象有适当的区划关系，以便针对规划对象的属性和特征进行合理的规划分区和设计，以便实施恰当的建设强度和管理制度。风景旅游区规划分区既有利于展现和突出规划对象的分区特点，也有利于加强实现风景区的整体特征。

(二)分区划分原则

根据不同需要划分的规划分区应符合下列原则：

1. 当风景旅游区内需要调节控制功能特征时，应进行功能分区划分；
2. 当风景旅游区内需要确定保护培育特征时，应进行保护区划分；
3. 当风景旅游区内需要组织景观和游赏特征时，应进行景区划分；
4. 在对大型风景旅游区或复杂的风景旅游路区规划中，景区划分、功能区分区、保护区划分可以协调并用，使风景区建设从规划开始就成为一个有机整体。

(三)分区系统

风景旅游区规划是一项系统性很强的工作，它不仅涉及资源的合理有效利用问题，而且涉及资源有效保护以及开发建设效益等问题，这些都与风景区分区的合理性、科学性有密切关系。因此，在对风景旅游区进行分区划分时要树立系统性、全局性意识，并在充分分析风景资源特点、开发利用条件、区域地形与地貌、设施建设利用等多方面因素的基础上，提出科学性和可操作性强的分区划分方案。在风景区分区规划时，可按照以下风景旅游区分区系统进行(表 4-1)。

表 4-1　风景旅游区分区类型与系统表

	系统一级	系统二级	系统三级	系统四级
风景旅游区分区	资源利用分区	风景游赏区	若干景区	若干景点
		风景保护区	若干保护小区	若干保护对象
		风景恢复区	若干恢复小区	若干恢复对象
		野外游憩区	若干游憩小区	若干游憩项目
	功能开发分区	观光游览区	若干观光游览小区	若干观光游览项目
		餐饮购物区	若干餐饮购物小区	若干餐饮购物项目
		康体娱乐区	若干康体娱乐小区	若干康体娱乐项目
		科研科教区	若干科研科教小区	若干科研科教项目
		休闲度假区	若干休闲度假小区	若干休闲度假项目
		宗教活动区	若干宗教活动小区	若干宗教活动项目
	居民安置分区	居民居住区	若干居住小区	若干利用与限制项目

注：表中之若干是指一个或多个。

(四)分区类型

1. 风景游赏区

风景游赏区是游览欣赏对象集中分布的地区，也是规划建设的重点地区。所谓景区，就是风景区内的风景游赏区的分区，对于一些大型风景旅游区，风景游赏区通常由若干个景区组成。

2. 风景保护区

风景保护区是位于风景游赏区之外的并对风景游赏区或史迹起生态保护作用的区域。该区虽然没有可供游人欣赏的景点，或景点零散没有开发价值，但它对风景游赏的生态保护意义重大。风景保护区对风景区影响的另一作用是它的背景衬托效应，大面积的森林给风景游赏区增添了无限魅力，是风景旅游区不可缺少的部分。

3. 风景恢复区

风景恢复区是独立于风景游赏区之外的需要恢复、培育、涵养和保持的区域。在风景恢复区一般有众多景物景点分布，但由于历史上的人为破坏，使该区域目前不宜开发利用。因此，风景恢复区可以作为风景游赏区的贮备，在逐渐恢复后(主要为植被恢复)且具有一定承载力时再行开发，形成具有产业开发价值的风景游赏区。

4. 野外游憩区

野外游憩区是独立于风景游赏区之外，人工设施较少的大型自然露天游憩场所。野外游憩区虽然观光游赏价值单一，但具有良好的生态疗养作用，适宜开展对人体健康有益的游憩活动，如在森林中开展的“森林浴”和“香花疗养”等野外游憩项目。

(四)规划分区应注意的问题

1. 规划分区的意义

风景游赏区的景区划分，既反映了风景旅游区各组成要素的分区、结构地域等整体形态规律，也影响着风景旅游区的有序发展及其与外围环境的关系。

2. 规划分区的目的

风景旅游区划分是为了在规划界限内，将规划构思和规划对象通过不同的规划手法和处理方式，全面系统地安排在适当位置，为规划对象的各组成要素、各组成部分能共同发挥其应有的作用，创造满意条件和最佳条件，使风景区成为有机整体。

3. 规划分区的深度

风景旅游区规划分区的大小、粗细、特点是随着规划深度而变化的。规划愈深则分区愈精细，分区规模愈小，各分区的特点也愈显简洁或单一，各分区之间的分隔、过渡、联络等关系的处理也趋向精细或丰富。

4. 规划分区间的完整性

风景旅游区规划分区，应维护原有的自然单元、人文单元、线状单元的相对完整性。

5. 规划分区间的联系

风景旅游区规划分区，应解决各个分区间的分隔、过渡与联络关系。

6. 规划分区与建设

在进行风景旅游区规划分区时，应突出各区的特点，控制各分区的规模，并提出相应的规划建设措施。

二、风景旅游区结构规划

(一)结构规划意义

风景旅游区结构规划，是为了把众多的规划对象组织在科学的结构规律或模型关系之中，以便针对规划对象的结构性能和作用进行合理地规划与配置，实施结构内部各要素间的本质联系、调节和控制，使其有利于规划对象在一个不定期的结构整体中发挥应有的作用，也有利于满足规划目标对其结构整体的功能要求。

(二)结构规划形成

结构规划方案的形成可以概括为三个阶段：首先要界定规划内容组成及其相互关系，提出若干结构模式；然后利用相关信息资料对其分析比较，预测并选择规划结构；进而以发展趋势与结构变化对其反复检验和调整，并确定规划结构方案。

在风景区结构规划的分析、比较、调整和确定过程中，要充分掌握结构系统、信息数据和调控变量等三项决策要素，有效控制点、线、面三个结构要素，解决节点(枢纽点或生长点)、轴线(走廊或通道)、片区(网眼)之间的本质联系和约束条件，以保证能够选出最佳方案或满意方案。

(三)结构规划类型

风景旅游区的规划结构，因规划目的和规划对象的不同而产生不同意义的结构体系，诸如游人、空间、景观、用地、经济、职能等结构体系。其中，规划结构内容配置所形成的职能结构，因其涉及风景旅游区的自我生存条件、发展动力、运营机制等大事，成为有关风景区规划综合集成的主要结构框架关系，所以应给予充分重视。风景区的职能结构有3种基本类型：

1. 单一型结构

对于内容简单、功能单一的风景旅游区，其构成主要是由风景游览欣赏对象组成的风景游赏系统，其结构应是由一个职能系统组成的单一型结构。

2. 复合型结构

在内容和功能均较丰富的风景旅游区，其构成不仅有风景游赏对象，还有相应的旅行游览接待服务设施组成的旅游设施系统，其结构应由风景游赏和旅游接待服务两个职能系统组成，在规划中可视为复合型结构。

3. 综合型结构

在内容和功能均较为复杂的风景旅游区，其构成不仅有游赏对象、旅游设施，还有由相当规模的居民生产、社会管理内容组成的居民社会系统，其结构应由风景游赏、旅游设施、居民社会等3个职能系统综合组成，在规划中可视为综合型结构。

风景旅游区3个职能系统的节点、轴线、片区等网点的有机结合，就可以构成风景区的整体结构网络。

(四)结构规划制定原则

应依据规划目标和规划对象的性能、作用及其构成规律来组织整体结构规划或模型。凡含有一个乡(镇)以上的风景旅游区，或风景规划区自然人口密度超过100人/km^2时，应进行风景区的职能结构分析与规划。

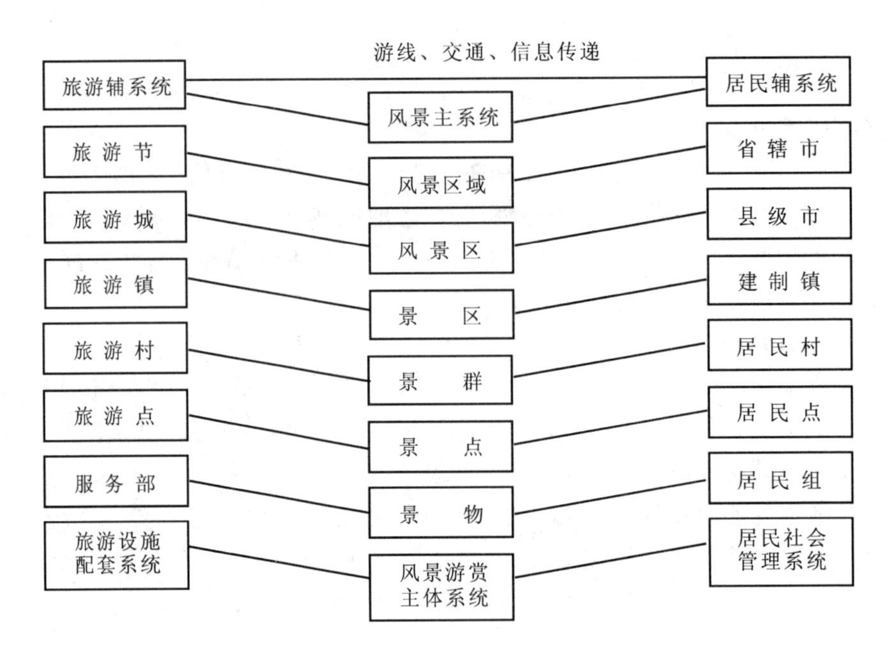

图 4-1 风景区职能结构网络示意图

1. 风景旅游区内不含有乡或镇

(1)规划内容和项目配置应符合当地的环境承载能力、经济发展状况和社会道德规范并能促进风景区的自我生存和有序发展;

(2)有效调控点、线、面等结构要素的配置关系;

(3)解决各枢纽或生长点、走廊或通道、片区或网格之间的本质联系和约束条件。

2. 风景旅游区内含有乡或镇

(1)兼顾外来游人、服务职工和当地居民三者对资源的需求与利益;

(2)风景游览欣赏职能应有独特的吸引力和承载力;

(3)旅游接待服务职能应有相应的效能和发展动力;

(4)居民社会管理职能应有可靠的约束力和时代活力;

(5)各职能结构应自成系统，并有机组成风景区的综合职能体系和结构网络。

三、风景旅游区规划布局

(一)规划布局意义

风景旅游区的规划布局，是为了在规划界限内将规划构思和规划对象通过不同的规划手法和处理方式，全面系统地安排在适当位置，使规划对象的各组成要素、各规划布局成为继规划分区、规划结构之后的进一步合理和协调布置而形成的综合集成式格局。

(二)规划布局原则

风景旅游区应根据规划对象的地域分布、空间关系和内在联系进行综合部署，形成合理、完善而又有自身特点的整体布局模式，并应遵循下列原则:

(1)正确处理局部、整体、外围三个层次的关系;

(2)应解决规划对象的特征、作用、空间关系以及有机结合问题;

(3)明确调控布局形态对风景旅游区有序发展的影响，为各组成要素、各组成部分能共同发挥作用创造满意条件；

(4)风景旅游区规划布局构思应新颖，应能体现地方和自身特色。

(三)规划布局形式

风景旅游区规划布局宜采用的布局形式有：集中型(块状结构)、线型(带状结构)、组团状型(集团结构)、念珠型(串状结构)、放射型(枝状结构)、星座型(散点结构)等形式。

(四)规划布局应注意问题

(1)在规划布局方案选择中，要重视规划原则、经济知识和专家判断的相互结合，重视局部、整体、外围三层关系的处理，重视布局形态对风景区发展的影响，形成科学合理而又有自身特殊性的规划布局形态；

(2)风景旅游区的规划布局形态，既能反映风景旅游区各组成要素的分区、结构、地域等整体形态规律，也影响着风景区的有序发展及其与外围环境的关系；

(3)若干典型布局模型的总结和提出，有助于更好地理解和把握风景区局部、整体、外围三层次的关系及其影响因素，有助于用长远的观点对风景旅游区及其存在环境做出深远的规划和布局选择；

(4)在选择风景旅游区发展模式时，应把实际布局形态同若干个典型布局模式进行对照，这样有助于确定风景旅游区发展的主要框架，确定本规划继续进行工作的方向。

第三节 景区划分与功能分区

一、景区划分

(一)景区划分目的

所谓景区，它是在风景区规划中根据景源类型、景观特征或游赏需求而划分的一定用地范围，并包含有较多的景物和若干景点、景群，可形成相对独立、特征明显的一定区域。划分景区的目的是为了使众多的规划对象有适当的区划关系，使不同分区有各自明显的属性和特征，便于实施不同的建设方式和制定管理制度，使得既有利于展现和突出规划对象的分区特点，也有利于加强各风景区的整体特征。此外，景区是风景区规划和建设的三级单位(一级单位为风景区，二级单位为风景游赏区)，是景区建设和其他项目建设的依据，在以后的内容中将会发现，大部分建设内容均围绕景区开展。还应特别注意的是，应严格将景区和功能区区分开来。

(二)景区规划的原则

景区应依据规划区内不同区域属性、特征及其存在环境进行合理划分，并应遵循以下原则：

(1)同一景区内的规划对象的特征及其存在环境应基本一致；

(2)同一景区内的建设类型、措施及其成效特点应基本一致；

(3)规划景区应尽量保护原有自然、人文单元的完整性；

(4)景区界限应明显，两相临景区景观或景点类型有一定差异。

(三)景区划分的要求

(1)在一个风景区内划分的每个景区，应视为整体的几个单元，而每一个景点、景物必须归属某一个单元；

(2)每一个景区应有明显突出的特点，还应解决各分区间的分隔与过渡；

(3)景区与景区之间应有游道联结，构成旅游环线，便于游人游赏；

(4)对每一个景区的描述应说明其境界关系，风景资源特点或景点特色，以及所能开展的主要旅游活动的功能等。

二、功能分区

1. 功能分区的目的

功能(旅游功能)是指旅游区内各种景源所构成的景点、景面或设施所发挥的旅游作用。在一个风景旅游区内，游客只有通过风景区的各种功能来实现他的旅游目的。因此，在对一个风景区(或森林公园)进行总体规划时，必须明确该风景区所具有的功能，明确体现不同功能的活动项目，明确不同功能的各旅游项目所在的具体位置，以便进行建设和便于旅客进入。

2. 功能分区的原则

(1)依据自然风景资源和设施、设备为功能的确定基础；

(2)旅游功能必须满足可进入性原则；

(3)旅游功能必须坚持与实际相符的原则；

(4)运用设施、设备所创造的、体现旅游功能的项目，必须与综合景观协调，并应以保护为前提。

3. 功能与项目类型

在一个风景旅游区内，一般均具有多个旅游功能，每个功能又有一个或多个项目支持，而每个项目则来源于景物或设施。即旅游功能——项目类型——活动项目——景物或设施的金字塔式构架(图4-2，表4-2)。

景物或设施 ⇨ 活动项目 ⇨ 项目类型 ⇨ 旅游功能

图4-2　旅游功能与景物、设施关系图解

表4-2　旅游功能与景物、设施构成分析表

	项目类型	活动项目	景物或设施
旅游功能	体育运动	水上运动 攀岩探险 滑翔滑雪	水资源与设施 陡涯与设施 场地与设施
娱乐功能	社会风情	民俗参与 节庆活动	民俗与建筑 文化与设施

第四节　风景旅游区景点设计

一、景物、景源、景点

1. 景物

景物是指具有独立欣赏价值的风景素材的个体，是风景区构景的基本单元。一个风景区景物的丰富度、景物质量的高低直接与风景区的游赏力、知名度等密切相关。同时，景物是风景区开发的先决条件，没有优质景物素材，或优质景物素材较少，该风景区是没有开发价值的，也不能称之为风景区。

在一般情况下，一个计划开发的风景区，都存在着大量的可视为有开发价值的景物，这些景物是风景区开发的基本条件。如众多的奇花异卉、山石、泉、瀑、湖、潭、动物、天象等，只要其资源的数量和质量已具备一定的游赏价值，均可进行开发。

2. 景源

景源亦称景观资源，或风景资源，它是指能引起审美与欣赏活动，可以作为风景游览对象的事物或因素的总称。景源是构成风景环境的基本要素，是风景区产生环境效益、社会效益、经济效益的物质基础。由此可见，一个风景区内的所有景物共同构成了这一风景区的风景资源。

3. 景点

景点是指由若干相互关联的景物所构成，具有相对独立性和完整性，并具有审美特征的基本境域单元。景点是旅游活动中的最小的游赏单元，是旅游网络构成不可缺少的要素。所谓风景区规划设计，最主要的就是对风景区内的景点设计，如果每一个景点都设计得相当成功，那么整个风景区就会在旅游市场上有较强的竞争力。

二、景点设计原则

1. 突出风景区特色的原则

不同的风景区的景物结构不同，由此形成了不同的区域旅游特色。因此，规划设计者应根据被规划风景区的景物特色，设计出有较强吸引力的景点，构建系统性明显的景点布局框架，使景点体现立意新、定位准、方向明确的规划设计思想。

如位于湖南省的张家界国家级森林公园与位于河南省的嵩山国家森林公园，这两处的景点设计就不同。前者以幽静、神秘、险峻、古野的自然景观为主，难以计数的奇峰怪石鳞次栉比，星罗棋布，因而有“定海神针”、“南天一柱”、“海外来宾”、“天狗食日”、“劈山救母”、“战舰出航”等以石为题的景点；而后者拥有各个时期建造的不同风格的寺、庙、宫、庵、观、寨、台、塔、塑、石碑、洞、书院等共 72 处之多，因而有少林寺、中岳庙、三皇寨三大主要旅游景点。通过比较不难看出，同是国家森林公园，前者以自然美而引人入胜，后者以文化丰富、建筑完整精深令人向往，两者完全不同，不可游此而知彼。

2. 突出主要景物的原则

风景区景点一般由多个景物构成，其中一个或几个景物为其主景，其他为辅景，主景取意而出名，辅景陪衬而烘托，只有主景显单调，无主有辅不成景。由此可见，景物中的主景和辅景的关系就象花和叶的关系一样，辅景起着烘托、增强主景效果的作用，甚至于起到具有惟我独有的功效。因此，在风景区景点设计中，首先应区分主景与辅景，然后以主景为中心考虑对景点的设计。

3. 自然景物为主的原则

风景资源包括自然资源和人文资源，在景点规划设计时，应以自然风景资源为主，即以自然景物为主，适当增加人文资源的内容。在景点设计时应以自然景物为基础，适当增加历史文化渲染。在对景点的文化渲染时应注意3个方面的原则：

(1)少而精的原则：就是说不追求对每一个景点的变化渲染，但要求凡与文化有联系的景点必须形象贴切；

(2)体现地方文化价值的原则：对景点的文化渲染应有一定的人文基础，如历史记载、带有普遍性的民间传说，近代名人、墨客的遗留等；

(3)渲染力度适当的原则：渲染应以体现地方历史文化为主，不可生编硬造或嫁接其他风景区著名景点的内容。

4. 游赏为主的原则

风景区以其不同的独特自然风光而对游人产生吸引力，既使是沙漠、戈壁也因其独特性产生吸引力。因此，在规划设计时应以开发游赏价值较高的景点为主导思想，因地制宜地适当增加游乐设施，使旅游者在观赏自然风光的同时，参与一些游乐活动，丰富旅游经历。

5. 培育良好的生态环境原则

景点规划设计必须考虑对环境的保护，特别是补充性景点，建设项目应以保护和有利于培育良好生态环境为原则，应坚持既建名胜景点，又要保护生态环境的设计思想。风景区景点未开发前，生态平衡处于相对稳定状态，一旦进行风景区开发，随着建筑物落户，游人进入，这种平衡就会受到破坏。如果在规划设计时能够考虑到这些因素，就会使建成的风景区青山常在，绿水长流，形成高一级的生态平衡势，也使风景区能成为高生产力的风景区。

6. 最佳经济效益原则

风景区开发是区域经济发展的一部分，是企业行为，因此景点设计时应考虑它的经济价值，考虑它对游人的吸引力。虽然有些景点唾手可得，但四处可见，没有明显的独特性，这些景点可作为主要景点间的过渡景点，起到移步换景的作用，不宜重金修饰；另一些景点虽然残败，或不构成完美景点，但它为地方独有，或具有较强的历史影响，是游人向往之处，则可着重建设。如北京“大观园”就是随着电视剧《红楼梦》播出而改变了面貌。该区建成的“大观园”景点，吸引了众多的海内外游客，带动了地方经济发展，也使这一地区真正成为《红楼梦》中所写：“衔山抱水建来精，多少功夫始筑成，天上人间诸景备，芳园应赐大观名”。

7. 功能兼备原则

所谓功能兼备，就是说在风景区建设一个项目时争取体现多个旅游功能，尽可能的避免建设项目的功能单一化。对于一些非观光型项目建设，应尽量同游览功能结合，做到建设项目的共用，最大限度地发挥资源的综合使用价值。如电视塔、林区防火瞭望塔等，除完成其通信或防火的主要功能外，还应考虑它的鸟瞰观光功能。

三、景点设计类型与方法

(一)景点设计类型

景点在设计手法上只求相对完备、意境充实，不求面积大小上的对整。其面积大小取决于地理环境和景物分布、景物体量等，小者有数百平方米，大者可达数平方千米。景点在设计类型上可分为自然型、历史型、文化型和特殊型。

自然型旅游景点是以自然山水为基本要素特征的景物和景观点。自然型旅游景点是旅游景点类型中数量最多的类型；历史型旅游景点是以历史文化遗址、遗迹、遗物为主体的游赏物的游览观光点；文化型旅游景点是以某种文化为载体的游赏点，如壁画、摩崖石刻、石窟、歌舞等；特殊型旅游景点是以某种特殊景物为游览对象的景观点，如航天飞机、航空母舰等，与常规情况下景点有很大的区别。

按开发程度可分为保护型、修饰型、强化型和创造型。以下主要说明按开发程度划分的景点设计类型的设计方法。

(二)景点设计方法

1. 保护型景点设计

所谓保护型景点设计，就是在景点规划设计中对于美学特征突出、科研价值高，有着深刻的文化内涵和重大历史价值的景物，在设计中应按照原有的形态、内容及环境条件完整地、绝对地加以保护，供世世代代的人们观赏、考察研究。如北京故宫、秦兵马俑、路南阿诗玛岩、苏州拙政园、唐乾陵等风景区的绝大多数景点。在景点规划设计中，应明确保护范围、内容和具体措施，并依据一定的规定和规划进行严格的管理。

图 4-3　张家界石林(保护型景点)

图 4-4　太白山石佛(保护型景点)

2. 修饰型景点设计

所谓修饰型景点设计，就是对于重要景物，为了保护和强化它的形象，通过人工手段适当地加以修饰和点缀，以起画龙点睛的作用。如将裸露在野外的碑文、文物放在与之相协调的建筑物中，既可以起到保护作用，又可以引导游人游览和考察；在山水风景区的某些地段，选择观景的最佳位置，开辟人行道和修建一定的景观建筑，将美好的画面展现在游人面前，既有利于旅游者观赏，又丰富了风景内容；在天然植被中，调整或培育部分林相，可使风景区景观更加丰富多彩。

3. 强化型景点设计

所谓强化型景点设计，就是利用强化手段，烘托和优化原有景物的形象，创造一个新的景观空间，以便更集中、更典型地表现区域旅游特色。譬如在海滨地带建立“海洋公园”，使游人能在较小的范围、较短的时间内，观赏到海洋中各种鱼类，到海洋中去“探险”，参加各种体育和游乐项目；再如在森林中建立森林旅游城，可以在一定范围内看到典型的森林植物和动物，并可实地观看、接触各种野生动物；还有对水资源的强化利用，常常是风景区水上项目建设的主要手段。

图 4-5　少华山龙洞（修饰型景点）

图 4-6　太白山瀑布（强化型景点）

4. 创造型景点设计

所谓创造型景点设计，就是根据区域的客源条件，区位和环境状况，利用现代材料和科技手段，将人间神化、故事幻想变成现实景点，或者设计仿古园、微塑景观、人造园林等。如溶洞的灯光设计、度假村夜景的灯光效应、大草原上的包房、风景区的大门等均可采用创造型景点设计手法。

图 4-7　城步县边溪民俗文化村策划（创造型景点）

四、景点命名方法

(一)景点命名意义

景点命名是景点设计的重要任务之一，是风景区规划设计成功与否的关键性因素。如果景点名称形象、独特、意境深刻，或与某些有影响的人和事有密切联系，则使游客便于记忆和广为流传。

(二)景点命名方法

1. 利用原有名称

在规划设计的境域内，有一些观赏价值较强的物象已有名称，它当时可能作为一个地方的地点名称出现，而且被当地群众所流传。这些物象名称往往富有一定哲理，或再现了一段历史故事。对于这些名称，在景点设计中应加以利用，特别是那些有积极意义、教育意义和代表地方特色的名称，应深刻了解文化内涵，使其作为景点进行开发。如我国泰山风景区的“一天门”，峨眉山风景区的“摄身崖”，华山风景区的“东峰、西峰”等、乾陵风景区的“章怀太子墓”、“永泰公主墓”，九寨沟风景区的“树正瀑布”等。

2. 按照物象命名

按照物象命名是风景旅游区规划设计中景点命名最多的一种。在一个规划的风景区内，往往包含有多种类型的景物，如植物、动物、地质、水文、天象等。这些景物为景点命名提供了条件，为丰富风景区景点奠定了基础。

物象命名是依据组成景点的杨景物的相像性进行的命名。如黄山风景区的“迎客松”，少华山森林公园的“仰天大佛”，张家界风景区的“南天一柱”，太白山森林公园的“七女峰”，武陵园风景区的“御笔峰”，庐山风景区的“天桥”，峨眉山风景区的“金顶祥光”，黄龙风景区的“玉浴彩池”，武陵源风景区的“宝峰湖”等。

3. 按照历史故事命名

我国历史悠久，文化起源和发展多样，不仅各民族的文化特点和流传不同，而且在同一民族的不同地域间也存在差异。特别是规划区独有的，被大多数人所了解的历史故事，更是在景点名称设计中要重点考虑的对象。如楼观台森林公园的“炼丹炉”，泰山风景区的“五大夫松”，黄帝陵风景区的“黄帝手植柏”，骊山风景区的“烽火台”，“兵谏亭”，太白山森林公园“鬼谷子洞”，朱雀森林公园的“刘海采樵”等。

4. 关联性命名

关联性命名法是将一个为人知的历史事件，用形喻意的方式表现出来，说明一个较为完整的历史故事或历史事件。关联性命名是对多个有联系的景点的系统命名，它区别于按照历史故事的命名方法。如骊山风景区的“烽火台”与“兵谏亭”两个景点处于不同的历史时期，属于无任何关联的历史事件。关联性命名法主要依据规划区特有的民间传说故事，或遗迹尤存的真实历史事件进行综合命名。如在一个规划区内，往往伴随已有宗教文化活动，这一区域在景区规划中可独立成为一个景区。因此该景区内的大部分景点应与宗教文化统一，更不能有相悖的景点名称出现。

第五节　案例

一、千岛湖风景区

1. 千岛湖风景区基本概况

千岛湖为国家级森林公园，它位于浙江省淳安县境内，由19个国营林场(站)组成，总面积948.84km^2，其中陆域415.51km^2，水域533.33km^2。千岛湖以拥有大型“人工湖”和1078个岛屿而得名。

千岛湖的岛屿形态各异，罗列有致地散落在清澈碧波的湖中，犹如翠珠沥盘，美不胜收。千岛湖水位在海拔108m时水域面积相当于108个杭州西湖，蓄水量178亿m^3，是西湖的3184倍，故有“三千西子”之称。郭沫若生前曾写诗赞誉：“西子三千个，群山已失高。峰峦成岛屿，平地卷波涛。”千岛湖地区共有植物1792种，野生动物56种，森林动植物资源可谓丰富。船行湖中，近处可观莽莽林海，可听阵阵松涛；远眺郁郁葱葱的岛屿宛若一个个天然盆景，散置于湖上。这丰富多彩的森林景观，使千岛湖披上一层神秘的色彩。

除此之外，千岛湖的石景、洞景也非常丰富，气象景观亦千变万化。湖区岩石有砂岩、页岩、板岩、紫砂岩；洞有单层洞、多层洞，洞内有玲珑剔透、五彩缤纷、犹入仙境的石笋、石幔、石峰、石乳等；千湖岛的清晨，朦胧的雾气笼罩在湖面上，水、岛、天一色，迷茫而神秘；随着彩霞逐渐消失，浓雾散尽，犹如拂去薄纱，千岛湖显露出峥嵘的宏颜。千岛湖不但景色秀丽优美，而且区位条件优越。千岛湖地处华东十几个国家风景名胜区的中心位置，又以旅游城杭州为依托，与人口众多、经济繁荣、国内最大客源地和国外游人入境门户的上海靠近。因此，千岛湖被誉为西(西湖)——黄(黄山)线上的一颗明珠。

2. 千岛湖风景区性质

千岛湖风景区的性质被确定：具有幽、秀、奇、野的自然秀丽风光，是集游览和疗养度假为一体的大型多功能国家级风景区。

二、喀纳斯风景区性质与规划目标

1. 风景区性质

喀纳斯作为目前人类少数尚未开发的地区之一，首要做的是保护好这片人间净土，包括良好的生态环境、丰富的生物资源、优美的自然风光和丰富的民俗人文资源。在资源得以保护的基础上进行适度开发利用，规划建设为具有国际同类地区水准的集生态保护、风景观光、科学考察、休闲娱乐等功能于一体的高品质的地区。

2. 风景区规划目标

生态保护、风景建设、风景区开发协调发展，着重处理好开发与保护之间的关系，合理配置喀纳斯地区各种资源综合利用的空间次序和时间次序。

(1)生态保护是规划建设的前提和基础；

(2)围绕特色风景资源进行景点建设、景域保护、景观修复等，提高景区的可游性、可观性、可感性；

(3)加强各项基础设施建设，提高旅游活动区域的可达性，延长游客的停留时间，实现该景区在地区旅游网络中的龙头作用，从而以旅游带动地区经济结构的优化，扩大地区的对外开放和交流。

三、**少华山森林公园规划**（性质、规划目标、景区景点设计）

1. 森林公园基本概况

少华山森林公园地处秦岭北坡东段，北与关中平原紧连，区位条件十分优越；公园面积逾6300hm^2，属中型风景区；区内海拔700～2600m，高差1900m，因此动、植物资源非常丰富，古树参天，原始林比重大，森林景观季相明显，景象丰富宜人；花岗岩石质山地多姿多韵，形态万千，特别是少华山五峰景致险峻多趣；峪间水声、水态、水域、水色与主体协和如画，可开辟自然水上娱乐项目；森林公园四季可游可赏；人文景观历史久远，影响广大。因此，少华山森林公园可谓集山景、水景、林景、天象景观、田园风光以及人文景观为一体的山岳型风景区，适宜开展和建设游览观光、森林游憩、避暑度假、保健疗养、科研科教、文化娱乐等多种功能旅游活动。

2. 森林公园性质

根据以上分析，少华山森林公园的性质确定为：具有游览观光、森林游憩、避暑度假、保健疗养、科研科教、文化娱乐等多功能综合型和具有省级意义的中型森林公园。

3. 少华山风景区规划目标

根据少华山优越的区位和资源条件，确定少华山风景区的发展目标为：

(1)自我健全目标

①在6年内，将少华山风景区建成具游赏观光、休闲度假、生态疗养为主体的中型多功能省级风景区；

②在7～8年内，实现经济效益向峰面转移，使其成为地方支柱产业；

③通过对森林资源培育和生态环境不断改善，力争在10年内步入中型多功能国家级风景区行列。

(2)社会作用目标

①通过生态环境建设和次生林的休生养息，使区域内森林生态效益得到进一步持续发挥，达到林郁水秀、景观环境优美的良好格局；

②通过景物、景点、景区建设，使公园的华岳自然遗产和宗教人文遗产等得到应有的优美展示，使人与自然共生、共荣并协调发展；

③发挥旅游企业的联动作用和链条作用，带动地方相关企业同步发展，使旅游联动比达到1∶2.5以上，并促进区域农业和其他相关产业收入的稳步提高。

4. 景区划分

(1)少华山风景区景区划分原则

①区划遵从风景区—景区—景点—景物的结构系统原则；

②充分利用风景资源和环境资源，并依据景点、景物的不同性质，在风景区内划分若干景区，并使每个景点、景物的作用和艺术价值、历史价值得到充分显示；

③景区应各有特色，主题突出，主要旅游功能有明显差异；

④景区划分应以山脊、河流为界，形成一个较为完整的游赏空间。景区与景区之间应有道路相通，使其既有分隔，又有联系，以方便游人和便于管理。

(2)少华山风景区景区划分

根据景观特征、景点分布和旅游功能，可将少华山风景区划分为5个景区，即：潜龙寺景区、敷峪溪景区、石门峡景区、密林谷景区和少华峰景区。以下仅以潜龙寺景区和石门峡景区为例予以说明：

①潜龙寺景区

潜龙寺景区位于少华山风景区的东北角，东临柳枝镇张家山，西与敷峪溪景区以主梁为分界线，北到沿山公路，南至蟠龙岭南 500m。景区面积为 360hm^2，区内海拔在 700～1400m 之间。潜龙寺为东汉明帝所建，汉明帝刘庄为报答此地潜藏先父刘秀幸存之恩，敕令当地大兴土木修建寺院，名曰“潜龙寺”。潜龙寺属佛教净地，该景区因潜龙寺而得名。

潜龙寺景区属秦岭低山地貌，山峦起伏，层层叠叠，气势巍峨，前山坡度平缓，后山较陡，路旁溪水清莹，弯弯曲曲，时断时续，跌水、碧潭辉映。溪水常年流淌，滋润着千姿百态的植物，随着时间的变化，色香味各不相同。丁香、猬实、牛姆瓜、珍珠梅、金丝桃、石竹、百合、野菊花，使潜龙寺景区四季香花不断；山上的圆柏、侧柏、白皮松等八节常绿；林间雀鸟鸣唱，路旁溪水潺潺，鸟声、虫声、水声、风声，声声入耳，谱成森林乐章；漫步山道，空间层次多变，使游人有步移景换之感。行至中途，一山横阻，仰视山巅，一尊大佛仰面朝天，形姿优美；山道盘曲，登上山顶，浓荫一片，倍觉凉爽，林荫翠盖之中，潜龙寺呈现眼前。潜龙寺自东汉兴建以来，经唐、宋、明、清维修，寺庙现存完好，占地面积达 1.1hm^2，院内有古柏一株，胸径约 1.3m，柏抱槐一株，槐树胸径 0.7m，古树枝叶繁茂、郁郁葱葱，寺院周围，大树参天，白皮松成片分布，干径均在 0.4～0.8m 之间，树形苍翠挺拔、银干碧枝、形成一片浓荫。诗云：“叶坠银钗细、花飞香粉干，寺门烟雨里，混作白龙看。”登上寺后平台，东眺西岳华山，西望少华山，二华清晰可见。

②石门峡景区

石门峡景区位于少华山风景区的中南部，北与敷峪溪景区相连，南以水盆沟至潼关槽北侧主梁、石板河景点西南主梁为界，东西均以少华山风景区边界为界。石门峡景区面积为 2450hm^2，海拔区间为 1300～2100m。

石门峡景区峰、洞、石、林、泉、瀑、庙交融成景，以水景、林景为主。小敷峪溪水曲折萦绕，忽陡忽平，沟岔均有溪水流淌，水质清洌甘美，体态多种多样，碧潭、水池，大大小小有 30 多处，潭水清澄见底，水中石纹形色皆奇，有的似鱼，有的像蟾，有的形成五彩波纹，有的如颗颗小星；溪水漫石，跌落有声，枕石听流，有的如金鼓咚咚，有的漫石水声潺潺，砥石轰鸣，不同音响，如八音齐奏，空谷回荡，声声悦耳；瀑布是最激动人心的景观，石门峡景区共有瀑布 5 处，落差 20～50m，形态各不相同，有的穿石跌落，如银蛇飞舞，有的临岩滑落如银帘倒挂，飞珠泻雨，阳光照射，又在瀑布之上形成一弯彩虹；群峰起伏，层层献翠，栎树、栾树、山核桃、王角枫、山桃、杏树、山樱桃等森林植物深红浅红，郁郁葱葱。油松、圆柏四季常青，山柳指水，碧草茵茵，路边小花红、黄、兰、紫也色彩斑斓动人；林下松鼠逃窜，枝头小鸟声声，处处生机盎然；万绿丛中掩映着各种奇崖怪石，如群燕翻舞，似蛟龙出水，金蟾鸣谷，石岩虎啸等等；崖上有洞，大小不同，老学堂，华陀洞，娘娘洞都流传着感人的故事。山、水、林有静有动，高高下下，造成空间层次重重，深远不尽。烈日中空，山静、树静、花静、心静，一派幽雅宁静，令人心逸神飞。

该景区是少华山森林公园中以游览观光、休闲度假、生态疗养为主要功能的景区。

5. 景点规划设计

(1)景点设计原则

①以风景区山、水、林、石景观为主体，保持原有自然风貌；

②根据风景区实际，因地制宜，因景制宜，突出山林野趣特色；

③运用中国传统园林理景手法，深化景点、景物的内涵和意境，处理好静态空间与动态空间的关系；

④突出“返璞归真”主题，达到“天人合一”的境界。

(2)景点分布及主要景点特色(以潜龙寺景区为例)

少华山风景区潜龙寺景区共设计景点21处，其中：特级景点1处，一级景点4处，二级景点6处，三级景点5处，恢复和新建景点5处。各景点名称及级别如表4-3：

表4-3　潜龙寺景区景点分级表

特级景点	一级景点	二级景点	三级景点	恢复或新建景点
仰天大佛	潜龙寺，古柏，柏抱槐，云海仙山	雀鸣翠谷，龙王潭，石瀑，狮子岩，磊石，翠幄飘香	龙王庙，潜龙迷津，石棚小息，挡蟒石壁，刘秀打子窝	二华观景台，揽胜亭，野果园，香花疗养园，大佛寺

仰天大佛——层叠青山之间，山顶自然形成佛像，佛面朝天，头、胸、手、足清晰可见，身长99m。

大佛寺——恢复古寺，可观仰天大佛，沐浴花香。

潜龙寺——始建于东汉明帝年间，因刘秀被王莽篡权追杀，隐藏于此山得以生还而建此寺。寺庙建筑与自然山水结合得体，在参天古树、浓荫掩映之中，主体建筑有弥勒殿、大雄宝殿，总面积为2430m^2，寺院占地3000m^{2}有余。现存文物有明代铁钟一口，清咸丰年间碑石8块，清代所印藏经96套。寺院中有古柏和柏抱槐两株。古柏树干稍斜生，胸径1m许，枝叶繁茂，树龄约1500余年。柏抱槐柏树胸围3.78m，高23m，主干间斜生老槐一株，胸围1.33m，冠幅近50m^2，柏高槐低风姿各异。

云海仙山——位于潜龙寺西侧山顶平台(称二华观景台)，登上此台环顾四周，云烟飘缈，少华山隐现于云海之上，晴空万里时，远眺太华山、近赏少华山，二山一左一右清晰可见。烟岚上升，二华隐于云雾之间，山亦是云，云亦是山，真伪难辨。

雀鸣翠谷——进山1km左右，一片开阔谷地，绿树浓荫，芳草茵茵，远处槐花浓香甜蜜，沁人心脾，近观小鸟跳越，各种鸣声，清脆悦耳。

(3)景点建设规划

潜龙寺景区景点建设项目及进度安排如表4-4：

表4-4　潜龙寺景区景点建设项目及进度安排表

工程名称	单位	数量	一期工程	二期工程	备　注
钟楼、鼓楼	平方米	32		△	按古风格建设计
七层佛塔	座	1		△	兼防火了望台
观景亭	座	1	△		
野果园	公顷	0.8	△		
香花园	公顷	1.6	△		
大佛寺	平方米	1800	△		含上殿、下殿、左右相房、前门，按古建设计

6. 旅游功能分区与类型

根据少华山风景资源分布、用地环境条件和开展旅游活动的需要，以及旅游设施建设规划，可将少华山风景区划分为33个功能区，其中服务区6个(未列入)。

(1)潜龙寺景区：观鸟听音区、香花疗养区、佛教活动区、远眺观光区

(2)敷峪溪景区：园林游览区、水上活动区、远眺探险区、田园休闲区、旅游购物区

(3)石门峡景区：野营度假区、戏水猎奇区、听流观瀑区、科普教育区、风味品赏区、森林疗养区、野果采集区、登山攀岩区

(4)密林谷景区：观光游览区、科学考察区、教学实习区、森林游憩区、野营露营区

(5)少华峰景区：踏寻雪梅区、道教活动区、习武锻炼区、攀援探险区、五峰揽胜区

四、喀纳斯风景区总体布局

1. 布局意图

遵循各个规划条例，在规划原则的指导下，结合景区特色，本规划主要从两方面着手：一是保护人间净土的自然风貌，二是强化古老神秘的传说和民族文化。具体表现为：

(1)有计划、分等级的景观生态保护、修复、利用、开发措施。从整体上考虑，其基本序列是越靠近核心景区(喀纳斯湖)，开发强度越低，保护力度越大；

(2)强调风景区感受的差异性和旅游活动整体连续性，由总体日程安排、时程安排入手进行各景区的总体规划，注重整体旅游路线的节奏感和景点间的连续性；

(3)扩大旅游市场，提供丰富的旅游产品。系统考虑景点的特色及相互关系、关联和游客的心理，设立不同的景点主题，提供特色旅游。同时强化旅游线路和交通方式的选择性组合。

2. 总体布局

(1)景区以保护为主，设立占整个景区面积90%的保护区，包括一级生态景观敏感区(绝对保护)、二级生态景观敏感区(相对保护)。二者与开发建设核心区的面积比例控制在7:2:1左右，并在开发部分中严格控制开发强度，使景区得以维持原始风貌与可持续发展潜力；

(2)结合当地交通特色，考虑不同日程安排，风景区内采用多种交通方式：如旅游班车快车线、旅游班车慢车线、马队路线、漂流路线以及人行探险路线、观景路线等。

(3)不同景区的开发采用关联手法，共同开发，联合策划，如：卧龙湾与月亮湾联合开发，神仙湾与鸭泽湖结合起来组织景区游览，整体策划其活动项目，并共同利用两个景区之间的大块平坦地形，使二者之间的游览空间旷奥有度，不同空间形态相互结合补充，并使游览者得以体验不同的景观感受，使线性的景观流线具有节奏感和韵律感。又如：喀纳斯村与喀纳斯山庄的整体整治规划，在改善旅游环境、旅游服务设施的同时，又使民俗风情与旅游服务充分结合，创造地方特色，强化喀纳斯风格。

(4)充分考虑游览心理，设立不同的景区游览主题，各景区之间避免重复，并使之各具特色，如：卧龙湾草原平台因其地势宽广平坦，考虑以参与性游玩为主的“玩”的特色；月亮湾因其地势狭仄幽僻，加之临近圣泉，考虑以创造神秘原始的宗教气氛为主的特色；神仙湾其水草肥美、风景宜人，结合其名，组织仙境体验，突出“仙”的特色；鸭泽湖结合水位变化产生的湿地景观和丰富的动植物资源，组织以科学观察的“观”为主的游憩活动；观鱼

亭位于哈拉开特峰顶，地势较高，喀纳斯湖尽收眼底，景观奇佳，故以组织登山，游步道及设置观景平台为主，为游人提供观景和登山休息点；喀纳斯村、喀纳斯山庄以旅游接待为主，突出当地的民俗风情。

五、湖南省城步县边溪苗族文化生态旅游规划（目标、布局）

1. 基本概况

湖南省城步县是一个苗族自治县，无论是作为民族自治县的特征突显还是旅游发展都需要建设一个原生自然状态的苗族文化旅游村寨。从县域内看，边溪村有发展民俗旅游的优势：苗族风情比较浓郁，自然环境优美清雅，距县城不远，而地域又相对封闭，县城往南山的两江公路从此经过，规划的城步往桂林的公路亦由此经过。北连生态环境较原始的两江峡谷，南接南山景区。可以说边溪有发展民俗旅游的较好条件。

2. 规划目标

依托苗族文化，发展民俗旅游，建设民族文化生态旅游新村。具体包括：

(1)国内外游人数：2005 年达到 2.5 万人次，2010 年达到 6 万人次；

(2)旅游营业收入：2005 年达到 275 万元人民币，2010 年达到 1080 万元人民币；

(3)经济产业地位：通过苗族文化生态旅游村的示范带动作用，打城步苗族文化旅游牌，启动苗族文化兴县工程，使其成为城步苗族文化旅游业发展龙头；

(4)自然生态环境质量保持国家Ⅰ级标准，景观资源和动植物资源保护良好；

(5)设施配套完善，服务和管理水平高，旅游区质量等级达到国家生态旅游示范区和AAA 级旅游区标准。旅游服务设施必须做到高品位、高质量，硬件设施、接待服务和周边良好的自然环境相融合，为游客提供多样化的全方位的高品质服务；

(6)通过旅游开发，实施旅游扶贫工程，建成国家旅游扶贫试验点。

3. 规划布局

在尊重传统风貌格局的前提下，规划按照格局清晰的景观秩序与视觉联系等景观设计原则，突出一个中心、两条轴线、三大片区、四个节点，构成边溪的景观体系。

(1)一个中心：一个中心即边溪三角嘴娱乐、购物、游览核心区，包括民族一条街、表演场、村公所、苗族博物馆、手工作坊。民族一条街沿袭以前的老街按苗族吊脚楼形式，建 2 层楼木楼 10 栋，重现当年边溪繁荣的景象。表演场东西两边各是苗族传统长廊，竖 5 根苗族傩面柱，移植 5 棵大的榕树，围合成一个南边窄、北边宽的梯形表演场。吊脚楼式的苗族博物馆与村公所平行，展示苗族文化实物、图片，介绍城步苗族历史、人物，使静态的展示与表演场的动态展示有机结合；

(2)两条轴线：两条轴线即民俗景观游览线和农耕文化观光线；

民俗景观游览线是边溪最主要的游览线路，东西走向，自金龙桥屋过农家旅馆、药园休闲山庄、银龙桥屋、表演场、民族一条街，到泮水水上娱乐区，全为青石板路；农耕文化观光线，北边入口处，沿界背河公路，经过农耕文化观光区，在表演场与民俗景观游览线相交，往南到南边入口处，为沥青油路。

(3)三大片区：界背河、泮水把边溪分为三大片，即河东片区、河西北部片区、河西南部片区。三大片区成“品”字形布局，以河西南部片区的表演场为中心，以界背河为界，将民居与农家旅馆分开，既便于管理，又使边溪苗寨景观更加丰富完善。边溪的民居景观设计应遵循“整治改善、保持传统，引入创新”的思路；

(4)四个节点：四个节点即游客接待中心、表演场、民族一条街、太阳庙。经过开发和建设，使边溪成为自然生态环境优美、民俗风情较浓，传统文化生态与自然生态浑然一体的民族文化生态旅游新村。

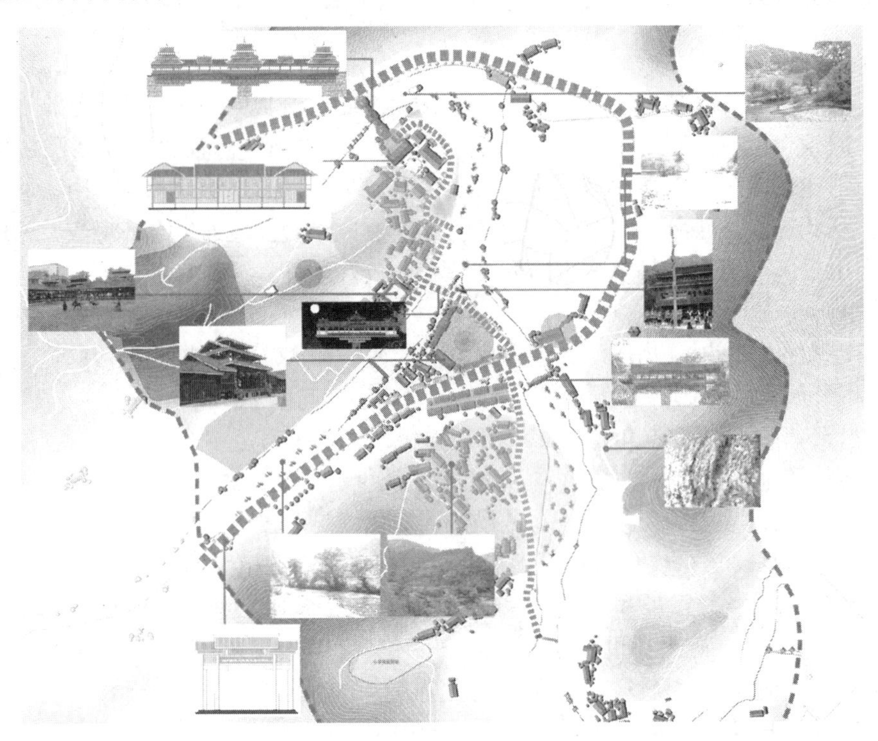

图 4-8　城步县边溪苗族文化生态旅游村规划布局

4. 旅游功能布局

表 4-5　边溪苗族文化生态旅游功能布局说明

功能分区	状况	功能与项目
苗族民居游览区	村寨依山傍水，面积 36 172m^2，有民居 58 栋	民居游览、参观
农耕文化观光区	有农田 36 294m^2，民居 3 栋	农业耕作展示、参与、停车场、游客接待中心、劳作赛事
水上娱乐观光区	800m 河段，面积 12 133m^2	河浴、划竹排、水车观赏、垂钓
文化生态旅游区	三角嘴为 13 224.86m^2，民居 6 栋	苗族工艺品制作、旅游商品一条街、歌舞表演、民俗展示、苗族博物馆、村公所
药园森林游憩区	面积 23 699.4m^2	药园、果园、虫茶制作
药浴休闲区	有面积 6392m^2	药浴、薰疗、斗牛、赛羊表演
农家旅馆区	现 2 栋民居，其余农田、河滩。面积 8658m^2	住宿、餐饮

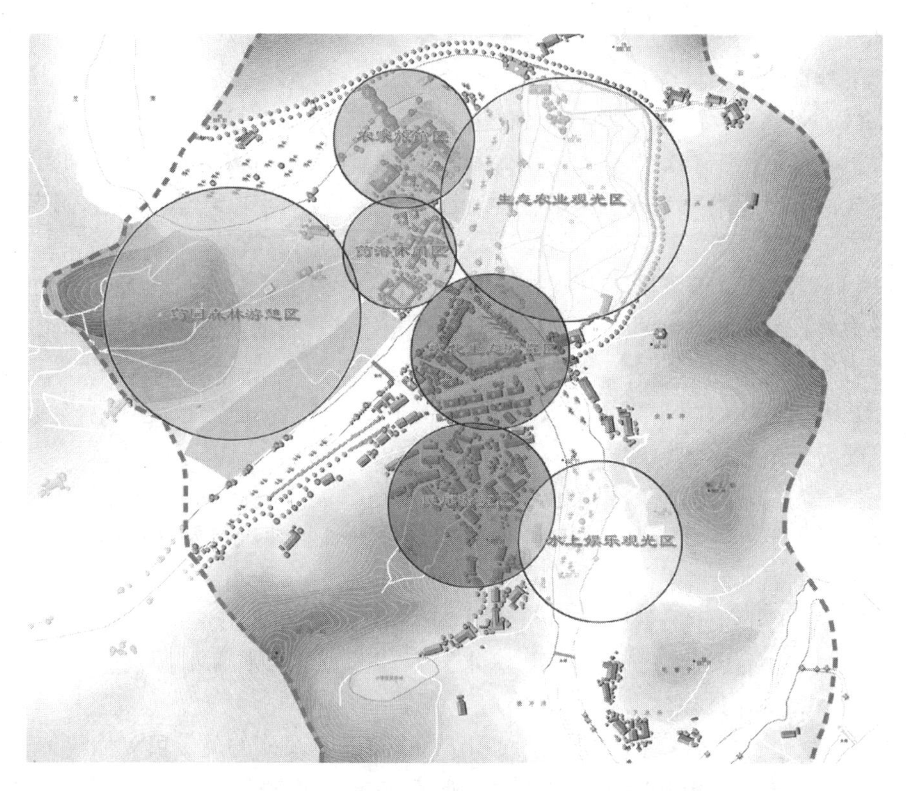

图 4-9　边溪苗族文化生态旅游功能布局图

六、金华双龙风景区景区划分

1. 基本概况

双龙风景区位于金华市城北 8km^2 西南金华山山麓，唐代杜光庭《洞天福地记》称“第三十六洞天金华山”，是我国道教第三十六洞天所在地，又称赤松山，相传为晋时黄初平(号赤松子)修炼得道成仙处。至宋元佑六年(1091 年)，婺州太守祈雨北山，从此名声大振，游人不绝，誉满东南。宋朝名相王安石赞为“横贯东南一道泉”。现山、石、水、洞等胜景风貌依然，险、奇、秀、幽的景观气派犹存。

双龙风景区素以林海莽原、奇异洞景、道教名山著称于世。现已查明全区共有各类景点 151 处，其中自然景点 134 处，人文景观 17 处。自然景点包括有观赏游览价值的溶洞 10 余处，山峰景观 18 处，岩石景观(溶洞和造型地貌)57 处，植物景观 18 处，水体景观 23 处，天象景观 4 处，动物景观 2 处。最为有名的自然景观是分别以“卧舟”、“观瀑”、“赏石”、“探险”4 种特殊游览方式名扬的双龙洞、冰壶洞、朝真洞和仙瀑洞，以及奇趣盎然的桃源洞。

2. 景区划分与特点

双龙风景区分为双龙洞、黄大仙、尖峰山、大盘天、仙鹤妍、优游园 6 个景区，并构建 24 景，即大八景(地段景观组合)，小八景(单独景点)，景外景(天相和季相变化)。“大八景”为洞天福地、鹿田休闲、祖庭朝真、盘峰揽胜、石园寻幽、赤松访仙、尖峰文苑、鹤岩仙景；“小八景”为双龙卧舟、冰壶泻玉、朝真观天、赤松真源、铁塔雄风、仙瀑天境、鹿田书院、叱石成羊；“景外景”为山湖烟雨、冰林雪海、芙蓉晴翠、丹光夕照、鹿田秋色、金城晴眺、茶岭春晓、栗林金秋。

(1)双龙洞景区：位于风景区西部，面积16.9km²，以山林景观为基础，以岩溶景观与地下悬河为突出特色。主要景点有双龙洞、冰壶洞、金华观、金华山关、双龙水电站等。双龙洞历史悠久，为道教第三十六洞天所在地。冰壶洞瀑布为全国已开发的最大洞内瀑布，特色鲜明。

(2)黄大仙景区：位于风景区中部，面积10.2km²，以黄大仙文化为特色，并有秀丽的自然风光，主要景点有黄大仙祖宫(赤松真源)、朝真洞、仙瀑洞、鹿田湖、鹿田书院、徐公庙、斗鸡岩等。

(3)尖峰山景区：位于风景区南部，面积9.3km²，以自然风光为特色，主要景点有芙蓉晴翠、长岭湖秀、山色田园等。

(4)大盘天景区：位于风景区北部，面积11.52km²，以自然风光、山地生态农业等为特色。主要有一揽天下、冰林雪海、湖映山影、盘峰揽胜等自然景点及铁塔雄风、撞石成仙、白马腾空等人文景点。

(5)仙鹤妍景区：位于风景区东部，面积13.1km²，以自然风光为特色。鹤岩山异峰突起，挺拔秀丽。主要有天仙庙、仙水池、滴水洞等景点。是以休慈游乐为主要功能、以城区居民为对象的市郊野外公园。

(6)优游园景区：位于风景区中部，面积18.8km²，有众多的关于黄大仙的传说和古迹，还有秀丽的自然风光。主要景点育赤松仙宫、叱石成羊、鹤鹿载仙、丹光夕照、丞相古墓等人文景点及优游上霄、竹海幽居、松涛碧海、龟岩、天打石、睡仙石等自然景点。

七、焚净山-太平河风景区创造性景点

图4-10　河流遗风

图4-11　浴场休闲

图 4-12　观景台形式 1

图 4-13　观景台形式 2

【复习思考题】

1. 如何确定风景旅游区的性质？风景旅游区的性质应包含哪些内容？
2. 风景旅游区规划的目标包括哪些内容？
3. 风景旅游区规划分区的原则是什么？如何理解这些原则？
4. 风景旅游区规划分区有哪些类型？它们之间有何联系？
5. 景区划分和功能分区的原则是什么？一个风景旅游区一般应包括哪些功能类型？
6. 景点设计的类型有哪些，景点命名应注意哪些问题？

第五章　风景旅游区服务设施规划

【本章提要】

风景旅游区服务设施是风景旅游区的必备条件，是风景旅游区规划的重要内容之一。服务设施规划的内容包括旅行类、游览类、饮食类、住宿类、购物类、娱乐类、保健类和其他类型，而且这些类型都与游客数量、风景旅游区的性质、风景旅游区的区位条件、风景区的主要功能等密切相关。本章对以上问题的阐述，旨在使学生对风景旅游区服务设施能进行科学决策、合理布局，在符合资源开发利用条件、满足游客需求的基础上，实现经济效益的最大化。

第一节　服务设施类型与分级

一、服务设施类型

服务设施是风景区旅行游览设施的总称。这些直接为游人服务的旅游设施项目，结合历史的分化组合，特别是近几十年的演变，可以按其功能和行业习惯，统一归纳为 8 个类型，即旅行、游览、饮食、住宿、购物、娱乐、保健和其他共 8 大类。

1. 旅行类

旅行在典籍中多被称为行旅，“山行乘辇，泥行乘橇、陆行乘车，水行乘舟”，现指旅行所必需的交通和通讯设施。旅行类设施项目，由于是为了满足游客方便旅游要求而建设的项目，它并非游客出游目的。因此，旅行类设施项目建设可以没有创新，在参考和总结其他风景区规划建设经验的基础上，根据本规划区实际情况，以对资源保护和合理利用、系统联接各旅游功能区为前提进行规划。关于这方面的内容将在第六章的基础设施规划中详细介绍。

2. 游览类

游览在典籍中称谓与现在相同，常见词语有游玩、观览、眺望、登高、探穴、耳听、口味、心飞、司怀等，现指游览所必须的导游、休憩、咨询、环保、安全等设施。在风景区规划中，游览设施建设中的环保、安全等设施，一般列入基础设施规划，或对于环境质量较差的风景规划区，其环保设施规划可单独列出，并对保护方法、措施、范围、应达到的目标给予详细说明，使规划符合区域实际，并具有可操作性。

3. 饮食类

饮食是服务设施的一个重要方面，在规划设计中应做到餐饮规模定位、类型定位、级别与服务对象定位。

4. 住宿类

住宿条件及床位数反映着风景区的性质和游程，影响着风景区的结构和基础工程配套管理设施，因而应是一种标志性的重要调解控制指标。住宿规划要做到定性质、定数量、定位置、定用地面积和范围，并依据有关数据推算床位数、住宿建设面积、住宿质量类型以及直接服务人员的数量。

5. 购物类

购物是具有风景区特点的商贸型服务项目。在风景区规划中，应根据规划区可利用资源储量(对于可再生资源为年可利用量)、开发前景、稀有性或独特性特点等，确定购物设施建设规模，其中包括购物点分布与规模、购物品加工点的位置与规模。

6. 娱乐类

娱乐是指风景区资源具有开发立体娱乐或游娱文体活动的设施项目。在一个风景区内，由于存在着多种多样的实体旅游资源，例如水文、山崖、森林、草原等，在规划时可利用这些资源开发水运娱乐、登山探险娱乐、野营露营及拓展训练娱乐、草原草地娱乐等不同于城市公园的大型和特大型娱乐活动项目。

7. 保健类

保健包括卫生、保健、医疗救护、休疗养、度假等设施项目。在对一个风景区规划时，除了必须规划与游客生活相关的卫生、保健、医疗救护服务项目外，还可利用风景区的特殊资源，如山水风光、康乐气候等有利条件建设休疗养和度假等旅游项目，在树立保护为主的前提下，尽可能地丰富风景区的活动内容。

8. 其他类

其他包括一些难以归类、不便归类和演化中的项目类型的合并。

二、服务设施级别

服务设施要发挥应有的效能，就应有相应的级配结构和合理的定位布局，并能与风景游赏和居民社会两个职能系统相互协调。服务设施按其设施内容、规模大小、等级标准的差异，通常可以组成或划分为以下六级旅游服务设施基地：

1. 服务部

服务部的规模较小，其标志性特点是没有住宿设施，其他设施也比较简单，可以根据需要而灵活配置。如在风景区规划的小卖部、小吃点等均属服务部。

2. 旅游点

旅游点的规模也较小，但一般应有住宿设施，其床位数通常控制在10个床位以内，以满足简单的食宿游购需求。

3. 旅游村

旅游村亦称为度假村，旅游村服务级别应具有比较齐全的宿购娱等设施。其床位数通常可按100个床位左右计划建设，可以达到规模经营需要，同时应具备比较齐全的基础工程与之相配套。旅游村可以独立设置，也可以集聚而成为旅游村群，又可以依托其他城市或城镇规划建设。

4. 旅游镇

在风景区规划中，旅游镇服务级别相当于建制镇的规模，该级别应具有比较健全的行、游、住、宿、购、娱、健等设施，其床位数通常可按1000个床位左右计划建设，并有相当完善的基础工程设施与之配套，也应含有相应的居民社会组织因素。旅游镇可独立设置，也可以依托在其他城镇或为其中的一个镇区。例如庐山的牯岭镇，九华山的九华镇，衡山的南岳镇，淳江的兴坪、杨堤、草坪镇等。

5. 旅游城

在风景区规划中，旅游城服务级别已相当于县城的规模，有着相当完善的行、游、住、宿、购、娱、健等各类设施，其床位规模通常可按10000个床位左右计划建设，并有健全的基础工程配套设施，所包含的居民社会组织因素常与旅游服务机构形成组合系统。所以旅游城已很少独立设置，常于县城并联或合为一体，也可能为大城市的卫星城或相对独立的一个区。例如，漓江与阳朔，井岗山与茨坪，嵩山与登封，海坛与平潭，苍山洱尔与大理古城等。

依据风景区的性质、布局和条件不同，各项游憩设施既可配置在各级旅游基地中，也可以配置在所依托的各级居民点中，其总量和级配关系至少应符合风景区规划的要求，符合表5-1的具体规定。

表5-1 游览设施与旅游基地分级配置表

设施类型	设施项目	服务部	旅游点	旅游村	旅游镇	旅游城	备注
旅行	1 非机动交通	▲	▲	▲	▲	▲	步道、马道、自行车道、存车、修理
	2 邮电通讯	△	△	▲	▲	▲	话亭、邮亭、邮电所、邮电局
	3 机动车船	×	△	△	▲	▲	车站、车场、码头、油站、道班
	4 火车站	×	×	×	△	△	对外交通、位于风景区外缘
	5 机场	×	×	×	×	△	对外交通，位于风景区外缘
游览	1 导游小品	▲	▲	▲	▲	▲	标示、标志、公告牌、解说图片
	2 休憩庇护	△	▲	▲	▲	▲	坐椅与桌、风雨亭、避难屋、集散点
	3 环境卫生	△	▲	▲	▲	▲	废弃物箱、公厕、盥洗处、垃圾站
	4 宣讲咨询	×	△	△	▲	▲	宣讲设施、模型、影视、游人中心
	5 公安设施	×	△	△	▲	▲	派出所、公安局、消防站、巡警
饮食	1 饮食店	▲	▲	▲	▲	▲	冷热饮料、乳品、面包、糕点、糖果
	2 饮食店	△	▲	▲	▲	▲	包括快餐、小吃、野餐烧烤点
	3 一般餐厅	×	△	△	▲	▲	饭馆、饭铺、食堂
	4 中级餐厅	×	×	△	△	▲	有停车车位
	5 高级餐厅	×	×	△	△	▲	有停车车位
住宿	1 简易旅宿点	×	▲	▲	▲	▲	包括野营点、公用卫生间
	2 一般旅馆	×	△	▲	▲	▲	六级旅馆、团体旅舍
	3 中级旅馆	×	×	▲	▲	▲	四、五级旅馆
	4 高级旅馆	×	×	△	△	▲	二、三级旅馆
	5 豪华旅馆	×	×	△	△	△	一级旅馆

（续）

设施类型	设施项目	服务部	旅游点	旅游村	旅游镇	旅游城	备注
购物	1 小卖部商亭	▲	▲	▲	▲	▲	
	2 商摊集市	×	△	△	▲	▲	集散有时、场地稳定
	3 商店	×	×	△	▲	▲	包括商业买卖街、步行街
	4 银行、金融	×	×	△	△	▲	储蓄所、银行
	5 大型商场	×	×	×	△	▲	
娱乐	1 文博展览	×	△	△	▲	▲	文化、图书、博物、科技、展览等馆
	2 艺术表演	×	△	△	▲	▲	影剧院、音乐厅、杂技场、表演场
	3 游戏娱乐	×	×	△	△	▲	游乐场、歌舞厅、俱乐部、活动中心
	4 体育运动	×	×	△	△	▲	室内外各类体育运动健身竞赛场地
	5 其他	×	×	×	△	△	其他游娱文体台站、团体训练基地
保健	1 门诊所	△	△	▲	▲	▲	无床位或卫生站
	2 医院	×	×	△	▲	▲	有床位
	3 救护站	×	×	△	△	▲	无床位
	4 休养度假	×	×	△	△	▲	有床位
	5 疗养	×	×	△	△	▲	有床位
其他	1 审美欣赏	▲	▲	▲	▲	▲	景观、寄情、鉴赏、小品类设施
	2 科技教育	△	△	▲	▲	▲	观测、试验、科教、纪念设施
	3 社会民俗	×	△	△	△	▲	民俗、节庆、乡土设施
	4 宗教礼仪	×	×	△	△	△	宗教设施、坛庙堂祠、社交礼制设施
	5 宜配新项目	×	×	△	△	△	演化中的德智体技能和功能设施

限定说明：×：禁止设置；△：可以设置；▲：应该设置。

6. 旅游市

在风景区规划中，旅游市服务级别已相当于省辖市的规模，有完善的游览设施和完善的基础工程设施，其床位规模通常10000个床位以上，并有健全的居民社会组织系统及其自我发展的经济实力。旅游市在大多数情况下与风景游览欣赏对象的关系比较复杂，既有相互依托，也有相互制约。例如桂林市与桂林山水，杭州市与杭州西湖，苏州、无锡市与太湖，承德市与承德避暑山庄外八庙，泰安市与泰山风景区等。

在八类游览设施中，宿床位反映着风景区的性质和游程，影响着风景区的结构和基础工程及配套管理设施，因而是一种标志性的重要调节控制指标。在对旅宿床位数进行规划时，要做到定性质、定数量、定位置、定用地面或范围，并据此推算直接服务人员的数量。

游览设施配备的基本依据是风景区的性质（特征、功能、级别）、游人规模及其结构。同时，用地、用水、环境等条件也是重要因素，有时还可能上升为基本因素或决定性因素。

游览设施配备的原则，要与需求相对应，既满足游人的多层次需要，也适应设施自身管理的要求，并考虑必要的弹性或利用系数，合理协调配备相应的类型、相应级别、相应规模的游览设施。

第二节　服务设施地选择与控制

一、服务设施地选择

1. 服务设施地选择原则

(1)服务设施地应有一定的用地规模，既要接近游览对象并有可靠的隔离，又要符合风景保护的规定。严禁将住宿、购物、饮食、娱乐、保健、机动交通等设施布置在有效景观和影响环境质量的地段；

(2)服务设施地应具备水、电、能源、环保、抗灾等基础工程条件，应靠近交通便捷的地段，并尽可能依托现有游览设施及城镇设施；

(3)服务设施地应避开易发生自然灾害和其他不利于建设的地段。

2. 服务设施地选择方法

(1)用地规模一般应与游览设施地的等级相适应，但在景观密集而用地紧缺的山地风景区，可缩小或降低设施标准，甚至取消某些设施基地的配置，而用相邻基地代偿补救；

(2)服务基地与游览对象的可靠隔离，常以山水地形为主要手段，也可以用人工隔离或两者兼而用之，并注意充分发挥各自的发展余地同有效隔离的关系；

(3)基础工程建设条件在陡峻的山地或海岛上难以达到常规需求时，不宜勉强配置服务基地，应因地因时制宜，应利用其他方法弥补代替；

(4)对宜建立服务基地的地段，但因通讯、广电、能源、电力等因素薄弱，宜在规划时按其需要配足配齐。

3. 服务设施分级约束原则

(1)服务设施本身应有合理的级配结构，便于自我有序发展；

(2)级配结构应能适应社会组织的多种需求，同依托城镇的级别相协调；

(3)各类服务设施的级配控制应与该设施的专业性质及其分级原则相协调。

在风景区规划中，对于所需要的设施数量和级配，均应提出合理的测算和定量安排。而对其定位定点安排要依据风景区的性质、结构布局和具体条件的差异，既可以将其分别配置在规划中的各级旅游基地中，也可以将其分别配置在所依托的各级城镇居民点中，但其总量和级配关系均应符合风景区规划的要求。

由于风景区用地差异十分悬殊，各规划阶段的细度要求差别很大，所以表 5-1 仅有分级配置规定，而具体量化控制指标或在本课程其他部分有规定，或按相关专业量化指标执行。

二、旅宿测算

1. 旅宿床位测算

旅宿床位数量在 8 类旅游设施中属重要的标志性调控指标，因此应严格限定规模和标准，应做到定性、定量、定位、定用地范围，并据此推算床位直接服务人员的数量。

旅宿合理床位数应按下式计算：

$$床位数=\frac{平均停留天数\times年住宿人数}{年族游天数\times床位利用率}$$

(1)平均停留天数：平均停留天数是对风景区留宿旅客住宿情况综合分析的加权平均值。该住宿情况估计应与风景区的性质、服务功能、区位条件等结合。例如以休闲度假为其主要功能的风景区，平均停留天数应比观光风景区大。平均停留天数的最少值为1，它是统计时间内(对于上式为一年)游客在风景区停留的天数平均值。

(2)年住宿人数：年住宿人数可由以下公式确定：

年住宿人数 = 年旅游人数 × 入住百分率

年旅游人数已在第三章有详细叙述。入住百分率应着重以客源市场需求、风景区的资源特点、风景区与客源市场的对接程度来分析。如华山风景区，由于区外交通(西临高速公路的修建)和内部交通(华山索道)的改善，风景区旅游人数连年增加，但住宿人数和入住百分率却不断下降，这一变化也直接影响到其他服务行业的经济效益。因此，从一定意义看，交通条件的快捷会促成旅游人数的增加，反而却造成入住率的下降。

(3)年旅游天数及床位利用率：年旅游天数是床位数确定的又一关键指标，与床位利用率构成了对应的反向关系，现以人们熟悉的泰山风景区的旅游市一泰安为例加以说明。泰山的旅游旺季为每年的7、8、9月份，在此期间泰安各大小宾馆、饭店、招待所入住率可达100%，近年来超负荷现象也频频出现。但在其他月份也有游人前往游览，但入住率极低。以上说明，旅游天数确定的时间长，则床位利用率就低，反之则反。应该注意到，在目前的情况下，不论是与风景区有关的区内还是区外宾馆、饭店、度假村，大部分实行承包制，单从这一行业来看，床位年平均利用率不应低于60%，否则会出现亏损现象。

2. 旅宿建筑面积测算

旅宿标准按现行分类方法，可将其划分为套间、单人间、双人间和三人间几种类型。

(1)三人间：面积12～15m^2，不含卫生间；

(2)二人间：亦称标准间，面积12～15m^2，含卫生间；

(3)单人间：面积12～15m^2，含卫生间；

(4)套间：小型套间相当于2个标准间面积，并分隔为办公间和休息间，且含卫生间；大型套间相当于2.5～3个标准间面积，同样分隔为办公间和休息间二部分，含卫生间；

(5)其他附属面积：其他旅宿面积包括接待室、值班室、走廊、公共卫生间(水房)、餐厅、楼梯等。其面积按照宾馆设计级别不同，附属面积约占旅宿建筑总面积的15%～25%。在其他附属面积中不包括室内活动项目所需面积。

根据住宿游客人数计算床位面积时，应考虑他们的消费水平，不同的旅宿标准应有根据的合理划分，以便较准确地测算出旅宿建筑面积。旅宿床位数及建筑面积应包括楼房、平房、可提供食宿的农家小院、木屋以及在旅游黄金时段可供游人住宿的临时旅宿帐蓬等。

3. 服务人员估算

本节服务人员是指为游客食宿提供直接服务的从业人员，如宾馆、饭店的客房服务和餐饮服务，但不含主要管理人员。直接服务人员估算应以旅宿床位或饮食服务游览设施为主，其中以床位计算的直接服务人员估算可按下式计算。

直接服务人员 = 床位数 × 直接服务人员与床位数比例

其中：直接服务人员与床位数的比例，可按照宾馆的级别取值在1∶2～1∶10。

三、其他服务设施面积测算

1. 旅行设施类

(1)邮电通讯：邮电所及邮电局、营业厅建筑面积30～80m^2；并设话亭、邮亭及IP电话等。

(2)交通：非机动交通、机动车船、火车站、机场等，场、站、码头等一般应由地方政府在总体发展规划中提出，在风景区规划设计中只是加以合理利用。

2. 游览设施类

(1)导游小品：在总体规划和详细规划中应说明其位置和内容，不计入旅宿建筑面积，但应计入基本建设投入。

(2)休憩庇护：在总体规划和详细规划中应该说明其位置，不计占地面积，但应计入基本建设投入。

(3)环境卫生：在总体规划和详细规划中应说明其位置，不计占地面积，但应计入基本建设投入。

(4)宣传咨询：景视厅可根据游人规模和特色规划，面积可控制在200～500m^2，其他在详细规划中应说明其位置，并应计入基建投资费。

(5)公安设施：面积一般控制在30～150m^2，并分隔成办公室和休息室两部分。

3. 购物设施类

(1)小卖部、商亭：根据游人规模、需求和商品特色可设若干个，每个面积控制在20～30m^2。

(2)银行、金融：以旅游城为依托，不再另行设置。

(3)大型综合商场：以旅游城为依托，不再另行设置。

4. 娱乐设施类

根据可开展娱乐设施的类型，游人规模，地方文化游憩资源等，有选择地进行开发，在娱乐设施投资建设前，一般应进行单项可行性研究，避免因开发过度而破坏资源，或开发过大而无经济效益，以及开发过小造成资源不能合理利用和二次开发造成资金浪费的现象。

5. 保健设施类

(1)医疗设施：门诊所、救护站面积25～50m^2，可单独设置，也可设置在游客住宿处，医疗可依托旅游镇或旅游城，除区域旅游规划设计外，在风景区规划设计中可不予考虑。

(2)休养疗养：休养疗养区一般应设置在环境幽雅、林茂水清、空气新鲜、气候宜人、远离噪音的地段，并应有商业、医疗、通讯等方便休闲疗养者的设施。休养疗养设施的建筑面积应视为旅宿面积的一部分，因此不再单独计算，但在总体规划中应明确定位。

6. 其他设施类

其他设施类项目建设可贯彻“因地制宜，着力弘扬，适度开发”的原则，分别计算出应建设的类型、面积与位置，并将估算造价计入基本建设投资费中。

第三节　服务设施布局

一、服务设施布局原则

1. 资源保护与利用结合原则

服务设施布局要服从资源保护、因地制宜、灵活布设，不宜以破坏景观、资源及环境为代价扩大用地规模。

2. 服务设施与基础设施综合考虑原则

服务设施建设地的选择应充分考虑水、电、通信等基础设施的可达性和经济性，不得增加基础设施建设的难度和加大工程造价。

3. 服务设施布局应符合建设目的的原则

服务设计布局必须符合建设目的要求，包括位置的平面和竖向、外周资源和环境的选择，均应达到建设目的要求，否则会形成低效益运营。

4. 主要服务设施的节点布局原则

主要服务设施地一般也为风景区的中心服务区，其位置选择宜布局于节点附近，以便形成区域中心。

5. 总量控制，集中与分散相结合原则

按照游人规模计算的服务设施面积为规划区的服务设施总面积，在服务设施位置选择时可集中布局，也可分散布局，但其总量应相等于计算指标。

二、服务设施布局方法

1. 多点选择，综合比较

在规划前的综合调查过程中，应注意对可作为服务设施地的地段标记，应记录和拍摄环境特征，为服务地选址奠定基础。服务设施地选择受多种因素影响，如交通可及性、供电距离、水源供给、山地滑坡与泥石流、服务设施建设目的等。

2. 重视环境的背景作用，提高服务设施吸引力

风景区以自然资源为吸引物，并构成对游客的吸引向性。因此，服务设施更应选择于环境优美、野趣浓郁之处，形成人工设施与自然环境组合的天然画卷。因此，服务设施地的选择应以自然资源和环境为背景，充分利用山、水、林、石之景观，创造出与自然亲合力极强的服务目的地。

3. 明确目的，宁缺毋滥，使环境与建设目标相符合

服务设施建设因使用或服务目的不同，要求的环境条件也不相同。如以通常的住宿为目的，服务地可选择在规划区临河、临区内干道的海拔较低开阔地带，以休闲度假为目的，可选择在海拔较高、幽静、野趣浓郁且具有度假气候环境的地段。而旅游纪念品销售地则宜布局于游客返程的节点处。

4. 合理设计服务设施级配结构，提高服务设施利用率

服务设施建设，特别是住宿与购物服务设施，应合理设计和布局级配关系。如购物点的商品种类与建设规模，住宿条件的豪华与简陋等，并非都是档次越高越好。除在级别上考虑

各种消费层次和消费需求外，还应考虑临时性建筑和永久性建筑的比例关系和布局形式，这对于旅游季节性较强的风景区特别重要。

三、服务设施建设风格

1. 突出自然野趣，形成和谐美

风景区是自然美的忠实体现者，也正是因为其自然天成景观才吸引了大量游客前往。我国许多风景名胜区的名刹古寺无不与自然和谐，结成了混为一体的优美画卷。自然野趣是指服务地在维持安全的基础上，以地形与环境为基础，使建筑成为环境美的一种补充和增色。突出自然野趣重点强调建筑风格，强调体量与周围自然环境的协调，强调人工设施应相融于自然环境，强化本来已有的浓郁的自然野趣。建筑风格与自然的和谐手法常应用于风景区大门、休闲度假地、水资源利用等方面。

2. 以地方民居为模本，形成古朴典雅美

地方民居是一个地方区别与另一个地方的第一印象标志，也是地方文化的独创，已为风景区建设提供了模本。如巴山的石瓦房、黄土高原的土窑洞、陕西关中的四合院、热带丛林的傣安竹楼、茫茫草原的蒙古包等，不仅具有地方和民族特色，而且也是长期生活在那里的人民适应环境的杰作。地方民居本身具有的古朴典雅的风格，在服务设施建设风格的确定方面，即可顺手捡来，又体现了该风景区有别于其他风景区的又一标志。在风景区规划中，服务设施的建设风格多用于景区的显要之处，起画龙点睛作用，也多用于风景区原居民集中居住地，便于强化风景区的原始韵味。

图 5-1　北京野山坡风景区民俗文化村图

图 5-2　风景区混合式建筑风格图

3. 引进现代建设风格，形成建筑与环境反差美

现代建筑风格已成为城市化水平的标志，但现代化建筑风格虽在风景区中不多采用，但也不是不可应用。现代建筑除采用了先进的建筑材料外，其空间利用率也相对较高。在风景区规划中，对于休闲价值高、有会议旅游环境（包括区内自然环境和区外经济区域环境）和发展前景的风景区，可在其夷平面较大或宽敞的河谷地带设计现代化建筑，并按星级标准规划。现代化建筑在形式上已与周围环境不和谐，既然如此，就可以在满足使用功能的基础上，形成与外围环境的反差美，以突出人工设施地位。

图 5-3　哈纳斯湖中心区建筑风格策划

图 5-4　风景区现代建筑风格策划

4. 服务设施小品化，形成多元系统美

服务设施主要包括住宿、购物、餐饮、引导标志等。风景区各种服务设施不宜强调同一风格，应根据周围环境进行多元化设计。如在风景区内开阔的草原地带内设计洁白的蒙古包，或在草原地带的周边设计木屋；在密林中利用树杆做架设计空中楼阁；在河流一边利用开阔地形使桥廊结合，使其成为游人休息点和购物点；导游标志可利用山石、可利用木标等。总之，服务设施的多样化系统是强调小型建筑物与环境的和谐，强调除发挥它的服务功能外的景观的多样性。

图 5-5　风景区中森林别墅策划

图 5-6　风景区中森林浴场策划

图 5-7　风景区中休息廊亭策划

图 5-8　风景区中林间小品策划

第四节 标识系统规划

一、标识系统规划意义

旅游者进入风景区，往往对各风景区内的具体内容、旅游景点的分布与具体方位、风景区内的安全与禁游区不清楚，甚至不知道方向。为方便旅客了解风景区和方便旅客游览，合理安排游览路线，风景区的标识系统的作用就显得尤为重要。除此之外，设立于人口集散地区、主要交通要道旁的巨幅广告牌也是极好的宣传导向标识，对广泛宣传风景区，迅速提高风景区客流量有不可忽视的作用。

二、标识系统规划内容

1. 广告昭示牌

广告昭示牌是对外宣传的重要设施，其昭示内容可为形象宣传词或欢迎口号。在风景区建设期，由于尚未具备应有规模，广告昭示牌一般宜设立于国道、高速公路或铁路一侧引人注目的地方。当风景区经济发展到一定程度时，可在大、中城市和主要海外旅客入境地设置大型广告昭示牌，甚至在国外主要目标市场设置广告昭示牌。广告昭示牌的图案、字体、颜色要与风景区形象设计要求一致，以便从多方面体现风景区特色。

2. 全景介绍牌

全景介绍牌为风景区重要景点和游览线路公示牌。全景介绍牌一般应设立于风景区入口牌坊的内外，其内容通常有游览线路、主要景点、危险区和游客禁止区（一级保护区）等。全景介绍牌的设计风格、颜色、大小、用材上应与牌坊、祭坛、神道相配套。一般介绍牌正面内容为总体平面布局图、相关文字说明以及形象口号，背面书写游客须知，要求设计美观醒目，文字准确规范，符合 GB10001 的规定。

3. 各景区介绍牌

景区介绍牌是风景区内为介绍各景区而设立的公示牌。在风景区规划中，一般均应在各个景区的入口处一侧设置一块该景区介绍牌。景区介绍牌制作风格、用材与全景介绍牌一致，尺寸大小要稍小于全景介绍牌。内容包括景区导游图、服务设施分布以及游览内容的文字说明等。文字要求美观醒目，准确规范，符合 GB10001 的规定。

4. 路线标示牌

路线标示牌是在景区各道路沿线，尤其是道路分岔处用石料、竹料或木料等制成的路线指示牌，告知游客前方景点方向、名称、距离、停车场等要素。路线标示牌标示要清晰，方向要明确，所设立位置要显眼，并尽可能体现风景区自然风格特点。

5. 忠告牌

为了保证游客安全，杜绝一些不良行为，引导旅客行为，在景区道路沿线，尤其是在危险地段和易污染地段，用石料、竹料或木料等做成忠告牌，用以提醒和忠告游客。如“小心路滑”、“注意防火”、“请保护文物”、“请文明游览”等。

6. 服务指示牌

服务指示牌是为了对游客方便服务的公示牌。服务指示牌包括购物点、娱乐点、休憩、餐厅、邮局、银行、公厕、急救中心和卫生站等服务功能所在地的导向指示牌。服务指示牌要求标示清晰、图示形象、方向明确，所放位置显眼，其标示符号应符合《风景园林图例图示标准》(CJJ－67－95)的规定。

第五节 旅游线路组织

一、游赏项目组织

1. 游赏项目内容

游赏内容一般包括6大游赏类别和若干个游赏项目，或择优、演绎：

(1)野外游憩：包括5个游赏项目，即沙困散步、郊游野游、垂钓、登山攀岩、骑驭。

(2)审美欣赏：包括10个游赏项目，即揽胜、摄影、写生、寻幽、访古、寄情、鉴赏、品评、写作、创作。

(3)科技教育：包括10个游赏项目，即考察、探胜探险、观测研究、科普、教育、采集、寻根回归、文博展览、纪念、宣传。

(4)娱乐体育：包括8个游赏项目，即游戏娱乐、健身、演艺、体育、水上水下运动、冰索活动、沙草场活动、其他体智技能活动。

(5)休养保健：包括10个游赏项目，即避暑避寒、野营露营、休养、疗养、温泉浴、海水浴、泥沙浴、日光浴、空气浴、森林浴。

(6)其他：包括5个游赏项目，即民俗节庆、社会聚会、宗教礼仪、商贸购物、劳作体验。

风景游览欣赏对象是风景区存在的基础，它的属性、数量、质量、时间、空间等因素决定着游览欣赏系统规划成为各类各级风景区规划中的主体内容。游赏项目组织通常包括景观特征分析、游赏项目组织、风景结构单元组织、游线与游程安排、游人容量调控和游赏系统结构分析等内容。

景观特征分析和景象展示构思，是运用审判能力对景观实施具体的鉴赏和理性分析，并探讨与之相适应的人为展示措施和具体处理手法。包括对景物素材的属性分析，对景物组合的审判或艺术形式分析，对景观特征的意趣分析，对景象构思的多方案分析，对展示方法和观赏点或欣赏点的分析。在这些过程中，常常形成大量景观分析图，或综合形成一种景观地域分区图，以此揭示某个风景区所具有的景感规律和赏景关系，并蕴含着规划构思的若干相关内容。

在风景区中，常常先有良好的风景环境或景源素材，甚至本来就是山水胜地，然后才由此引发多样的游览欣赏活动项目和相应的功能技术和设施配备。因此，游赏项目组织是因景而产生，随景而变化。景源越丰富，游赏项目越可能变化多样。景源特点、用地条件、社会生活需求、功能技术条件和地域文化观念都是影响游赏项目组织的因素。规划要根据这些因素，遵循保持景观特色并符合相关法规的原则，选择与其协调适宜的游赏活动项目，使活动性质与意境特征相协调，使相关技术设施与景物景观相协调。例如，体智运动、宗教礼仪活动、野游休闲和考察探险活动所需的用地条件、环境气氛，及其与景源的关系等差异较大，既应保证游赏活动能正常进行，又要保持景物景观不受破坏。

2. 游赏项目组织原则

游赏项目组织应包括项目筛选、游赏方式、时间和空间安排、场地和游人活动等内容，并遵循以下原则：

(1)在与景观特色协调，与规划目标一致的基础上，组织新、奇、特、优的游赏项目；

(2)权衡风景资源与环境的承受力，保护风景资源永续利用；

(3)符合当地用地条件经济状况及设施水平；

(4)新生当地文化习俗、生活方式和道德规范。

对风景游览欣赏对象的组织，我国古今流行的方法是选择与提炼若干个景，作为某个风景区或某地的典型与代表，并命名为“某某八景”、“某某十景”或“某某廿四景”等，面对风景区发展的繁荣和复杂态势，当代风景区规划已针对游赏对象的内容与规模、性能与作用、构景与游赏需求，以及景观特征分区等因素，将各类风景素材归纳分类，分别组织在不同层次和不同类型的结构单元之中，使其在一定的结构单元中发挥应有作用，使各景物间和结构单元之间有良好的相互资借与相互联络条件，使整个规划对象处在一定的结构规律或模式关系之中，使其整体作用大于各局部作用之和。

在诸多风景结构单元中，景物、景点、景区多以自然景观为主。而园苑、院落则需要较多的人工处理，甚至以人造为主，具有特定的使用功能和空间环境，游人在其中以内向活动为主。

二、风景单元及景点组织

1. 风景单元组织

风景单元组织应将游览对象组织成景物、景点、景群、景区等不同类型的结构单元，并遵循以下原则：

(1)依据景源内容与规模、景观特征与分区、构景与游赏需求等因素进行组织；

(2)使游赏对象在一定结构单元和结构整体中发挥良好作用；

(3)应为各景物间和各结构单元间相互创造有利条件。

2. 景点组织

景点组织应包括景点的构成内容、特征、范围、容量、景点的主次、配景和游赏序列组织，景点的设施配备，景点规划一览表等四部分。

3. 景区组织

景区组织应包括景区的构成内容、特征、范围、容量；景区的结构、主景、景观多样化组织；景区的游赏活动和游线组织；景区的设施和交通组织等四部分。

在游线组织中，不同的景象特征要有与之相适应的游览欣赏方式。而游赏方式可以是静赏、动观、登山、涉水、探洞，可以是步行、乘车、坐船、骑马等。不同的游赏方式将出现不同的时间速度进程，也需要不同的体力消耗。游兴是游人景感的兴奋程度，人的某种景感能力同人的其他机能一样是会疲劳的，景感类型的变换就要以避免某种景感力因单一负担过度而疲劳。在游线上，游人对景象的感受和体验主要表现在人的直观能力、感觉能力、想象能力等景感类型的变换过程中。因而，风景区游线组织，实质上是景象空间展示、时间速度进程、景感类型转换的艺术综合。游线安排既能创造高于景象实体的诗画境界，也可能操作景象实体所应有的风景效果，所以必须精心组织。

三、游线组织

游线组织应依据景观特征、游赏方式、游人结构、游人体力和游兴规律等因素，精心组织主要游线和多种专项游线，并应包括以下内容。

(1)游线的级别、类型、长度、容量和序列结构；

(2)不同游线的特点差异和多种游线间的关系；

(3)游线与游路及交通的关系；

(4)游线的游赏时间与游人需要的安排。

游线组织要求形成良好的游赏过程，因而就有了顺序发展、时间消失、连贯性等问题，就有起景→高潮→结景的基本段落结构，规划中常要调动各种手段来突出景象高潮和主题区段的感染力，诸如空间上的层层进深、穿插贯通，景象上的主次景设置、借景配景，时间速度上的景点疏密、展现节奏，景感上的明暗色彩、比拟联想，手法上的掩藏显露、呼应衬托等(图5-9)。

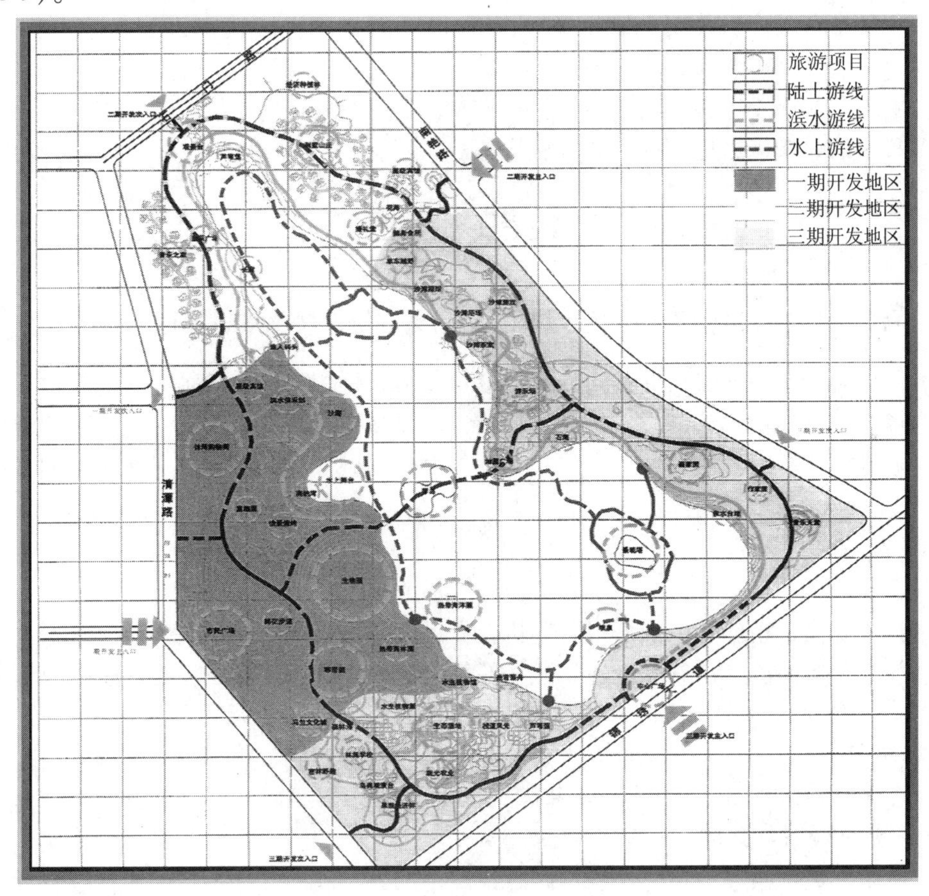

图5-9 广西八角寨风景区游线策划图

四、游程安排

游程安排应依据游赏内容、路线类型、游赏时间确定。游程的确定宜符合下列规定：

(1)一日游：当日往返，不需住宿；

(2)二日游：住宿一夜，并明确住宿地点；

(3)多日游：住宿两以上，并明确住宿地点。住宿地点可在同一地，也可异地安排。

游览日程安排，是由游览时间、游览距离、游览欣赏内容所限定的。在游程中，一日游因当日往返不需住宿，因而所需配套设计自然十分简单；二日以上的游程就需要住宿，由此需要相应的功能技术设施和配套的供给工程及经营管理力量。在游程安排中不应轻视这个基本界限。

五、游赏线路组织应注意的问题

(1)游赏线路应串联主要景点、景区，游程和时间设计可兼顾老年人和儿童，但仍应按一般游客的行程计算；

(2)旅游路线组织应结合现有游道，拟建游道进行，不可随意设计，形成不可能实现的游赏线路；

(3)在旅游沿线应有服务设施，对无服务设施的线路，应建议设服务点为游客提供方便；

(4)旅游线路组织应提出起点和终点的具体地点，经由的主要景点、功能区等。对一个可实现多日游的风景区，还应提供游客旅宿地。

第六节　案例

一、蜡烛山旅游分区服务设施建设规划(岚皋县旅游发展总体规划)

蜡烛山旅游分区地处岚皋县城南，北距安康市65km，该分区西临岚—安公路，东以岚皋老城为界。分区内山水环绕，翠竹墨松连片，河道宽阔，特色水上活动——岚河漂流就位于该旅游分区。优美的环境，宜人的气候，优越的地理条件，十分有利于休闲度假及旅游活动的开展。

1. 旅宿床位测算

(1)测算指标

①年游人规模：根据总体规划报告分析，在近10年内，最大年游客量为76万人。

②入住率：按照测算，岚皋县风景区入住率为5%，分配于本分区的入住率为整个风景区的60%。即蜡烛山旅游分区的入住率为3%。

③平均停留天数：岚皋县风景区主要客源地为西安、安康、咸阳、渭南等地市。根据岚皋县旅游资源特点和分布，其进入岚皋风景区的住宿游客平均停留天数为2.7天(2天为40%，3天为50%，4天为10%)。

④年旅游天数：蜡烛山虽全年均可旅游，但在部分时段因气候关系，旅宿服务对游客吸引力不大。因此，确定该区年旅游天数为全年的1/2(含旺季和淡季)，即180天。

⑤床位利用率：床位利用率取旅店行业经济平衡利用率55%，但因季节变化的影响，并以实际考虑，将其床位利用率调整为65%。

$$床位数=\frac{平均停留天数\times年住宿人数}{年旅游天数\times床位利用率}=\frac{2.3\times760000\times50\%\times60\%}{180\times65\%}=467.69$$

经用上式计算，蜡烛山旅宿应按470个床位数规划建设。

2. 旅宿面积测算

(1)测算指标

①四类客房分别按1∶5∶50∶20设计，其中套间6间，单人间30间，双人间310间，三人间124间。

②各类客房设计面积分别为套间30m^2，单人间大、小平均18m^2，标准间12m^2，三人间12m^2。

③客房公共用地，含服务台、楼道、公用洗手间、水房、楼梯、接待大厅等，取住房面积的20%。

(2)测算结果

经测算，蜡烛山旅游分区旅宿服务设施面积应按3700m^{2}规划建设。

二、旅游线路组织(少华山森林公园总体规划设计)

1. 旅游线路设计原则

(1)以规划设计的公路和步道为路线安排基础，以景点的数量和游赏性为依据，设计旅游路线；

(2)以游步道的长度和游览难度为计时依据，规划设计游程；

(3)以主干公路、风景区公路以及服务设施分布设计游览路线的起点和终点；

(4)以景区特色，景区的景点丰富度、景区与景区间的关系设计可游日数。

2. 旅游线路设计(以潜龙寺景区的一日游为例)

(1)一日游

①潜龙寺景区一日游

旅游线路：迷糊峪口——大佛寺——潜龙寺——览胜亭——(返回)

迷糊峪——大佛寺——潜龙寺——览胜亭——经七级平台——杜牧亭——管理中心。

此景区是历代有名的佛教圣地，内有天然而成的仰天大佛和古寺遗址潜龙寺，有东望华山、西眺少华的览胜亭和代表佛教七级浮徒的七级平台，在一级平台处可由杜牧亭览少华山胜景。此外，此景区内还有鸡冠峰、打子窝、香化疗养园(待建)、野果园、潜龙迷津等一些可供游人赏玩的景点。这两条路线全程A线为10km，B线为9km，大约需花6~7小时的游览时间，游程可为1天。

A线可返回，B线可夜宿管理中心、桃花源度假村或翠松山庄。

【复习思考题】

1. 在风景旅游区规划中，服务设施可分为哪几种类型，可划分为哪几个级别？

2. 如何确定风景旅游区中的住宿面积？

3. 服务设施建设在风格上有哪些形式？这些形式各适合什么环境条件？

4. 旅游线路组织包括哪些内容？

5. 在风景旅游区规划中，应考虑规划哪些旅游标识？

第六章　风景旅游区基础设施规划

【本章提要】

风景旅游区基础设施是风景旅游区实现旅游的基础保证，是风景旅游区规划的重要内容之一。基础设施规划的内容包括交通规划、供电规划、给排水规划、通信规划等4项基本内容，这4项基本内容与风景旅游区的旅游资源分布、风景旅游区的地形、已有的基础设施和科学技术发展等密切相关，这些因素构成了基础设施规划的条件。本章围绕基础设施规划4项基本内容阐述，旨在使学生能综合分析，合理布局基础设施，降低对资源的人为破坏，并满足旅游产业发展要求。

第一节　风景旅游区交通规划

风景旅游区交通规划可分为公路规划（行车道规划）和游步道规划，其中也包括与交通服务有关的停车场规划等。

一、风景区公路规划规定

（一）公路技术分级标准

由于在公路上各个路段内，每一昼夜通过汽车的数量和行驶速度不一定相同，因而对公路提出了不同的要求。1981年我国交通部颁布《公路工程技术标准》，根据交通量及其使用任务、性质把公路分为五个等级。

1. 高速公路

一般能适应交通量为25000车/昼夜以上，并连接特别重要的政治、经济中心，通往重点工矿区，可供汽车分道行驶，部分控制出入、部分立体交叉的公路。

2. 一级公路

一般能适应交通量为5000～25000辆/昼夜，为连接重要的政治、经济中心，通往重点工矿区，可供汽车分道行驶，部分控制出入、部分立体交叉的公路。

3. 二级公路

一般能适应交通量为2000～5000辆/昼夜，为连接政治、经济中心或大工矿区等地的干线公路或运输任务繁忙的城郊公路。

4. 三级公路

一般能适应交通量为2000辆/昼夜以下，为沟通县及县以上城市的一般干线公路。

5. 四级公路

一般能适应交通量为200辆/昼夜以下，为沟通县、乡、村等支线公路。

(二)各级公路技术标准

1. 公路宽度

为了保证行车的安全、速度及经济效益，技术标准对公路宽度有一定的要求。我国《公路工程技术标准》对各级公路行车道宽度的规定见表6-1。

表6-1　各级公路行车道宽度标准　　单位：m

公路等级	高速公路		一		二		三		四	
地　形	平原微丘	山岭重丘	平原微丘	山岭重丘	平原微丘	山岭重丘	平原微丘	山岭重丘	平原微丘	山岭重丘
行车道宽度	2×7.5	2×7	2×7.5	2×7	9	7	7	6	3.5	3.5
路肩宽度	≥2.5	≥1.75	≥2.25	≥1.0	1.5	0.75	0.75	0.75	0.5或1.50	

2. 公路曲线半径

公路上的平曲线是在两段直线中间插入一段圆弧，平曲线半径越大，就越适合车辆行驶。平曲线可以降低运输费用，提高车辆行驶的安全和舒适程度，但在山区往往会增加修建难度。因此，《公路工程技术标准》规定了各级公路平曲线的最小半径(表6-2)。

表6-2　各级公路最小平曲线半径标准　　单位：m

公路等级	高速公路		一		二		三		四	
地　形	平原微丘	山岭重丘	平原微丘	山岭重丘	平原微丘	山岭重丘	平原微丘	山岭重丘	平原微丘	山岭重丘
极限最小半径(米)	650	250	400	125	250	60	125	30	60	15
一般最小半径(米)	1000	400	700	200	400	100	200	65	100	30
不设超高最小半径(米)	5500	2500	4000	1500	2500	600	1500	350	600	150

在一般情况下，应尽量采用大于表6-2中的最小半径，以便提高公路的行驶质量。当受地形或其他条件限制时，可使用表6-2中的极限最小半径。汽车在平坦的公路上或坡段较长的下坡公路上行驶时，车速往往较快。为了保证行车的安全，位于平地或下坡的长直线的尽头，不得采用平曲线的小半径。

在规划设计中，平曲线可根据地形条件采用单曲线、复曲线、反向曲线和回头曲线。

3. 公路纵坡要求

(1)纵坡坡度：纵坡就是公路的上下坡。纵坡越大，行车越困难，同时耗油多，且不安全。所以在《公路工程技术标准》中，对各级公路的最大纵坡给予限制(表6-3)。

表6-3　各级公路最大纵坡标准

公路等级	高速公路		一		二		三		四	
地形	平原微丘	山岭重丘	平原微丘	山岭重丘	平原微丘	山岭重丘	平原微丘	山岭重丘	平原微丘	山岭重丘
最大纵坡(%)	3	5	4	6	5	7	6	8	6	9

海拔3000m以上的高原地区，各级公路的最大纵坡值应进行折减。有关规定见《公路工程技术标准》。

公路纵坡常用百分数来表示。例如，一段公路连续有两个上坡，第一段上坡的水平距离是80m，两点高差2m，第二段上坡的水平距离是60m，两点高差3m，它的坡度分别为：

$$第一段上坡的坡度=\frac{2}{80}\times100\%=2.5\% \quad 第二段上坡的坡度=\frac{3}{60}\times100\%=5\%$$

(2)纵坡长度：长距离的陡坡对汽车行驶很不利，因为汽车爬坡要低档行驶，汽车长时间的低档爬行，会使发动机过分发热，容易发生故障。而且汽车下坡行驶时，因汽车车速快或制动不灵，容易发生交通事故，所以对纵坡长度应加以限制。在《公路工程技术标准》中规定，山岭、重丘区的公路，当连续纵坡大于5%时，应在不大于表6-4所规定的长度处设缓和坡段，缓和坡段的纵坡应小于3%。

表6-4 纵坡长度限制标准

纵坡坡度(%)	坡长限制(m)
>5~6	800
>6~7	500
>7~8	300
>8~9	200

(3)平均纵坡

平均纵坡就是道路纵坡的平均值，道路的平均纵坡可用下式计算：

$$i_{平均}=\frac{i_1+i_2+i_3+\cdots+i_n}{n}$$

式中：$i_{平均}$——道路的平均纵坡；

i_1，i_2，i_3……i_n——各段道路纵坡；

n——纵坡段之和。

为了保证车辆的安全和顺利行驶，二、三、四级公路越岭路线的平均纵坡，一般接近5.5%(相对高差为200~500m)和5%(相对高差大于500m)为宜。并且任何相连三级公里路段的平均纵坡不宜大于5.5%。

(三)公路路面

1. 路面分类

根据各种路面的使用性质、使用年限等，将公路路面分为4个等级18个类型(表6-5)。

表6-5 路面面层类型

路面等级	面层名称	路面等级	面层名称
高级路面	1. 沥青混凝土 2. 水泥混凝土 3. 搅拌沥青碎石 4. 整齐石块或条石	中级路面	1. 碎石、砾石(泥结级配) 2. 不整齐石块 3. 其他材料
次高级路面	1. 沥青贯入式碎、砾石 2. 搅拌沥青碎、砾石 3. 沥青表面处置 4. 半整齐石块	低级路面	1. 粒料加固土 2. 其他当地材料加固或改善土

二、风景旅游区公路规划原则

(1)风景旅游区公路可分为旅游专线和区内游览公路两部分，在规划时应分别进行；

(2)在区内、区外公路规划时，应分别说明公路的级别、宽度和路面类型等。应根据地形、气候和周围环境条件，以及游客出行方便程度，选择经济、便捷的道路系统和等级；

(3)风景旅游区内公路在规划时，尽可能避免对资源的严重破坏，处理好交通建设与资源保护的关系，保护生态系统的完整性，不得破坏有价值的自然风景和有历史文化意义的人文景观。

(4)风景旅游区区内公路在规划时，应与各景区的旅游设施分布结合，处理好交通建设与游赏观光之间的关系。

(5)风景区旅游区内公路应经济适用，尽可能降低建设成本，提高其经济效益。

(6)风景区旅游区内公路可与其他生产需要结合，使一路多用。区内、外公路至少应满足消防车、救护车、商业货车和垃圾清理车的通行。

三、公路选线

公路选线是风景区规划建设的一项很重要的工作，它涉及到投资大小、对资源的破坏程度、满足旅游需要的水平等。公路选线是风景旅游区公路勘察设计的重要环节之一。选线工作包括踏查、线路方案选择与比选、线路布局，直到最后定出线位。野外踏查时应注意：

1. 初选路线的确定

以大比例尺地形图为依据，初步确定路线起点、终点和中间控制点的具体位置。对规划区现有公路，如确因技术上有困难，经济上不合理或其他原因必须变动时，应经过分析论证，提出变动理由报审。

2. 方案推荐

对路线走向和大桥桥位提出推荐方案，如确因限于条件不能肯定取舍的比较方案，应提出在勘测时进一步比较的范围和方法。

3. 沿溪线踏查

踏查沿溪线时，要同时踏查河流两岸的地形、地质、水文及布线的可能性等，通过比较论证，选择走一岸或往返跨河方案。沿河及跨河路线，应初步调查洪水水位，线位布设要有利于机械运输和作业人员往返方便等。

4. 越岭线踏查

踏查越岭线时，应将纸上选定的方案与实地查对，进一步选定展线起点，使用气压计计算至垭口的高差。并根据山坡地形、地质条件、海拔高度，选用适当的平均纵坡度，估算展线长度。若必须设置回头线时，要注意选择适当地形(如山脊平台、有鞍部的山包、平缓山坡及山沟、山坳等)。在必要时为了争取较高技术标准，缩短路线里程，提高使用质量，还可采用重点工程的方案，但须做经济技术的比较。不管采用何种方案的展线意图，都应在地图上示出，并加以论证。

5. 地质不良地区踏查

路线通过滑坡、崩塌、岩堆、冲沟、泥石流、冰丘、冰椎、塔头等地质不良地段，应根据地质、地貌的实地观察和访问群众，判断危害的严重程度，提出绕避或采取适当措施通过的方法，以及有必要进一步勘探分析的意见。对高填深挖、高挡土墙、悬出路台、半山洞、隧道等重点工程地段，要做重点的地质调查并实地摄影，同时描述其特征，以供进一步研究。

6. 桥涵确定

在桥涵规划设计方面，凡有较大价值的大、中桥位均应调查，通过分析论证，提出推荐方案。初步拟定桥长、桥高和桥型(孔数、跨径和形式)，提出勘探工作量及要求。小桥可在现场目估，拟定其径孔、桥型和桥长。涵洞可根据当地气候和地形，分段估计其道数和平均长度，并根据就地取材和施工条件拟定结构类型。

7. 工程量估算

分段估计各种工程量，路面人工构造物，按所选用类型分别估计列入。

8. 资料收集

原有道路应调查历史和现有的交通量及汽车肇事路段的资料，搜集修建历史、原设计技术指标、各项构造物、施工以及目前运输养护情况，并提出重点改善意见。

9. 经济作用分析

经济方面应调查以下内容：路线联系地区的工、矿、农、牧、副业以及其他大宗物资的年产量、年输出量、年输入量、货运流向及运输季节和运输工具。路线联系地区交通网系规划，预计对风景区线路运量的影响，沿线人口、劳动力、运输力、工资标准、主副食品物资供应等，以供估算交通量和拟定施工安排的原则意见时参考。

四、公路线路布局

1. 沿溪线布局：沿溪(河)线是沿着溪(河)岸布置的路线。风景旅游区和森林公园多处山地，而山地各公路一般是在路线基本走向的指导下，找一适当的河流，沿着河岸深入风景区腹部(图6-1)。

(1)河岸选择

由于河流两岸旅游资源分布不均，自然条件亦各有利弊，选线时应比较两岸吸引资源的范围、地形、地质、水文等条件，避难就易，充分利用有利的一岸。因此，在路线布局时，应考虑以下因素：

①旅游资源分布：风景区公路是旅游业服务的专用线路，因此应以旅游资源为基础，以方便旅游为目的选线。此外，应注意选择在与支、岔线路衔接的一岸；

②地形、地质条件：路线一般应选在地形开阔平坦，台地多，水文地质条件良好的一岸。这些有利的条件常交错出现在河流的两岸，选线时应深入调查，综合比较，全面权衡，决定取舍；

③积雪与冰冻地区的选线：积雪和冰冻地区的阳坡与阴坡，迎风面和背风面的气候差异很大，阴坡的积雪和冰冻的病害都比较严重，延续期也较长；

④考虑和乡镇居民点的联系。

(2)路线高程：沿溪线的线位高低，是根据两岸地形、地质条件及水文情况并结合选线技术标准、工程经济状况确定的。比较理想的线位是地质良好、不受洪水影响的平整台地，但在高山林区多为“V”型河谷，其临河地形往往缺少这种有利条件。因此，线位高低必须多比较，慎重考虑。

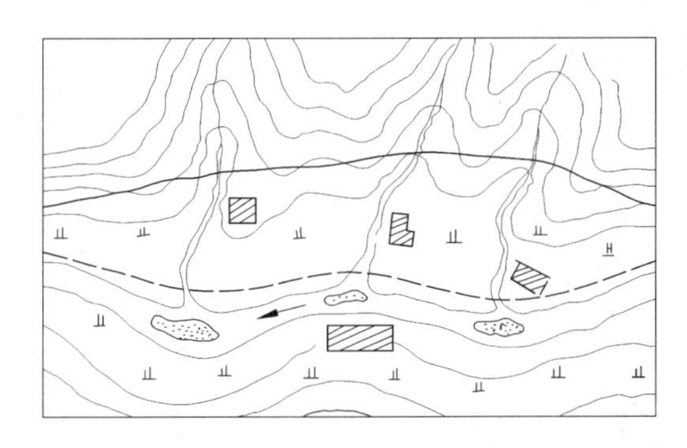

图 6-1　开阔、半开阔河谷布线的两种方案

2. 越岭线布局

越岭线布局应选择在垭口。垭口是体现越岭方案的重要控制点，应在符合路线基本走向的较大范围内选择，要根据垭口的位置、标高、地形条件、地质情况和展线条件等进行比较，决定取舍(图 6-2，图 6-3a)。

(1)垭口位置：垭口位置应在符合路线基本走向的前提下，与两侧山坡展线方案结合一起考虑。首先考虑高差较小，而且在展线降坡后能与山下控制点直结衔接，无需无效延长选择的垭口。其次再考虑稍微偏离路线方向，但衔接较顺且不致过于增长里程的其他垭口。

(2)垭口标高：垭口的海拔高低及其与山下控制点的高差，对路线长短、工程量大小和运营条件有直接影响，一般应选择标高较低的垭口。但对于符合路线基本走向，展线条件与地质条件较好，接线方向较顺的垭口，即使稍高也不应轻易放弃。

(3)垭口两侧山坡展线条件：山坡线是越岭线的主要组成部分。而山坡坡面的曲折程度、横坡陡缓、地质好坏等情况，直接影响线形指标和工程数量。因此，选择垭口必须结合山坡展线条件一起考虑。如有地形平缓、地质较好、利于展线降坡的山坡，即使垭口位置略偏或较高，也不要轻易放弃。

(4)垭口地质条件：垭口一般地质构造薄弱，常有不良地质存在，应深入调查研究，摸清其性质和对公路的影响。对软弱层型、构造型和松软土侵蚀型的垭口，只要注意到岩层性状及水的影响，路线通过一般问题不大。对断层破碎带型及断层陷落型垭口，一般应尽量避免。对地质条件恶劣的垭口，局部移动路线或采取工程措施亦不能解决问题时应予放弃。

(5)隧道穿越：当垭口挖深在 20～25m 以上时，采用隧道比较经济。以隧道方式穿越山脊，路线短、坡度缓、线形标准高，并可克服严重不良地质以及减轻或消除高山严重积雪、结冰对公路的不良影响，但应结合施工条件及施工期限考虑采用隧道通过的方案。

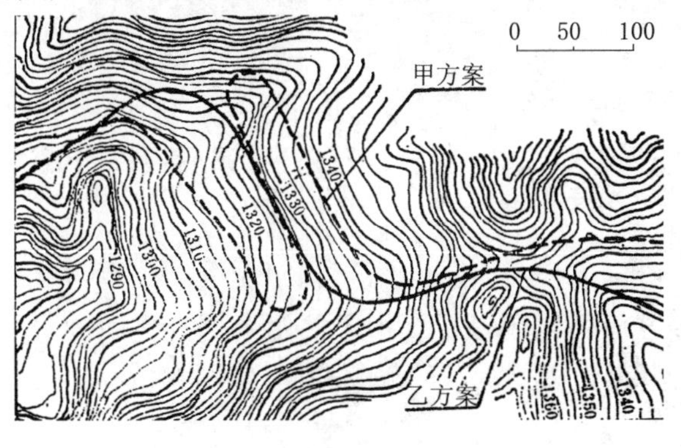

图 6-2　越岭线布线的两种方案

3. 各种典型地形的展线

(1)利用支脉山脊展线：当主沟山谷狭窄，岸壁陡峻不能展线时，可利用支脉山脊展线。采用这种方式布线，要求选择宽肥的山脊或山嘴，否则路线重叠次数很多(图 6-3b)。

(2)利用山坡展线：利用一面山坡的有利地形，往返盘绕，则往往叠线过多，一般应尽量避免。但因地形限制，无其他回头地点时，可选择横坡平缓、地质条件较好、布线范围较大的山坡。布线时注意尽可能突破难点，扩大布线范围和避免上、下两个回头曲线碰头(图 6-3c，图 6-4)。

(3)利用山谷展线：当路线受地形限制只能沿纵坡较陡的主沟布设时，可利用两侧山坡上的山嘴、山包、台地以及横坡较缓的地形，设置回头曲线反复跨越主沟展线。路线往返跨沟虽增加小桥涵工程，但能充分利用有利地形，并减少同一坡面上的路线重叠，是常见的一种展线方式(图 6-3d，图 6-5)。

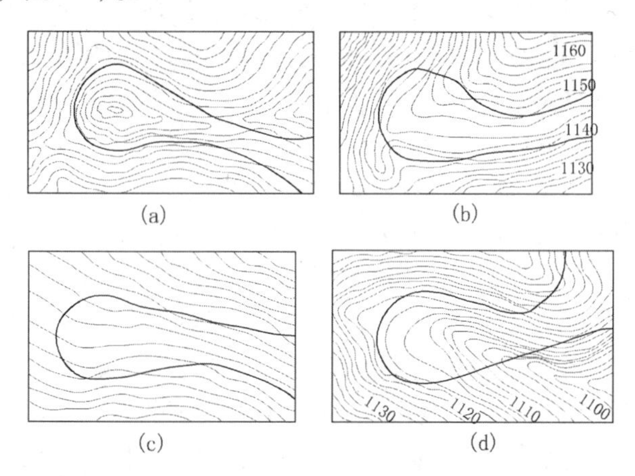

图 6-3　各种典型地形的展线

a 利用山峰展线；　b 利用支脉山脊展线；　c 利用山坡展线；　d 利用山谷展线

图 6-4　利用山坡展线图(太白山)

图 6-5　利用山谷展线图(太白山)

五、路线方案比选

路线方案要通过多方面的比较确定。指定的两个据点之间的自然情况越复杂、距离越长，可能的比较方案就越多，需要淘汰的方案就越多(图 6-6)。

1. 方案选择方法

（1）收集与路线方案有关的部分规划、统计资料及各种比例尺的地形图、地质图、森林资源分布图和水文、气象资料；

（2）根据确定了的路线总方向和公路等级，先在小比例尺（1∶50000 或 1∶100000）的地形图上，结合收集的资料，初步研究各种可能的路线方向。研究重点应放在地形复杂、地质条件差，牵涉面大的段落；

（3）按室内初步研究提出的方案进行实地踏查，连同野外踏查中发现的新方案，都必须坚持跑到、看到、调查到，不遗漏任何一个可行的方案。

2. 技术指标的比较

（1）路线长度：是指纸上定线路线的起点和终点相同的各个方案的实际长度，应以为单位；

（2）展线系数：是指纸上定线的实际长度与共同的航空线长度之比；

（3）克服高度的总和：可分别按重轻车方向分别计算克服的总高度，是指一个方向所有升起高的总和，显示了路线的起伏；

（4）平均每千米的转角值：转向角是体现路线顺直状况的一种技术指标，用每千米平均转向角度数来对比；

（5）曲线及直线地段的长度和路线全长的比值：曲线长度求得后，分别算出与路线全长之比值（%），再求路线直线长度与全长之比值（%）；

（6）最大纵坡路段长度与路线全长的比值（%）。

3. 经济指标的比较

（1）用偿还期法进行比较：如两个方案，其工程费各为 A_1 和 A_2（$A_1>A_2$），两个方案的年运营费各为 E_1 与 E_2（$E_1<E_2$）。第一方案工程费的额外投资为 A_1-A_2，每年运营费的节余为 E_2-E_1；用运营费节余来补偿额外工程费需要的年限，叫做偿还期。以公式表示为：

$$T=\frac{A_1-A_2}{E_2-E_1}$$

如果偿还期还长，就意味着投资多的第一方案不够经济；如果偿还期很短，就说明投资多的第一方案，可以很快得到补偿，是经济合理的。这样的方案比较时，就需要规定一种标准年限，来衡量偿还期的长短，这种标准年限称为计算偿还期。

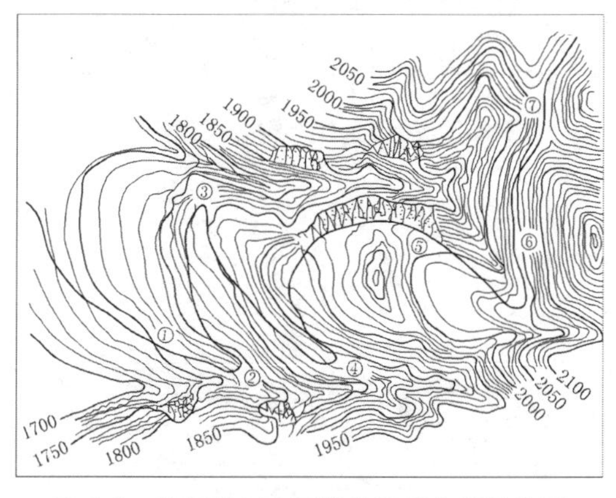

图 6-6　考虑到多种因素的展线方案比选图

(2)工程数量与工程费计算

①土石方工程总数量；

②大、中、小桥，涵洞数量及其长度；

③路面工程总量；

④特殊工程构造物数量(挡土墙、护坡、地质不良地段的加固工程等)；

⑤主要建筑材料、机具、劳动力需要量；

⑥按概算指标计算各方案总造价。

根据上列各指标，可对各方案获得一个较完整的概念，再进行综合分析，可在各方案中选定一个方案。

六、桥梁位置及停车场规划

(一)桥位选择

1. 桥位选择的一般要求

(1)桥位应选在河床稳定、河道顺直、流向稳定、河槽狭窄的河段上；

(2)桥位应尽可能选在覆盖层较薄，岩层面接近河床面或土质均匀坚实的地质条件良好地段；

(3)适当考虑与景区、景点的衔接；

(4)桥位中线应尽可能与洪水时主流流向正交，或应尽量减少斜交角度；

(5)桥位应结合公路、铁路、水利、航运等各方面的近期与远景规划，做到尽可能的协调与配合(图6-7，图6-8)。

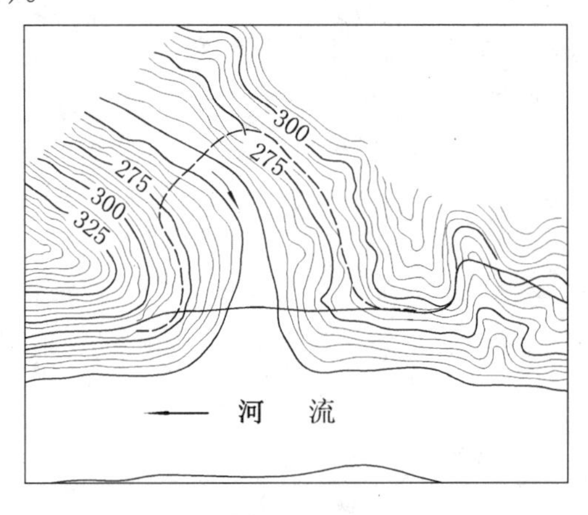

图6-7 桥位选择2种方案比选图

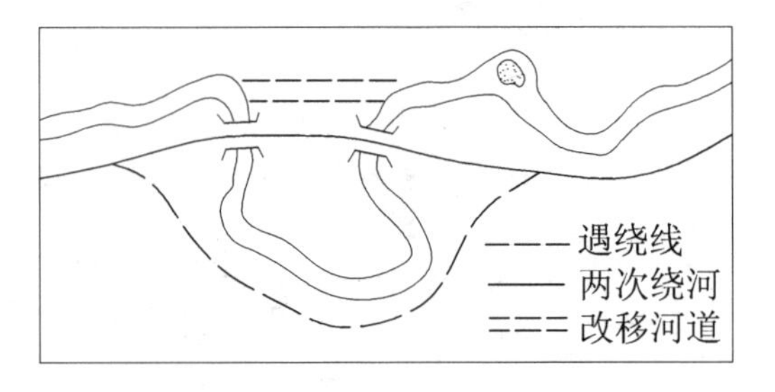

图6-8 桥位选择3种方案比选图

2. 桥涵分类

(1)桥涵按使用年限的长短划分

①永久性桥涵：就是可长期使用，且一般年限在50年以上的桥涵。例如钢桥、石桥、钢筋混凝土桥等；

②半永久性桥涵：就是下部构造是永久性的，上部构造是临时性的，临时性部分一般年限在10年左右，如石台木面桥；

③临时性桥涵：可使用5~10年左右，如木桥。

(2)按主要部分使用材料划分

①木桥涵：主要部分(梁)是木料；

②混凝土和钢筋混凝土桥涵　主要部分是用水泥混凝土或在水泥混凝土内加入钢筋修筑成的；

③砖石桥涵：用砖或石料砌成；

④钢桥：主要部分用钢料架成。

(3)按跨径大小划分

①特殊大桥：多孔跨径总长大于等于500m，或单孔跨径大于等于100m的桥梁；

②大桥：多孔跨径总长等于100m，或单孔跨径大于等于40m的桥梁；

③中桥：多孔跨径总长在30~100m的(不包括30m和100m)，或单孔跨径大于等于20m至40m(不包括40m)的桥梁；

④小桥：多孔跨径总长大于等于8m至小于等于30m，或单孔跨径大于等于5m至20m(不包括20m)的桥梁；

⑤涵洞：多孔跨径总长小于8m，或单孔跨径小于5m的涵洞。

3. 桥涵形式

(1)桥梁形式

①梁(板)桥：它是以梁(板)为主来担负全桥上部结构和车辆重量的。木桥类常见的有简单梁式、撑架式；钢筋混凝土桥类常见的有T型类(即丁字梁)式、板梁式和悬管梁式；

②桁架式桥：它是用两排桁架来承担全桥上部结构及车辆重量的。这种桁架是在行车部分两侧，跨径较大。钢桥和木桥都有这种形式；

③拱桥和双曲拱桥：它是靠圆弧形的拱圈来承担桥梁本身及车辆重量的。常见的拱桥多是用砖石或混凝土建成。近年来，我国桥梁设计者创造了双曲拱桥，这种桥桥型美观，节省钢材，已在全国各地广泛采用；

④吊桥：在岸高水急而不太窄的山谷中作桥墩台有困难时，可采用吊桥，也就是全桥整个重量全由钢索和设在两岸的塔架承担。这种钢索吊着的桥叫吊桥。近年来，发展较快的斜拉桥也属这一类；

⑤刚架桥：这种桥的桥路结构和墩台(支柱)连成整体。

(2)涵洞形式

①管式涵洞：用管子穿过路基排泄水流的叫管式涵洞。主要有钢筋混凝土管、缸瓦管、石棉管和铁管等。个别的也有砌石的、木制的和荆条编的。其形式又分为圆形管和卵形管两种。

②箱式涵洞：整体的正方形或长方形涵洞。有用钢筋混凝土浇灌而成，也有用石料砌成

的。这种形式的涵洞造价较高。

③盖板涵：与板桥形式相同，就是盖板上有填土。地形条件不允许时，也可采用无填土的盖板涵。盖板材料常用的有石料、混凝土、钢筋混凝土等。

④拱式涵洞：形式和拱桥一样，只是跨径比拱桥小，其洞顶填土厚度要大于50cm(连路面在内)。

(二)停车场规划

1. 停车场设计原则

(1)为减少车辆对风景区内部，特别是主要风景点上的交通干扰，增加游客的环境容量，应在重要景点进出口边缘地带及通向尽端式景点的道路附近，设置专用停车场地或留有备用地；

(2)停车场应按不同类型及性质的车辆，分别安排场地停车，以确保进出安全与交通疏散，提高停车场使用效率，同时应尽量远离交叉口，避免使交通组织复杂化；

(3)停车场内交通路线必须明确，宜采用单向行驶路线，避免交叉，并与进出口行驶的方向一致。有时为便于使用和管理，可采用划白线或彩色水泥混凝土块，作为指标停车位置和行驶通道的范围；

(4)停车场设计须综合考虑场内路面结构、绿化、照明、排水及停车场的性质，配置相应的附属设施。

2. 标准车型与泊位面积

由于我国车辆国产和进口的类型、尺寸繁多。为了便于设计，可统计得出统一的设计参数，北京市政设计院作了这方面的工作，根据各停车场的性质、功能分类，拟定出以下几种标准车型占有的泊位面积。公共停车场用地面积按当量小轿车泊位估算，一般按25~30m^2/停车位计算，具体换算系统分别为微型汽车：0.7；小轿车：1.0；中型汽车：2.0；大型汽车：2.5(图6-9，图6-10)。

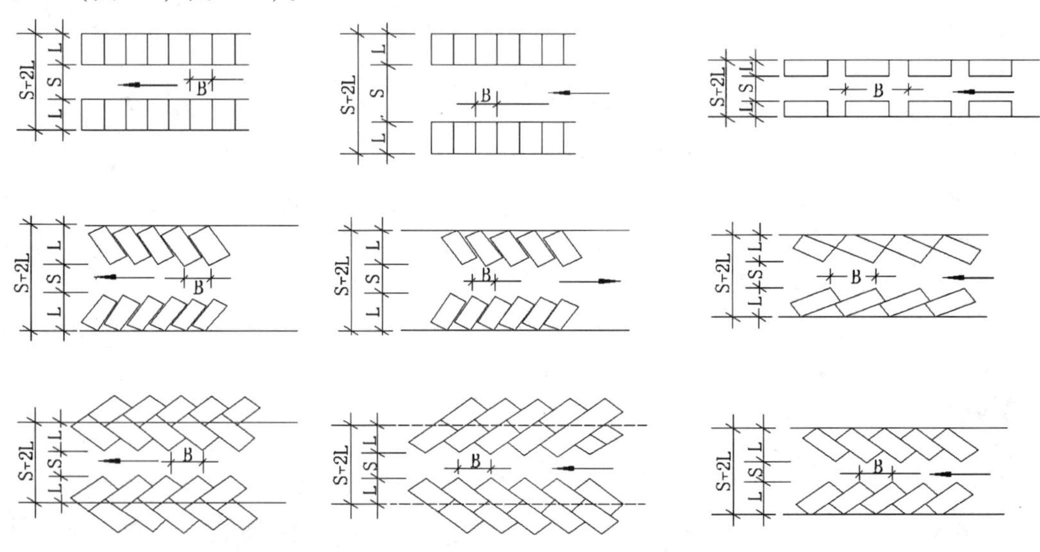

图6-9　停车场标准车型泊位类型图

图 6-10　太白山标准车型泊位类型图

3. 旅游车辆确定

确定入区旅游车辆，应依据旅游区的区位情况，年旅游区最大日游人数(不能超过生态允许范围)，乘专车与乘班车的游人比例，乘小轿车、中巴车、大客车的游人比例等，估算入区各种车辆。在计算时为了缩小停车场的规划面积，可不将班车车位计算在内。旅游车辆数可用下式计算。

$$n = N \cdot p / m$$

式中：n——某类车辆数；

N——旅游区最大日游客量；

p——乘某类专车旅游人员百分率(包括小轿车、中巴车、大客车)；

m——某类专车载客人数(如小轿车、中巴车、大客车)。

七、游步道规划设计

(一)游步道规划设计原则

(1)游步道规划布局应与景点紧密联系，便于游客对风景区的观赏和游览；

(2)游步道在规划时可与环境条件、景观特色结合，进行多元化设计。如平道、坡道结合，道路、桥梁结合，索道、栈道结合等；

(3)游步道建设取材应以当地石材为主，其形式应与区域景观特色相协调，形成自然景观与人工景观和谐的风景格局；

(4)游步道规划设计应充分考虑使用的安全性，充分考虑到各种人群的需要，使每位入园游客均能畅心游赏；

(5)游步道规划设计应包括各种游道、道桥、防护设施、警示牌、休息平台等；

(6)在一个风景区内的景区与景区间，若无公路联接，则在游道规划时应设景区间联接游道，使其形成旅游环线，便于游人游赏。

(二)游步道规划设计技术标准

风景区(或森林公园)一般地形都较复杂，而且大部分景点地处山脊，普遍表现为观远景易，看近景难。如华山风景区和泰山风景区，也只有登到山顶才能观其景、揽其胜，感受到其雄伟。我国的其他一些著名风景区无不如此。

风景区游道规划，应根据景点、景物分布，地形、植被条件，未来游人规模及区间游人流量等，在与自然景观协调的基础上进行规划，并遵循以下技术原则：

(1)游道宽度：主道2.0～3.5m，支道1.2～2.0m，小道0.9～1.2m；

(2)平道：坡度小于10%；

(3)坡道：缓坡道坡度10%～20%，路面应进行防滑处理，阶道坡度20%～30%；陡坡阶道坡度大于30%，应设置防护拦和对路面作防滑处理；

(4)在相对高差超过50m的阶道、陡坡阶道应设休息平台；

(5)在相对高差超过50m的陡坡阶道，应尽可能以"S"型规划路线，降低游人心理压力；

(6)游步道应桥、亭、栈道、游廊等结合，因地制宜，形式多样，以丰富旅游景观。

(三)常见游步道类型

1. 游步道分类

(1)按材料分类

①汀步：又称步石、飞石。溪滩浅水中按一定步距，布设微露水面的块石，供游人跨步而过，别有一番野趣。

②竹桥与木桥：就地取材与环境融为一体，但易损坏腐朽，养护工作量大，一般可用于小水面和临时性的桥位上。

③石桥：一般建于盛产石材的风景区，便于就地取材，也较耐久。

④钢桥和钢索桥：在风景区的特殊地段(诸如沟寒壑断崖上)架设，即能显示山势的险峻，又有令人感叹天险通途的奇胜(图6-11，图6-12，图6-13)。

⑤钢筋混凝土桥：经久耐用，适用场合广泛，但在一般情况下造价高于圬工桥(图6-14)。

图6-11　风景旅游区中的钢索桥

图6-12　风景旅游区中的索桥图

图6-13　风景区中的索道图

图6-14　风景旅游区中的钢筋混凝土桥

⑥预应力混凝土桥：其情况同上，但跨度可较钢筋混凝土桥更大些，施工条件要求较高，要有预应的加工场地。

(2)按支承方式分类

①简支桥：即桥面梁两端的支承方式为简支静定的结构，按桥面的厚度和桥的宽度又可分为板式和梁式，一般桥面厚小于250mm者称“板式”，大于250mm者称“梁式”。孔径大小和孔数不限。

②悬(伸)臂桥：即桥面梁两端或一端外伸悬空，一般做法是在简支梁桥的基本结构上，将梁端延伸成为外伸静定结构。为了争取中间桥孔加大，以满足通航净空要求，又能减少邻跨的跨中弯矩，可采用悬臂挂孔桥结构。

③桁架桥：由桁架所组成的桥，杆件多为受拉或受压的轴力杆件，取代了弯矩产生的条件，导使杆件的受力特性得以充分发挥，杆件结点多为铰结，造型纤秀轻巧，富有韵律。

④拱桥：由拱券(圈)受压结构所形成的桥，结构各截面上多为压力，因此可采用价廉的(诸如砖石等)材料，充分发挥它们受压强度高的特点，拱桥造型亦佳，常收一举二得之效。为了适应地基要求，有设计成三铰、两铰、无铰拱的结构模式。

⑤刚构(架)桥：是由梁和桥墩刚结的桥，可以使桥的断面减小，使造型既有力度又有简练挺拔的轻快感，当桥墩设计成外倾的八字形立柱时，清晰的表明力从梁转移到柱的转递路线。尤其当桥立于风景区两峰之间，下为深谷或立交的道路，则更充分显示其雄踞屹立的形象。

⑥栈桥：在风景区水边或悬崖边，临水或架空悬吊的桥，受力方式多为一端悬空，另一端插入山体固定，悬挂于空中或凌空于水面，形成一条龙式的长桥。有时还可带有休息或眺望的加宽平台，亦有在临水处兼作钓鱼台用的。栈桥其构架形式有3种，即插孔式，斜撑式、柱式(立柱)式(图6-15～19)

图6-15 栈桥(1)古栈道－蹑栈

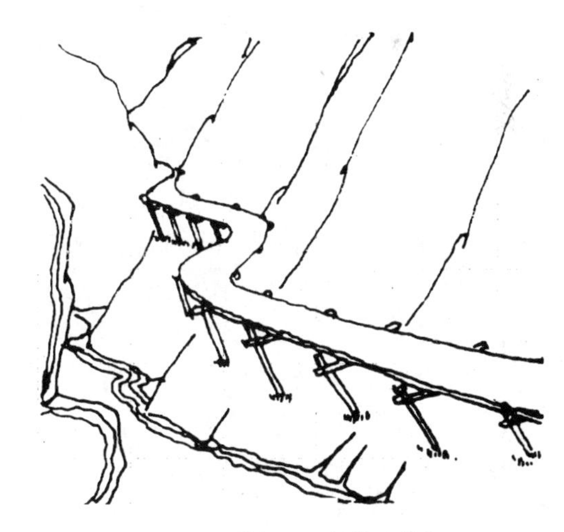

图6-16 栈桥(2)斜撑式栈桥

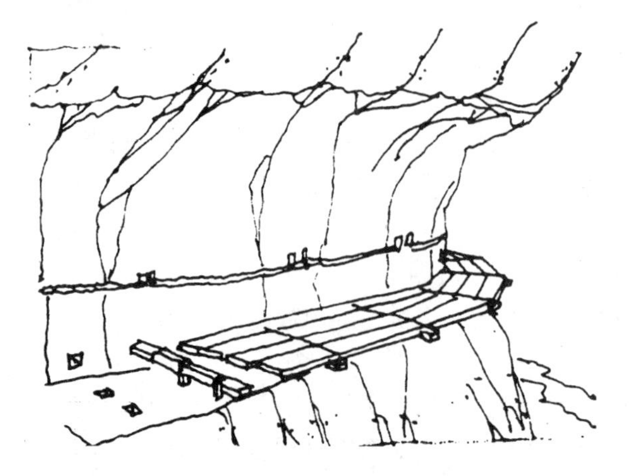

图 6-17　栈桥(3)插孔式栈桥

图 6-18　栈桥(4)柱式栈桥

图 6-19　风景旅游区中的栈桥图

图 6-20　风景旅游区中的陆地浮桥

⑦斜拉桥：是用斜拉索将长长的水平横梁悬拉在塔柱或塔门上的组合体系结构。斜拉索常用平行的钢丝索或放射式的钢索构成，更便于悬臂施工，当桥面上缆索锚固的间距减小到 6 ~ 12m 时，梁的弯矩值变得很小，梁的截面就更纤细，具有了极其纤柔的长细比，其为竖琴弦丝的缆索，在斜拉桥整体造型上极富魅力。

⑧浮桥：利用木排或铁筒或船只，排列于水面作为浮动的桥墩使用，为了防止水流的冲移，可在水面下系索以固定浮动桥墩的位置(图 6-20)。

⑨吊桥：又称悬索桥，由受拉的悬索作为承重结构的桥，其中一根主缆索在桥面的荷载作用下，构成了赏心悦目的抛物线形(塔柱支承，索端锚固)。吊桥悬索(主索、边索和锚索)、桥塔、吊杆加劲梁和桥面系锚锭所组成。吊桥跨越能力大，尤适用在“V”形山谷风景区中架桥(图 6-21 ~ 23)。

⑩连续梁桥：在水面较大处，用连续梁桥可作较大的跨越，藉此减少跨中弯矩，节省工程投资，属超静定结构。

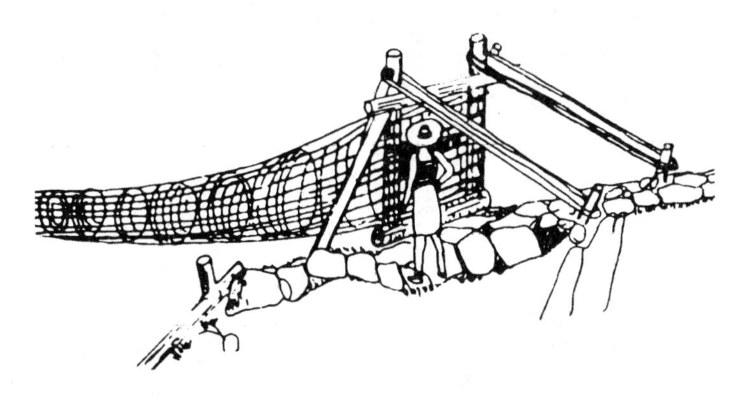

图 6-21　风景旅游区中的圆型吊桥

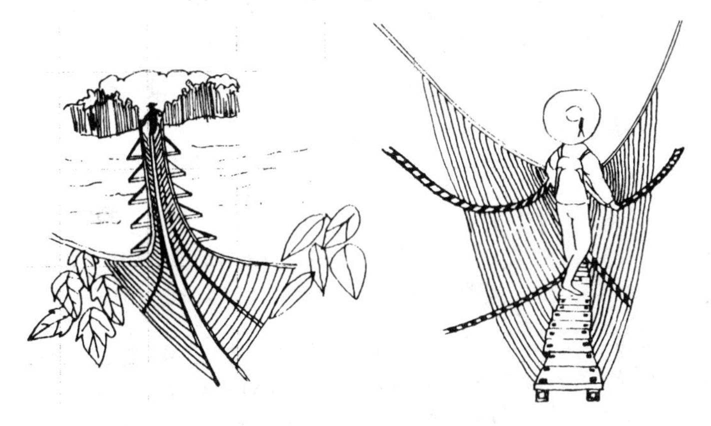

图 6-22　风景旅游区中的 V 型吊桥

图 6-23　风景旅游区中的 U 型吊桥

图 6-24　风景旅游区中的桥亭组合

2. 游步道设计美学 10 项原则

(1) 与环境的协调美：大桥可处理成环境的主体；中桥从属于环境，与景观相互在基调上照应；小桥与环境融为一体，自然而和谐产生协调美。

(2) 对称中分主从的层次美：桥跨奇数孔(2n + 1)视觉美胜于偶数孔(2n)，同时桥孔的布设应显示主从关系，中孔为主，边孔为从。

(3)连续、渐变、起伏交错的韵律美：连续韵律，多孔及空腹式园桥，使每孔上的小腹拱或桥墩，反复出现于各跨孔，以产生连续的韵律美感。渐变韵律，产生统一和谐的“微差美”。如北京芦沟桥的桥孔、桥跨、矢高(孔径高)即按表4-14的渐变韵律设计，成为“芦沟晓月”一个名胜美景。

(4)匀称与稳定美：稳定导致匀称协调，赋予桥的外观以魅力。中国石桥，体态稳定匀称，桥面高高隆起，呈现不同的曲线美，桥孔坚实稳定，拱圈高耸，有尖蛋形、蜂腰形、马蹄形、玉环形，美不胜收。

(5)和谐统一美：形式与功能统一美，变化中求和谐美，桥身、桥墩、桥台、桥上和桥头建筑、栏杆各部造型都要相互和谐统一，不能各行其是、各自为政，而要遵循统一的基调和风格，才有格调美。

(6)尺度比例美：整体与局部要成比例，本身的尺度要得当，尽可能要满足视觉美感—黄金分割，即此例要服从2∶3，3∶5，5∶8，8∶13或13∶21的规律。

(7)虚实变化的光影美：光影造成桥本身的明暗交替和虚实变化，使桥整个造型典雅、优美、立休感强，无论是桥身的水平线条还是栏杆的竖向线条造成的视觉上的连续或间歇、闪动和跳跃，强化虚渲染效果，均产生流盼的光影美。

(8)力线明快动感美：桥的建筑造型中线体的表现具有刚劲、坚实之直线美；又具有优雅、柔和、轻盈富于变化之曲线美；更具有很强的力线明快的动感美。

(9)色彩质感和谐美：色彩在美学效果中唱主角，桥的色彩和质感选用以和谐为上。世界上的景桥除优先考虑材料质地的本色外，还与环境、传统、民族、心理，甚至时代、地位有关。综合世界各国的桥，提供下列的色彩与配合，以供选用。灰色为主调的可选用灰绿、灰蓝、灰白、灰青、深灰等；以浅色为主调的，可选用浅黄、浅桔黄、浅绿、浅草莓红、浅粉红、米色、象牙白、浅黄色等；因一些场合为强烈激起情感和特种需要，可采用醒目的色彩，诸如红色、深桔黄、蔚蓝、黄、深黄、天蓝等。中间调和色则用银灰色、茶褐色、灰色。黑色则慎用，因其可产生悲观、厌世情绪。

(10)时代特征个性美：桥的造型应与所在景点建筑相协调，并能在一定程度上反映各个历史时期的社会意识和科技发展的共同特征，构成时代的特征以及当地历史文化前景、人文风貌、环境气氛，尤其是时代的特征和传统的民族个性、风格的基调，更应直接体现出浓郁的时代特征与个性，有个性而不落俗套，必然赋予桥以迷人的魅力与风韵。

第二节　风景旅游区给排水规划

一、给排水规划原则

风景区给水排水规划，应包括现状分析；给、排水量预测；水源地选择与配套设施；给、排水系统组织；污染源预测及污水处理措施；工程投资框算。给、排水设施布局还应符合以下原则；

(1)在景点、景区范围内，不得布置暴露于地表的大体量给水和污水处理设施；

(2)应划分生活用水、游憩用水(饮用水质)、生产用水、农林(灌溉)用水的区域，满足风景区生活和经济发展的需求；

(3)有效控制和净化用水，保障相关设施的社会、经济和生态效益；

(4)在旅游村、镇、城和旅游区内的其他居民集中居住区，应采用集中给水排水系统，主要给排水设施和污水处理设施可安排在居民村镇及其附近。

二、给水分类与要求

水是人们旅游活动中不可缺少的物质，旅游区给水排水与污水处理是风景建设的重要组成部分。为此必须满足人们对水量、水质和水压的要求。水在使用过程中受到污染而成为污水，要经处理后才能排放。完善的给水工程和排水工程以及污水处理工程，对旅游区的保护、发展和旅游活动的开展都具有决定性作用。

1. 生活用水

成年人每天要摄取 2 ~ 5kg 的水，水还是生产灌溉、消防安全、水上活动和养殖的保证。风景区给水，除对水质、水量、水压有所要求外，还对水温有其特定的要求。

生活用水是指饮用、烹饪、洗涤、清洁卫生用水。因此，它包括风景区内办公室、生活区、餐厅、茶室、展览馆、小卖部等用水，以及园内卫生清洁冲洗设施和特殊供水(游泳池等)。

生活饮用水的水质必须符合国家颁布的《生活饮用水卫生标准》(表 6-6)。

生活用水管网必须保证在进户管处有一定的水压，通常叫做最小自由水压(从地面算起)。其值根据风景区内的建筑物的层次确定。

2. 生产用水

生产用水是指景区内植物的养护、灌溉、多种水体(瀑布、喷泉、水池)水景的补充用水及其他园务用水。生产用水对水质要求不高。但用水量大，可直接从池塘河浜用水泵抽取。

3. 消防用水

消防用水对水质没有特殊的要求。为了节省管网投资，消防给水往往与园林生活用水由同一个管网供给，发生火灾时，直接从给水管网的消火栓取水，经消防车加压后进行补救。消防用水量一般较大，为了保证水量，要求消防时消火栓处管网的自由水压不小于 10 米水压(9. 8kPa)。

三、给水水源的分类、特点及选择

1. 给水水源的分类

给水水源分为两大类：一类是地表水源：江、河、湖、水库等。地表水源水量充沛，常能满足较大用水量的需要。因此风景区常用地表水作水源；另一类是地下水源，如泉水、承压水和潜水等。

(1)潜水——地底下第一个不透水层承托的含水层。

(2)承压水——存在于两个不透水层之间的并受到压力的含水层。

2. 水源水质的特点

(1)地下水：一般受形成、埋藏和补给条件的影响，大部分地区的地下水具有水质澄清、水温稳定、分布面广等特点。但溶有矿质，有时含盐量为 200 ~ 500mg/L，而且硬度往往较高(以 CaO 计通常在 100 ~ 300mg/L)。在石灰岩和花岗岩交接的地层中，地下水有时所含铁、硫等超过生活饮用水标准，要除去这些物质则需要相应设备，也未必经济，故需作比较确定。

(2)江河水：易受三废(废水、废气、废渣)及人为的污染，也受自然与人为因素的影响，有时水中悬浮物和胶体物质含量多，浊度较高，须作处理。

(3)湖泊、水库水：主要由降雨和河水补给。水质与河水近，但因水体流动小，经自然沉淀，浊度较低。然而含藻类较多，生物死亡残骸使水质易产生变色、变嗅、有异味。

3. 给水水源选择的原则

选择给水水源，首先应满足水质良好、水量充沛、便于防护要求。

(1)在有条件的风景区，可就近直接从城市给水管网系统接入，也可一处或几处从水厂给水干管中接入；

(2)若风景区附近没有给水管网，就可优先选用地下水(包括泉水)，其次是河、湖、水库的水。

四、生活饮用水的水质标准

生活饮用水水质应无色、无嗅、无味、不混浊、无有害物质，特别是不含传染病菌。表6-6为生活饮用水的卫生标准。该标准通过以感观性状指标、化学指标、毒理学指标和细菌指标对生活饮用水水质加以控制。

表6-6 生活饮用水水质标准

项 目	标 准
感官性状和一般化学指标：	
色	色度不超过15度，并不得呈现其他异色
混浊度	不超过3度，特殊情况不超过5度
嗅和味	不得有异嗅、异味
肉眼可见物	不得含有
pH	6.5～8.5
总硬度(以碳酸钙计)	450 mg/L
铁	0.3 mg/L
锰	0.1 mg/L
铜	1.0 mg/L
锌	1.0 mg/L
挥发酚类(以苯酚计)	0.002 mg/L
阳离子合成洗涤剂	0.3 mg/L
硫酸盐	250 mg/L
氯化物	250 mg/L
溶解性总固体	1000 mg/L
毒理学指标：	
氟化物	1.0 mg/L
氰化物	0.05 mg/L
砷	0.05 mg/L
硒	0.01 mg/L

（续）

项　目	标　准
汞	0.001 mg/L
镉	0.01 mg/L
铬（六价）	0.05 mg/L
铅	0.05 mg/L
银	0.05 mg/L
硝酸盐（以氮计）	20 mg/L
氯仿	60 μg/L
四氯化碳	3 μg/L
苯并(a)芘	0.01 μg/L
滴滴涕	1 μg/L
六六六	5 μg/L
细菌学指标：	
细菌总数	100 个/mL
总大肠菌群	3 个/mL
游离余氯	在接触 30min 后应不低于 0.3mg/L。集中式给水除出厂水应符合上述要求外，管网末稍水不应低于 0.05mg/L
放射性指标：	
总 α 放射性	0.1 Bq/L
总 β 放射性	1 Bq/L

五、水源的保护与给水工艺流程

1. 水源的保护

生活饮用水的水源，必须设置卫生防护地带。

（1）取水点周围半径 100m 的水域内，严禁捕捞、停靠船只、游泳和从事可能污染水源的任何活动，并由供水单位设置明显的范围标志和严禁事项的告示牌；

（2）取水点上游 1000m 至下游 100m 的水域，不得排入工业废水和生活污水，其沿岸防护范围内不得堆放废渣，不得设立有害化学物品仓库，堆积或装卸垃圾、粪便和有毒物品的码头，不得使用工业废水或生活污水灌溉及施用持久性或剧毒的农药，不得从事放牧等有可能污染该段水域水质的活动；

（3）在取水点上游 1000m 以外的一定范围河段划为水源保护区，严格控制上游污染物排放量。排放污水时应符合 TJ36－79《工业企业设计卫生标准》和 GB3838－83《地面水环境质量标准》的有关要求；

（4）供生活饮用水专用的水库、湖泊，应视具体情况将整个水体及其沿岸按（2）项要求执行；

（5）以地下水为水源时，水井周围 30m 的范围内，不得设置渗水厕所、渗水坑、粪坑、垃圾堆和废渣堆等污染源。

2. 给水处理工艺流程

（1）河水：进水浊度≯100mg/L，水质稳定无藻类繁殖（图 6-25）。

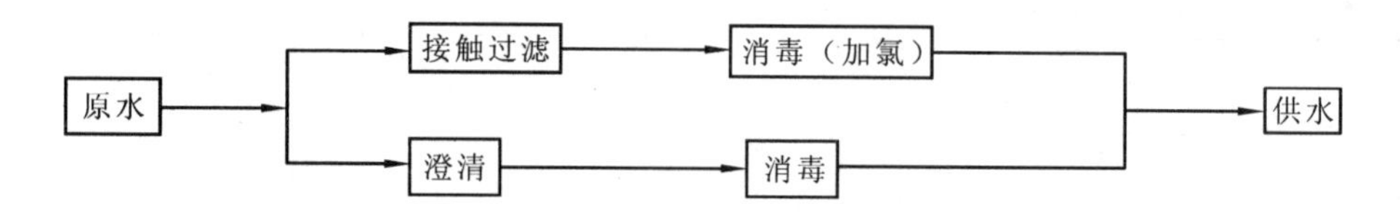

图 6-25　河水给水处理工艺流程图

（2）江水：进水浊度≯2000 ~ 3000mg/L（个别短时间可达 5000 ~ 10000mg/L）（图 6-26）。

图 6-26　江水给水处理工艺流程图

（3）水质常清的山溪河流（洪水时才含大量泥砂）（图 6-27）。

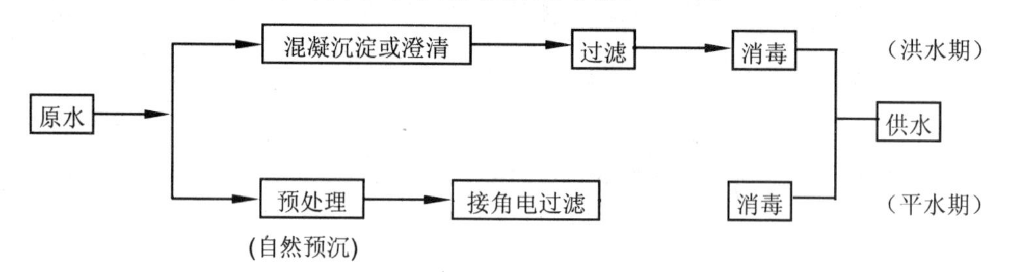

图 6-27　山溪河流给水处理工艺流程图

（4）小江河：高浊度水，进水浊度常大于 3000mg/L（图 6-28）。

图 6-28　小江河流给水处理工艺流程图

（5）潮水、水库水：浊度低、色度高的原水（图 6-29）。

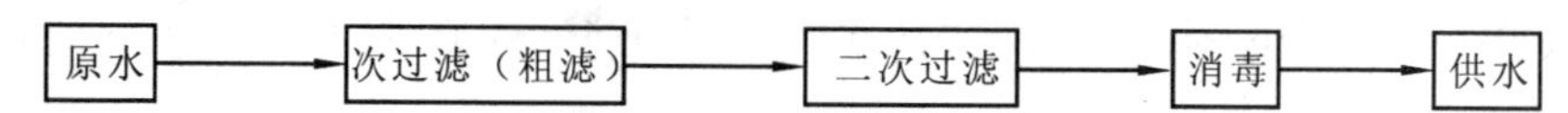

图 6-29　水库水流给水处理工艺流程图

六、用水量的计算及水厂建设

1. 用水量标准

各类用水量的计算一般以用水定额为依据。用水定额亦称用水量标准，它是对不同的用水对象，在一定时期内制订的相对合理的单位用水量的数值标准，是国家根据我国各地区、城镇的性质、生活水平、习惯、气候、建筑卫生设备设施等不同情况而制定的。它是用水量计算的主要依据之一。

用水定额常以最高日用水量、平均日用水量等数值表示。平均日用水量是指一年的总用水量除以全年供水天数所得的数值。最高日用水量是指一年最大一日的水量。

用水量在任何时候都是不均匀的，一年之中随旅游季节差异而变化，一日之中随时间变化而不同。而水量的变化常用日变化系数和时变化系数这两个数值来反映。

日变化系数是年限内的最高日用量与平均日用水量的比值，以 K_d表示，其值约为1.1～2.0；时变化系数是最高日最高时用水量与该日的平均时供水量的比值，以 K_d表示，其值约为1.3～2.5。有关指标详见表6-7，表6-8。

表6-7　居住区生活用水定额

给水设备类型	室内无给水排水卫生设备从集中给水龙头取水			室内有给水龙头但无卫生设备			室内有给水排水卫生设备但无淋浴设备			室内有给水排水卫生设备和淋浴设备			室内有给水排水卫生设备并有淋浴设备和集中热水供应		
用水情况 / 分区	最高日（L/人·d）	平均日（L/人·d）	时变化系数	最高日（L/人·d）	平均日（L/人·d）	时变化系数	最高日（L/人·d）	平均日（L/人·d）	时变化系数	最高日（L/人·d）	平均日（L/人·d）	时变化系数	最高日（L/人·d）	平均日（L/人·d）	时变化系数
一	20～35	10～20	2.5～2.0	40～60	20～40	2.0～1.8	85～120	55～90	1.8～1.5	130～170	90～125	1.7～1.4	170～200	130～170	1.5～1.3
二	20～40	10～25	2.5～2.0	45～65	30～45	2.0～1.8	90～125	60～95	1.8～1.5	140～180	100～140	1.7～1.4	180～210	140～180	1.5～1.3
三	35～55	20～35	2.5～2.0	60～85	40～65	2.0～1.8	95～130	65～100	1.8～1.5	140～180	110～150	1.7～1.4	185～215	145～185	1.5～1.3
四	40～60	25～40	2.5～2.0	60～90	40～70	2.0～1.8	95～130	65～100	1.8～1.5	150～190	120～160	1.7～1.4	190～220	150～190	1.5～1.3
五	20～40	10～25	2.5～2.0	45～60	25～40	2.0～1.8	85～125	55～90	1.8～1.5	140～180	100～140	1.7～1.4	180～210	140～180	1.5～1.3

注：①选用用水定额时，应根据所在分区内的给水设备类型以及生活习惯等足以影响用水量的因素确定。

②第一分区包括：黑龙江、吉林、内蒙古的全部、辽宁的大部分，河北、山西、陕西的偏北的一小部分，宁夏偏东的一部分。

第二分区包括：北京、天津、河北、山东、山西、陕西的大部分，甘肃、宁夏、辽宁的南部、河南北部、青海偏东和江苏偏北的一小部分。

第三分区包括：上海、浙江的全部、江西、安徽、江苏的大部分，福建北部、湖南、湖北的东部、河南南部。

第四分区包括：广东、台湾的全部、广西的大部分、福建、云南的南部。

第五分区包括：贵州的全部，四川、云南的大部分，湖南、湖北的西部，陕西和甘肃在秦岭以南的地区，广西偏北的一小部分。

③其他地区的生活用水定额，可根据当地气候和人民生活习惯等具体情况，参照相似地区的定额确定。

表6-8　住宅建筑生活用水定额及小时变化系数

卫生器具设置标准	每人每日生活用水定额（最高日）（L）	小时变化系数
有大便器、洗涤盆、无沐浴设备	85～130	3.0～2.5
有大便器、洗涤盆和沐浴设备	130～190	2.8～2.3
有大便器、洗涤盆、沐浴设备和热水供应	170～250	2.5～2.0

2. 用水量预测

用水量预测应以旅游基地为单位，在合理估计各级旅游基地游人数量、居民数量、工作人员数量的基础上，依照上述指标进行计算，核实其旅游区的总用水量、最大日用水量和最大时用水量。

（1）旅游基地年用水量计算：

$$年用水量(m^3) = \sum P_i \cdot M_i$$

式中：M_i—风景区各类人员全年人数；

P_i—各类人员用水指标。

(2)风景区最大日用水量计算：

$$最大日用水量(m^3) = \sum P_i \cdot N_i$$

式中：N_i为旅游黄金日各类人员数量；P_i为各类人员用水指标。

(3)风景区年度用水总量计算：

年度用水总量等于各旅游基地年度用水量之和。

七、水源与水源区

1. 水源

旅游区生活用水一般来源于两个方面，即地下水和地表水，当地面水源不足时可开采地下水加以补充。对于风景区应注重地表水的利用，在枯水期可采取设拦水坝的方式解决水源不足和用水量过大的矛盾。

2. 水源区的确定

水源区是河流水的来源。在一定区域范围内，河流年产水量的大小取决于水源区的面积、河流水的年流量变幅与水源区植被类型、各种植被的比率有关。在岩石、土壤质地、坡度相同的情况下，森林的水源涵养能力较强。因此，水源区应多选在森林植被良好的地段，并划为保护区(水源区)，一般不宜开展旅游活动。

水源区面积的大小应依据旅游旺季区域降水量和降雨可利用系数确定，并用下式计算：

$$水源区面积(hm^2) \geq \frac{年需供水量(m^3)}{100 \times 降水量(mm) \times 可利用系数}$$

$$可利用系数 = 水源涵养能力/降雨量$$

据测定，当森林覆被率每变化1%时，径流深变化幅度一般为1.2～2mm。也就是说，水源涵养能力是森林覆被率与径流深的乘积。

3. 水源调解

在我国大部分地区，年降水分布是不均匀的，年降水分布的变化与游客年分布变化一般不吻合，在大部分风景区。多出现靠自然河水流量不能满足需要的情况，若因条件限制划分的水源区面积有限或不足，则供需矛盾更加突出。为能合理利用地表水资源，解决水的供需矛盾，就应设栏水坝，拦河蓄水解决生活用水问题，并用下列公式计算应需水量：

应蓄水量(m^3) = 日平均用水量(m^3) × 旅游期内的非降水日期

4. 水厂规划

在有条件的地方，可规划设计水厂，提高生活用水质量，解决供需矛盾。规划建设水厂的占地面积可采用表6-9的指标，计算实际所需面积。

表6-9　水场规模与用地指标

设计水厂规模	每日每立方米水量所需用地指标(m^2)	
	沉淀净化	过滤、净化
Ⅰ类(水量≥10万m^3/d)	0.2～0.3	0.2～0.4
Ⅱ类(水量2万～10万m^3/d)	0.3～0.7	0.4～0.8
Ⅲ类(水量<2万m^3/d)	0.7～1.2	
Ⅳ类(水量1万～2万m^3/d)		0.8～1.4
(水量5000～1000m^3/d)		1.1～2.0
(水量<5000m^3/d)		1.7～2.5

八、排水系统

1. 污水分类

污水按其来源和性质的不同一般可分为以下三类：

(1)生活污水：生活污水是来自办公生活区的厨房、食堂、厕所浴室等人们在日常生活中使用过的水，其中一般含有大量的有机物和细菌。生活污水必须经过适当处理，使其水质得以改善后方可排入水体或用以灌溉农田。

(2)生产污水：生产污水是景区内的工厂、服务设施排出的生产废水，这些废水水质受到严重污染，有时还含有毒害物质。

(3)降水：降水是地面上径流的雨水和冰雪融化水，常称作雨水。降水的特点是历时集中，水量集中，一般较清洁，可不经处理用明沟或暗管直接排入水体或作为景区水景水源的一部分。

2. 排水系统的体制及其选择

对生活污水、生产污水和雨水所采用的汇集排放方式，称作排水系统的体制。排水体制通常有分流制和合流制两种类型。

(1)分流制排水系统：生活污水、生产污水、雨水用两个或两个以上的排水管道系统来汇集与输送的排水系统，称分流制排水系统。

有时公园里的分流制排水系统，也有仅设污水管道系统，不设雨水管道系统，雨水沿地面，道路边沟排入天然水体。

分流制有利于环境卫生的保护及污水的综合利用。

(2)合流制排水系统：将污水和雨水用同一管道系统进行排放的体制称为合流制排水系统。合流制排水的优点在于：

①合流制管道排水断面虽增大，但总长度较分流制少 30% ~40% ，从而降低了管道投资费用；

②暴雨期间管道可得到冲洗，养护方便；

③污、雨水合用一管道，有利于方便施工；

合流制排水的缺点在于：由于管道断面较大，晴天污水流量很小，往往产生污物淤积管道现象影响环境卫生，混合污水综合利用较困难。现在新建工程中多不采用合流制排水系统。

3. 排水方式

污、雨水管道在平面上可布置成树枝状，并顺地面坡度和道路由高处向低处排放，尽量利用自然地面或明沟排水，减少管道埋深和费用。在地形进行竖向设计时综合考虑。

(1)利用地形排水：通过竖向设计将谷、涧、沟、地坡、小道顺其自然，适当加以组织并划分排水区域，就近排入水体或附近的雨水干管，可节省工程投资。

(2)明沟排水：主要指土明沟，也可在一些地段视需要砌砖、石或混凝土明沟，其坡度不小于4‰。

(3)管道排水：将管道埋于地下，有一定坡度，通过排水构筑物等排出。旅游区的排水方式一般采用明沟与管道组成混合的排水方式。

九、污水处理系统

1. 污水污染分析的指标(有毒害物质容许排放浓度)

(1)生物需氧量(BOD)：指水中有机物在有氧条件下被微生物分解过程中所消耗的能量。单位通常用mg/L，亦称单位体积污水所消耗游离氧的数量。生化需氧量愈高(>60mg/L，5天，20℃)，表示污水中有机物愈多，被污染的程度愈大，一般含碳有机物当水温为20℃时氧化需20天左右，用代号BOD_{20}表示，称总生化需氧量。由于这时间太长，实际应用困难，目前都以5天的生化需氧量BOD_5为代表。

(2)化学需氧量(COD)：指用化学方法，用强氧化剂(重铬酸钾)氧化水中有机物所耗的氧量。单位为mg/L。化学需氧量与生化需氧量之差值，大体表示没有被微生物分解的有机物程度。

(3)悬浮固体与溶解固体：反映污水发生淤积及土壤盐碱化的程度。

(4)pH值：pH值是氢离子浓度倒数的对数，是衡量污水呈酸性或碱性的标志，以pH值6.5~8.5为宜。

(5)色、嗅、味：影响水体的物理状况和使用价值。

(6)细菌：污水中的细菌大部分是无害的，但其中有危害人体健康的病原菌和病毒应消除。

2. 污水处理的基本方法

(1)物理法：利用物理作用来分离去除污水中的非溶解性物质，如重力分离法、离心分离法、过滤法，如处理流程A如下(图6-30)：

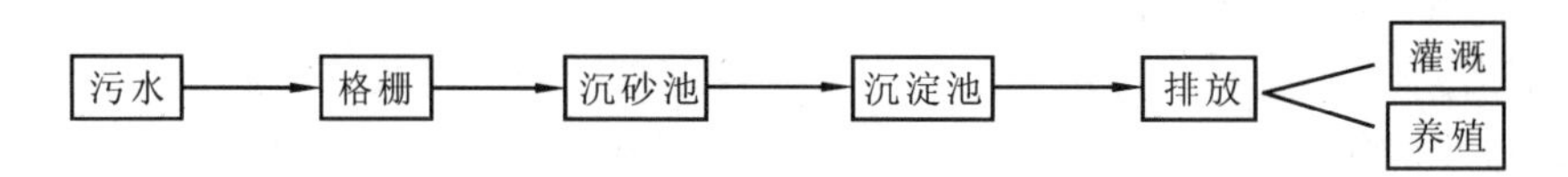

图6-30　物理法污水处理工艺流程图(1)

处理流程图6-30，通常用于污水的预处理，又称一级处理，可用于风景开发初期以及水体容量大、自净能力强的景区，即作为景区污水处理分期规划建设的第一期工程。

有些景点处于旷野或远离中心景区的独立风景点上，这些不宜全部按处理流程A修建处理构筑物。只需要在景区游人集散点上修建特定的“沼气厕所”即可，沼气厕所的流程如下(图6-31)：

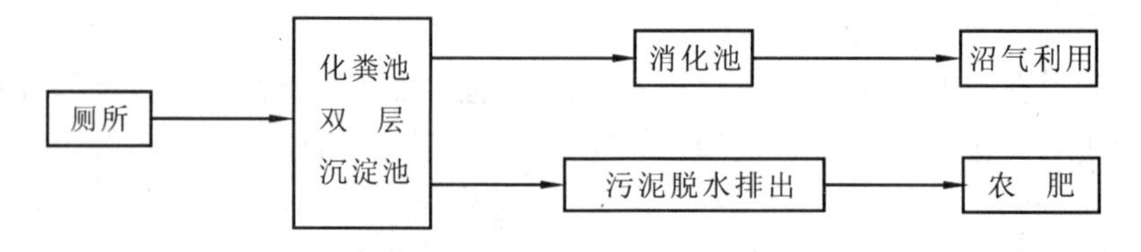

图6-31　物理法污水处理工艺流程图(2)

(2)生物法：利用微生物的生命活动，将污水中的有机物分解氧化为稳定的无机物，使污水得以净化。生物法分天然与人工生物处理两种。

天然生物处理就是利用土壤或水的微生物，在自然条件下的生物化学过程来净化污水，例如生物氧化塘等。人工生物处理是人为地创造有利条件，使微生物大量繁殖，提高净化污水的效率。此外，按照微生物在氧化分解有机物过程中对游离氧的要求不同，生物法又可分为好氧生物处理和厌氧生物处理。污水处理一般采用好氧法，污泥处理一般采用厌氧法，又称污泥消化。生物法处理流程如下(图6-32)：

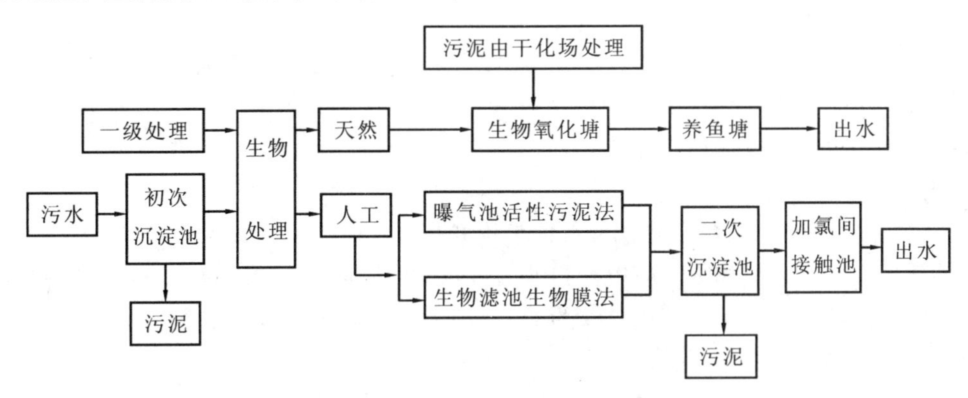

图6-32 天然生物法污水处理工艺流程图

以上处理流程，目前在景区污水处理中采用较普遍，风景区对生物氧化塘作为污水的二级处理过程使用较多，主要还在于：处理效果好，基本不耗能源；设备和构筑物少，故障更少；机械设备少，不易发生技术故障，只有一个处理系统；抗污水冲击负荷能力强；最终一级氧化塘可作为养鱼塘，有一定经济价值。此外，使用景区内水景溪流作水源，一旦变成生活污水后，不处理就不能再排入原溪流之中(特别是水体水量不大时)。但也不能因而就另辟排泄途径，这样会大大减少景区溪流的下游水量，影响溪流自然水景的形成。所以污水经氧化塘方式处理后，还水于原溪流，是治"本"的好办法。惟一要注意的是处理后的水质要满足有关排放标准。故虽其有占地较大的缺点，对景区来说也在所不惜了。

为综合利用，建议生物氧化塘作二级处理的工艺流程如下(图6-33)：

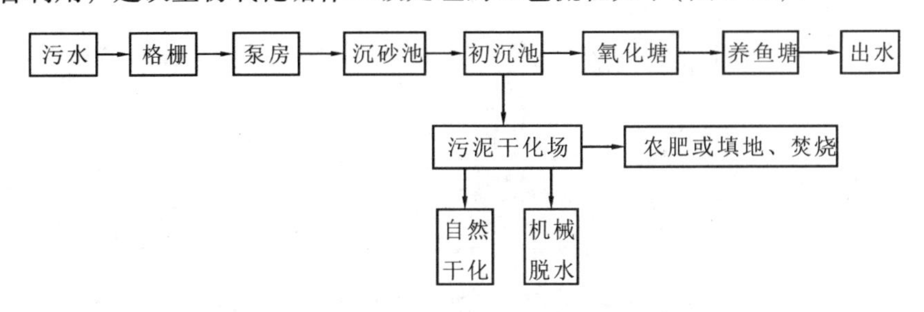

图6-33 生物氧化塘污水处理工艺流程图

(3)化学法：利用化学反应处理或回收废水中有毒害的溶解或胶体物质的方法。主要分为两大类。

①投药法 向污水中投掷化学药剂，使产生混凝、中和、氧化还原等化学反应，生成新的无毒或微毒的或呈固态而分离出来。具体处理方法有：化学混凝、絮凝、沉淀、澄清等方法。为了消除生物污染，杀灭细菌，要对污水进行消毒。最常用的是氯消毒，其次是臭氧氧化、紫外线消毒。但对有些病毒，氯消毒效果不佳。

②传质法　利用在一定条件下，物质可在固相、液相、气相三者之间转化的特点，使污染物在转移过程中由污水中分离出来。具体处理方法有：氨解吸、解吸污水中的氨；活性炭吸附及表层和深层过滤（包括细菌、病毒）。

上述污水处理方法，常需要组合使用。沉淀处理称一级处理，生物处理称二级处理，在生物处理基础上，为提高出水的水质再进行化学处理称为三级处理。

目前，国内各城市及景区，一般污水通过一、二级处理后基本上能达到国家规定的污水排放标准的要求。三级处理则用于排放标准要求特别高（当作为景区水源一部分时）的水体或污水量不大时，才考虑采用。

3. 氧化塘的规划设计

（1）氧化塘的类型和特征：氧化塘也称生物塘及稳定塘。由于氧化塘对污水的净化过程和自然水体的自净过程很相近，所以被归纳为自然生理处理法。氧化塘是有机污染物在塘中好氧微生物的代谢作用下，被氧化分解的又一种污水生物处理，塘内的氧由塘内生长的藻类的光合作用及塘面的复氧作用提供。

氧化塘可分为好氧氧化塘、兼性氧化塘、厌氧氧化塘和曝气氧化塘 4 种。各种氧化塘的特征参数见表 6-10。

①好氧氧化塘及兼性氧化塘特征：好氧氧化塘较浅（一般在 0.5m 左右），阳光能透入到池底，由藻类供氧，使整个塘水都处于好氧状态。BOD_5甚至可达 90% 以上；

兼性（好氧与厌氧分解状态兼有之）氧化塘塘深目前国内多采用在 1.0 ~ 2.5m。由于塘较深，阳光不能透到池底，为此塘的上层成为好氧层，塘的下层成为厌氧层。

表 6-10　氧化塘的类型与主要特征参数

指　标	好氧氧化塘	兼性氧化塘	厌氧氧化塘	曝气氧化塘
水深（m）	0.2 ~ 0.4	1 ~ 2.5	2.5 ~ 4	2 ~ 4.5
停留时间（d）	2 ~ 6	7 ~ 30	30 ~ 50	2 ~ 10
BOD 负荷（g/m^2 · 天）	10 ~ 20	2 ~ 10	20 ~ 100	
BOD 去除率（%）	80 ~ 95	35 ~ 75	50 ~ 70	55 ~ 80
BOD 降解形式	好氧	好氧	厌氧	好氧
污泥分解形式	无	厌氧	厌氧	好氧或厌氧
光合成反应	有	有	-	-
藻类浓度（mg/L）	>100	10 ~ 50	0	0

②厌氧氧化塘特征：厌氧氧化塘的深度取决于能否将光合作用限制在最低限度内，同时保持最多的热量，故多为 2m 左右，最深为 5m。

特点是 BOD_5物质负荷高，整个塘水都呈厌氧状态。实践中，厌氧塘常作为预处理和好氧氧化塘组合处理，也多用于处理小量的高浓度有机生产污水。

③曝气氧化塘特征：曝气氧化塘的塘面上装有人工曝气设备（浮筒式曝气器）。氧气充足故塘较深，常达 5m，一般为 3m，塘内 BOD_5负荷较高，停留时间较短，但 BOD_5的去除率可高达 90% 。

（2）生物氧化塘设计指标：生物氧化塘是天然或人工修建的浅水塘，至少在两个以上。起始的塘为利于污水在塘内进行厌氧分解而逐渐净化，可取塘深为 2.5 ~ 3.0m，为防下渗污染地下水，塘底前部作衬底处理；其后之塘继续供污水在塘内进行好氧分解。塘深可取1.0～1.5m，池底可略作倾斜，以利沉淀污泥并集中处理。

氧化塘的设计负荷可选用：经过物理处理的污水，200～250m^3/10000m^2·d，污水在塘内停留时间为30～100d。

(3)氧化塘的设计原则

①污水进氧化塘前必需经沉砂和沉淀的物理处理，以防氧化塘发生淤塞；

②为改善塘内水流条件，可将整个氧化塘划分若干小塘，其长宽比为1∶3～1∶4；

③氧化塘应先深后浅，以利先行厌氧而后好氧分解。同时塘前部应作衬底处理；

④沉淀池之污泥干化处理用设置露天干化场方式解决，以降低投资费用；

⑤重金属和有毒、有机污染物含量较高的废水不得进入氧化塘，以防发生二次污染；

⑥风景区的水资源应综合利用，最后一级氧化塘宜考虑安排为养鱼塘，以提高经济效益。养鱼塘应备有清水水源。当污水浓度较高时，可用清水稀释后再入塘。鱼上市前亦可在清水池内围养数日，吐故纳新，再上市更好。养鱼塘的水中溶解氧$\nless$3mg/L，pH值为7～8。

第三节　风景旅游区供电规划

一、供电规划原则

(1)在景点和景区内不得安排高压电缆和架空电线穿过；

(2)在景点和景区内不得布置大型供电设施；

(3)主要供电设施宜布置于居民村镇及其附近；

(4)在经济不发达并远离电网的地区，可考虑利用其他能源渠道。

二、供电量预测

1. 住宿用电指标

(1)简易旅宿点：每床50～100W；

(2)一般旅宿点：每床100～200W；

(3)中级旅馆：每床200～400W；

(4)高级旅馆：每床400～1000W；

(5)豪华旅馆：每床1000W以上；

(6)留宿工作人员：每人100～500W；

以上用电标准定额幅度最大，在具体用电规划时可根据风景区的区位关系，如规划区气候、生活习惯、设施类型级别及其他影响定额的因素来确定。用电标准定额包括照明、取暖、制冷、电视等设备用电。

2. 供水用电指标

供水用电指标可根据扬程、日用水量按下式进行估算，较准确的用电指标应按表6-11或其他有关说明查询。

$$用电量(KW)=[水泵扬程\times每小时用水量(m^3)\div150]$$

表 6-11 不同的扬程、不同流量配用电机功率表

流量(m³/h)	扬程(m)	管径 mm	功率 kW	流量(m³/h)	扬程(m)	管径 mm	功率 kW
10	60	60	4	20	60	60	7.0
	90		5.5		90		9.2
	120		7.5		120		13
	180		11		180		18.5
	240		15		240		25
	300		18.5		270		30
	480		30				

3. 供电量预测

(1)用电设备总容量(Pa)：供电量是指为满足旅游要求应提供的电能，单位 kw。一个风景区或旅游区中各旅游基地的供电量应等于或略大于有用电器全部开启时的用电量，但实际上该用电量远大于实际使用的用电量。因此，供电量预测值应为：

Pa = 住宿用电量 + 给水用电量 + 其他用电量

式中：其他用电量是指游乐场所、步道、餐饮、中央空调等用电设备。

(2)视在功率(S_c)、有功功率(P_c)和无功功率(Q_c)：在选择电力变压器、开关设备及导线电缆截面时，应通过它们在实际运行中的总负荷来决定。因此，必须通过电力负荷的统计计算，以确定供电系统中各个环节电力负荷的大小，其中视在功率、有功功率和无功功率是 3 个必须计算的指标。

有功功率(P_c)，即电能转换为其他能所作功的功率，单位为瓦(w)或千瓦(kW)。有功功率的计算公式为：$P_c = k \cdot P_a$。

无功功率(Q_c)是指具有电感性的电器设备，有部分能量不能转换成其他形式的能量，而产生交变磁场并通过导线回到发电机去的功率。无功功率按公式 $Q_c = P_c \cdot \mathrm{tg}\varphi$ 计算，单位为乏(var)或千乏(kvar)。

视在功率(S_c)，即表现功率，它是电路中电压和电流的有效值的乘积。视在功率的计算公式为 $S_c = P_c/\cos\varphi$，$\mathrm{tg}\varphi$，单位为伏安(VA)或千伏安(KVA)。

以上计算公式中为电器设备的需要系数和功率因数(表 6-12)。

表 6-12 旅游区常见用电器的需要系数和功率因数

用电设备名称	需要系数 k	因数 cosφ	因数 tgφ
宾馆饭店照明	0.4～0.7	1.0	0
水泵、抽风机	0.75～0.85	0.8	0.75
索道	0.4～0.5	0.7	1.10
其他	0.2～0.4	0.70(平均)	1.02(平均)

4. 用电量预测

用电量是指在满足旅游需求的条件下，实际所消耗的电能，单位为 kw·h(千瓦时)。实际上所有用电器均不可能在设计的时间内不间断的开启，旅游区的用电更是如此。所以，

在计算一个风景区或一个旅游基地用电量时应考虑用电时间的不连续性，并按下式计算其用电量：

住宿用电量(kw·h)=床位数×住宿率×用电指标×用电时数

供水用电量(kw·h)=用水量×水泵功率÷流量

其他用电量(kw·h)=电器功率×年使用天数×日使用时数

三、供电技术要求

1. 变压器选择

在规划设计中，要合理确定变、配电所的位置和数量。变、配电所位置应接近负荷中心，供电安全可靠，进出线方便，适用用电要求；变压器的总容量必经满足该变电所计算负荷的要求，即变压器总容量大于或等于用电设备总计算负荷；一般情况下只选择1～2台变压器，台数过多不仅按线复杂，而且增加电器和土建投资，也使运行管理麻烦。确定变压器容量(Se)可按下式计算：

$$S_e \geqslant \sum S_c \cdot k_e \qquad K_e \text{ 为合理用电系数}$$

2. 电压与输运距离

不同的电压其输运距离不同。因此在要求的输运距离内，要求达到输运要求，就应考虑输运距离。在规划设计中，一般应按如下标准选输运电压：4～15km，额定电压6kV；6～20km，额定电压10kV；20～50kV。额定电压35kV等。以上指标数适合于架空输电线路。

四、供电系统规划

供电系统规划包括输电线路设计、用电设备总容量计算、变压器容量计算及型号选择等。

1. 用电负荷分类

(1)第一类负荷：如中断供电会造成人身伤亡，造成国民经济重大损失、损坏生产中重要设备、破坏复杂的工艺过程，使生产不能长期恢复或产生大量废品等。第一类负荷在设计时要求采用两个独立的电源供电。

(2)第二类负荷：如中断供电会造成国民经济较大损失，损坏生产设备、生产大量减产，以及影响交通枢纽、通讯设施等的正常工作等。第二类负荷要求采用双回路供电，即用两条线路供电。

(3)第三类负荷：除上述一、二类外的一般负荷。第三类负荷供电无特殊要求。

风景区一般因输电难度大、造价高，也不会因停电带来严重影响。因此，电力负荷应归为三类负荷。但为了不影响游客的正常旅游活动，应配备一定数量的发电机，至少应保证夜间的正常用电。因此，所选用发电机的发电功率应以照明电源的用电量为计算依据。

2. 电压选择

我国现有的标准电压等级：

低压——1000V以下，如220V，380V；

中压——1kV～10kV，如3kV，6kV，10kV；

高压——大于10kV，如35kV，66kV，110kV，220kV，330kV.

选择电网的电压，应根据电网内线路电容量的大小和送电距离，按表6-13拟定方案进行比较。

表6-13 单回路输送功率和距离表

线路电压(kV)	线路型式	输送功率(kW)	输送距离(km)
0.22	架空线	50以下	0.15以下
	电缆	100以下	0.20以下
0.38	架空线	100以下	0.25以下
	电缆	175以下	0.35以下
6	架空线	2000以下	10~5
	电缆	3000以下	8以下
10	架空线	3000以下	15~8
	电缆	5000以下	10以下
35	架空线	2000~10000	50-20
110	架空线	10000~50000	150-50
220	架空线	100000~500000	300-100
330	架空线	200000~1000000	600-200

五、变、配电所规划设计

1. 所址选择

变、配电所址选择应综合考虑以下因素：

(1)接近供电区域的负荷或网络中心，进、出线方便，接近电源进线一侧；

(2)尽量不设置在有剧烈振动的场所及易燃物附近；

(3)不设置在地势低洼及潮湿地区，枢纽变电所宜在百年一遇洪水水位之上；

(4)交通运输方便，宜靠近主干道，且有一定距离间隔。

2. 变、配电所的型式及选择

变电和配电所按其位置和环境的不同，可分为独立式、附设式、露天式、半露天式、杆上式、箱式等多种。

(1)独立式：一般多用供电负荷分散，容量较大，有美观要求，以及有可能发生爆炸和火灾危险的场所，是独立的建筑物。

(2)附设式：A. 内设式：适用于负荷大的建筑物内部供电；B. 内附式：适用于负荷中心偏于主要用电建筑物的一边者，并设于电建筑物内部且与建筑物共用外墙外；C. 外附式：设于用电建筑外且与建筑物共同外墙。

(3)露天式：变压器位于露天地面上，用于小容量，且负荷较分散地区。

(4)半露天式：变压器位于露天地面上，但变压器的上方有顶板或挑檐防雨淋措施。

(5)杆上变电所：用于容量小，且负荷分散。容量在180kV及以下地区。

3. 各级变电所的合理供电半径

不同电压供电半径不同，在供电规划设计中应根据用电器与变压器的距离关系，合理设计供电半径，并对从电中心、变压系数及型号进行选择。各级变电所的合理供电半径见表6-14。

表 6-14 变电所合理供电半径表

变电所电压等级(kV)	变电所二次侧电压(kV)	合理供电半径(km)
35	6，10	5～10
110	35，6，10	15～30
220	110，6，10	50～100

第四节 风景旅游区通讯与广电规划

一、规划原则

1. 通讯与广电设施包括程控电话、无线移动电话、无线通讯寻呼系统、闭路电视等设备。

2. 风景区应配备能与国内联系的通讯设备，国家级风景区还应配备和建设能与海外联系的现代化通讯设备、设施。

3. 在景点、景区及旅游基地不得安排架空电线穿过，宜采用隐蔽工程。

4. 至少应在重点旅游区、旅游景点以及各旅游基地建立无线移动电话和无线通讯寻呼系统，在各旅游基地应建立 IP 电话。

二、通讯设施规划

1. 无线通讯系统

按照规划原则，无线通讯与无线寻呼系统的建台数应与通讯要求相符。由于风景区多在偏远山区，以往人迹罕至，通常通讯基础设施极差。虽然要求无线通讯与无线寻呼力求全区覆盖，但往往由于造价高，在短期内投资很难收回，因之很难达到要求。正因为以上原因，对于风景区有二期规划建设项目，应考虑按照需要补缺补遗，或更换设备以使扩大无线通讯系统的覆盖面，提高服务质量。对于新开发的风景区，应重点考虑，逐步建设，有计划按需要安排。如在可利用资金有限的情况下，按照旅游城、旅游镇、旅游村、旅游点、主要景区…的顺序进行规划，确保投资建设的利用效率和经济效益。

无线通讯与无线寻呼的建台数量的计算，其依据为建设地点。当建设地点确定后，按“一点二台”(无线通讯移动电话传送台、无线通讯寻呼传呼台)的原则计算，并应在图面材料上标明建设的具体地理位置。

2. 有线通讯系统

随着科学技术的发展，当前采用的有线通讯系统多以程控系统的方式，使通讯效率和效果大为提高。程控交换是在一定范围内、一定有限电话数量的条件下，来电和去电均通过程控系统取得联系。因此有限通讯系统规划设计的关键是程控交换机容量的选择和程控交换机控制范围的确定。

(1)程控交换机的控制范围：程控交换机的控制范围不宜过大，一般半径控制在 10km 范围内即可。也就是说，在半径为 10km 范围内的所有分户电话均应通过程控交换机进行。但是，在风景区规划设计中，往往由于存在山脉阻隔，很难在一个区域实现一个程控系统，常常是二个或二个以上系统操作，这样更有利于降低成本。

(2)程控交换机容量的确定：程控交换机容量依赖于用户的多少，而用户的多少是一个动态渐增的过程。所以，在程控交换机容量的选择上应体现超前意识，必经用发展的眼光设计。因此，程控交换机客量应用下列公式计算：

$$P=(N_1+N_2+N_3+N_4\cdot r)\times 120\%$$

式中：P——程控交换机容量(门)；

N_1——控制系统内房间数(部)；

N_2——控制系统内与旅游业有关的办公电话数(部)；

N_3——控制系统内 IP 电话数(部)；

N_4——控制系统内居民房数(户)；

r——控制系统内居民未来安装率(%)。

例如：有一区域，规划设计的客房间数为 80 间，办公用电话 40 部(含传真机、计算机网络)，设计 IP 电话 50 部，控制区内有居民 300 户，预测未来安装率为 60%，则 P=376.8≈400(门)。由计算可知，该控制区应安装一台 400 门的程控交换机。

三、广电设施规划

广电设施在对旅游区规划设计中，主要指电视接收系统的规划。电视接收系统在规划设计时，主要考虑客房、旅游区办公和留宿职工的需要。

1. 有线电视规划

若旅游基地和办公、职工留宿地距城市(县城、市等)较近，或地方经济较发达，可考虑按有线电视进行规划设计，其设计线路与有线电话线路设计同步进行，并同步施工。在一般情况下，有线电视线路和有线电话线路应与道路平行，沿道路一侧埋设或悬空(如过桥线路)。

2. 无线接收系统规划

若旅游基地和办公、职工留宿地距城市较远，或因建设投资困难，或因线路由于洪水、塌方等不可避免的因素的破坏，则应设计无线电视接收系统。无线接收系统规划设计的依据为使用单元。所谓使用单元就是一个用户比较集中的区域，如一个办公区，一个旅游基地等。无线接收系统在规划时，原则上一个单元一个接收系统。如某风景区有 5 个这样的单元(不含被有线电视系统覆盖的范围)，那么相应就应有 5 套无线电视接收系统。

第五节 案例

一、停车场面积估算(少华山森林公园总体规划设计)

1. 设计指标

(1)最大日游客量：按照前述计算少华山在 2013 年最大日游客量为 9500 人；

(2)乘车类型：根据对少华山森林公园的区位条件和市场分析，乘汽车进入旅游区的游客占 95% 以上，非专门旅游客车的游客比例占 30% 左右，即有 35% 的游人不在车场面积计算范围；专门旅游汽车的小轿车、中巴车、大客车的比例拟按 1:15:25 计算。

（3）单车泊位面积

小轿车 25m^2；中巴车 50m^2；大客车 65m^2，通行道以泊位面积的 40% 计算（实际为停车场面积的 28% ~30%）。

2. 停车场面积测算

按照上述指标，2013 年少华山森林公园停车场面积应按 18 179m^2 建设。其中需设计停小轿车 51 辆、中巴车 112 辆、大客车 94 辆。具体计算如下：

停车场面积 = 泊位面积 + 泊位面积 × 40% = 18 179m^2

3. 停车场位置及面积规划

根据少华山森林公园旅游功能分布和自然地理条件，需建停车场 6 处，其中有 2 处为重要停车场。6 处停车场的位置和面积分别为：大佛寺，面积为 2000m^2；华山前院，面积为 2500m^2；少华旅游镇，面积为 3000m^2；管理中心，面积为 4000m^2；翠松山庄，面积 4000m^2；田园度假村，面积为 2500m^2。

二、服务设施建设规划（陕西兴平沿渭旅游发展总体规划）

1. 服务设施地选择原则

（1）服务设施地应有一定的用地规模，既要接近游览对象并有可靠的隔离，又要符合风景保护的规定。严禁将住宿、购物、饮食、娱乐、保健、机动交通等设施布置在有效景观和影响环境质量的地段；

（2）服务设施地应具备水、电、能源、环保、抗灾等基础工程条件，应靠近交通便捷的地段，并尽可能依托现有游览设施及城镇设施；

（3）服务设施地应避开易发生自然灾害和其他不利于建设的地段。

2. 服务设施地选择方法

（1）用地规模与游览设施地的等级相适应，根据设施用地标准，合理规划设施基地的配置；

（2）服务基地与游览对象的可靠隔离，以绿化地为主要手段，并注意充分发挥各自的发展余地同有效隔离的关系；

（3）基础工程建设条件与服务设施建设统一，对宜建立服务基地的地段，但因通讯、广电、能源、电力等因素薄弱，在规划时按其需要配足配齐。

3. 服务设施规划类型

服务设施是旅行游览设施的总称。这些直接为游人服务的旅游设施项目，结合历史的分化组合，特别是近几十年的演变，可以按其功能和行业习惯，统一归纳为 8 个类型，即旅行、游览、饮食、住宿、购物、娱乐、保健和其他共 8 类。

（1）旅行类：旅行类是指旅行所必须的交通和通讯设施。旅行类设施项目，由于是为了满足游客方便旅游要求而建设的项目，它并非游客出游目的。根据本规划区实际情况，以对资源保护和合理利用、系统联接各旅游功能区为前提进行规划。关于这方面的内容将在的基础设施规划中详细说明。

（2）游览类：游览是指游览所必须的导游、休憩、咨询、环保、安全等设施。在规划中游览设施建设的环保、安全等设施，已列入基础设施规划。

（3）饮食类

餐饮规模定位：规划设计餐饮规模为可满足500人同时就餐需求。

类型定位：以农家风情餐饮类型为主，兼顾高档消费服务需要。

级别定位：以中低档餐饮消费为主，兼顾高档消费需要。其基本分配为中低档餐饮消费占2/3，高档消费占1/3。

服务对象定位：以城市消费群体为主，兼顾农村消费需要。

⑤位置：田阜寨、阜王寨、荷园度假村、田阜鱼庄4处。

(4)住宿类：住宿条件及床位数影响风景区的结构和基础工程配套管理设施，因而应是一种标志性的重要调解控制指标。

性质：以休闲度假服务为主，兼顾会议、商务、接待服务。

数量：规划建筑面积18 200m^2，床位数350个。

位置：田阜寨、阜王寨、荷园度假村3处。

风格：田阜寨，农家形式16家，每家300m^2，二层半结构，秦代古建筑风格；阜王寨，农家形式20家，每家200m^2，单层结构，兴平农家四合院建筑风格；荷园度假村按200个标准间规划，四层半结构，秦代古建筑风格。

用地面积：50亩*，其中绿化、道路用地占45%以上。

旅宿标准：按现行分类方法，可将其划分为套间、单人间、双人间和三人间几种类型。

三人间：面积12~15m^2，不含卫生间；二人间：亦称标准间，面积12~15m^2，含卫生间；单人间：面积12~15m^2，含卫生间；套间：小型套间相当于2个标准间面积，并分隔为办公间和休息间，且含卫生间；大型套间相当于2.5~3个标准间面积，同样分隔为办公间和休息间二部分，含卫生间。

其他附属面积：其他旅宿面积包括接待室、值班室、走廊、公共卫生间(水房)、餐厅、楼梯等。其面积按照宾馆设计级别不同，附属面积约占旅宿建筑总面积的15%~25%(农家旅宿型建筑总面积占规划总面积的30%以上)。在其他附属面积中不包括室内活动项目所需面积。

(5)购物类：购物是具有规划区特点的商贸型服务项目。根据规划区所在地可利用资源储量、开发前景、稀有性或独特性特点等，确定购物设施建设规模，其中包括购物点分布与规模、购物品加工点的位置与规模。

购物点分布：田阜寨(杂粮加工产品、手工工艺制品)、阜王寨(杂粮加工产品、手工工艺制品、莲籽)、荷园度假村(杂粮加工产品、手工工艺制品、莲籽)、净菜加工场(莲菜)、松竹梅园(生活日用品)、桃花岛(果品销售)、公园入口(果品销售)、文化广场(生活日用品、手工工艺制品)、休闲广场(生活日用品)等处。

规模：公园入口、文化广场、休闲广场建筑面积合计200m^2，其他建筑面积与规模与该区的服务类型、设施已一并考虑。

购物品加工点位置与规模：在购物品加工方面，杂粮加工产品、手工工艺制品可由农户分散加工，统一包装，不考虑加工地点；清水莲净菜加工场规划于田南村东南的二阶台地，规划建筑面积1500m^2，钢筋混凝土结构，建筑风格不限。

(6)娱乐类：娱乐是指规划区开发的娱乐或文体活动的设施项目。兴平荷花园由于规划

---

* 15亩=1公顷

设计多种多样的实体观光游览项目，规划可利用这些资源开发水运娱乐、游憩娱乐、休闲娱乐、荷苑娱乐等城市公园的大型和特大型娱乐活动项目。

水运娱乐：如荡舟采莲、鱼塘垂钓、炎夏游泳

游憩娱乐：野营露营、拓展训练、田园采摘、劳作体验

休闲娱乐：麻将娱乐、棋牌娱乐、表演娱乐、文化娱乐

体育运动娱乐：环湖自行车竞技、游泳竞技、荡舟竞技

服务设施建设项目与工程量见表6-15。

4. 服务设施建设级别

兴平万亩清水莲服务设施建设级别，按照《旅游风景区规划规范》的相关规定，可划分为三级：即服务部、旅游点、旅游村，其分级配置见表6-16。

服务部：园区规划的所有小卖部

旅游点：田阜寨、阜王寨、田阜鱼庄(无住宿设施)。

旅游村：荷园度假村

表6-15　游览、服务设施建设规划与工程量表

项目名称	单位	数量	备　注
园区大门	座	1	秦代古建筑风格
望江阁	座	1	两层墩式仿古建筑，应体现“秦砖汉瓦”
加工厂	m^2	1500	钢筋混凝土结构，建筑风格不限
田阜鱼庄	m^2	3000	农家形式10家，每家300m^2，二层半，建筑风格不限
田阜寨	m^2	4800	农家形式16家，每家300m^2，二层半，秦代古建筑
阜王寨	m^2	4400	农家形式20家，每家200m^2单层，兴平农家建筑
荷园度假村	m^2	6000	按200个标准间规划，秦代古建筑风格
若兰苑四舫	座	4	秦代仿古建筑
顾湖亭	座	1	五层仿古建筑
茶舍、小卖部	处	9	可根据所处园区不同，采取不同风格
管理用房	处	2	大门、松竹梅园各一处
瓜果长廊	米	1550	宽度2～3m，白色混凝土构架，或仿树、竹杆
广场建设	m^2	3000	规划2处，含地面贴瓷、雕塑、灯饰、喷泉、绿化等景观建设平均价
环湖景观建设			亲水平台及其他景观

表6-16　游览设施与旅游基地分级配置表

设施类型	设施项目	服务部	旅游点	旅游村	备　注
旅行	非机动交通	▲	▲	▲	步道、自行车道、存车
	邮电通讯	△	△	△	话亭、邮亭、邮电所
	机动交通	×	▲	▲	停车场，公路
游览	导游小品	▲	▲	▲	标示、标志、公告牌
	休憩庇护	△	▲	▲	集散点
	环境卫生	△	▲	▲	废弃物箱、公厕
	公安设施	×	△	△	派出所、消防站、巡警

（续）

设施类型	设施项目	服务部	旅游点	旅游村	备　注
餐饮	一般餐厅	×	△	△	饭馆、饭铺、食堂
	中级餐厅	×	×	△	有停车车位
	高级餐厅	×	×	△	有停车车位
住宿	一般旅馆	×	▲	▲	六级旅馆、团体旅舍
	中级旅馆	×	×	▲	四、五级旅馆
	高级旅馆	×	×	△	二、三级旅馆
购物	小卖部商亭	▲	▲	▲	
	商店	×	×	△	包括商业买卖街、步行街
娱乐	艺术表演	×	△	△	音乐厅、杂技场、表演场
	游戏娱乐	×	×	△	游乐场、歌舞厅、俱乐部、活动中心
	体育运动	×	×	△	室内外各类体育运动健身竞赛场地
保健	休养度假	×	▲	▲	有床位
	疗养	×	▲	▲	有床位

限定说明：×，禁止设置；△，可以设置；▲，应该设置。

三、基础设施建设规划（陕西兴平沿渭旅游发展总体规划）

（一）交通设施规划

1. 对外道路交通规划

兴平万亩清水莲综合开发区对外道路交通，规划北接西宝中线的“兴咸公路”，自兴平市的西吴镇进入，借助西吴——侯村的新修6m宽的混凝土路面，到达园区的北端。为了增加进入园区的印象效果，对外道路交通连线的两侧的绿化带不小于10m。

同时，应加强道路的管理和景观建设，保证道路随时畅通，严禁在道路两堆放秸杆，在道路上堆放杂物或与堵塞交通有关的其他活动。

2. 内部道路交通规划

（1）车行游览路

车行游览路是沟通农业观光区内部各功能区和游赏景点、方便游人快速到达各个景观区、景点的主要车行道路，为2车道6～8m宽，全长7854m。包括按本规划排序的一级道路沥青路面，宽度8m。二级沥青路路面，宽度6m。三级道路混凝土路面，宽度4m。车行游览路规划主要以原有的乡村道路为主，并结合游览内容适当开辟新路。道路的改造和建设应充分考虑周围的环境与景观，在满足功能的前提下，突出观光园区的生态景观特色，同时满足大量游人活动和集散需求，也能形成新的景观特色。

（2）环湖景观路

本规划利用现状堤顶路加以改造，形成环湖道路，为2车道全长约2350m，二级沥青路路面，宽度6m。具有环湖观光游览、开展体育活动、沟通景区、景点等多项功能。环湖景观结合防洪堤景观绿化形成花园林荫路，并严格控制机动车交通，除局部地段外不允许任何社会车辆进入。建议将堤岸、道路进行适当改造，留出充足的环湖绿化带，创造优美的观光游览空间。

(3)步行游览路

规划结合园区总体布局和景观规划设置步行游览路。步行游览路分布于阜寨湖、田阜塘、若兰苑3个区域。步行游览路的类型主要为沙石路、石板路、木质栈道、瓜果长廊等，路宽1.5~3m，全长6200m。另外，在步行游览路的一些地段规划设计石砌拱桥，共设计石砌拱桥10处。

(4)停车场规划

根据游览组织与观光区布局，规划集中式停车场，停车场应尽量与游览设施结合，减少占地、保护景观资源，也可在一些景点结合服务设施设置小型停车场。本规划共设置6处游览车停车场，分别位于望江楼、田阜鱼庄、田阜寨、松竹梅园、荷园度假村、中心广场，规划面积3000m^2。

兴平市沿渭万亩清水莲生态观光园区交通设施规划详见表6-17。

表6-17 基础设施建设规划与工程量表——道路工程建设

建设项目	单位	数量	备 注
道路工程建设			
一级道路	m	1591	沥青路面，宽度8m，从园区大门到望江阁
二级道路	m	4056	沥青路路面，宽度6m，从观光区主干到
三级道路	m	2207	混凝土路面，宽度4m，清水莲生产区干道
四级道路	m	2800	混凝土路面，宽度2m，若兰苑及其他游道
五级道路	m	3400	踏步路面，宽度2m，阜寨塘及其他游道
石砌拱桥	座	10	连接阜寨岛2座(大)，连接若兰舫8座(小)
平曲木桥	m	30	连接顾湖岛，仿木版混凝土结构
生态停车场	m^2	3600	规划4处，按停200辆小轿车计算，沥青路面

(二)给排工程规划

1. 给水工程规划

根据兴平市沿渭万亩清水莲生态观光园区的生产、观光农业布局结构，对规划区的水资源量、水质的调查，区内的用水类型，以及由于远离城市的实际情况等，规划给水工程由园区直接供给。同时为了降低建设成本和规划区地下水位较低的有利条件，分析认为可缩小水源供给，适当增加给水点。因此，规划在规划区打井50眼，其中生活与景观造景用水给水点4处(打井4眼)，清水莲、鱼塘灌溉给水点46处(打井46眼)，给水管网长度12 000m，建给水加压泵站一处，蓄水池4处，增加生活供水管网供水压力，满足该线路用水设施的用水需求。

根据用水量需求，4处生活与景观造景用水给水点供水范围主要包括：田阜鱼庄、田阜寨、阜寨岛、荷园度假村，其中阜寨岛与中心广场合用一个给水点，并建给水加压泵站，为中心广场提供喷泉用水。所有供水管道均采用钢筋混凝土给水管材，并尽可能沿现有或规划道路敷设，采用环状与枝状相结合的形式布置。

兴平市沿渭万亩清水莲生态观光园区给水工程规划详见表8-3。

2. 排水工程规划

规划区的观光农业中心区由于发展餐饮业和游人的大量进入，必然对原有良好生态环境造成不利影响。根据预测游人数及所产生的污水总量，按最大日生活用水量的80%计算，为$12m^3$/日×80%＝$9.6m^3$/日。污水工程规划采用风流制，即度假区内的污水管网与雨水管网分为两个排上水体系，以降低污水处理量，提高污水处理效益与达到环保要求。

区内雨收集管道沿规划道路铺设，最终汇入规划中的露天污水处理区，通过沙地下渗或沉淀被园区灌溉利用。

区内污水处理实行规范技术、综合利用、局部消化的方法，在各餐饮区统一建氧化塘污水处理池2个，轮流使用。氧化塘中的污水经下渗或沉淀，其固体物质可用于施肥。在有条件的情况下，可规划设计为沼气池，实现污水处理的循环生态经济。污水管道管材采用钢筋混凝土排水管。污水处理厂采用二级生化处理工艺，度假区内产生的所有污水，经污水处理厂集中处理后，出水水质达到国家《污水综合排放标准》(GB8978－1996)二级标准规定的要求，污水厂出水建议作为园林绿化、道路浇洒用水等污水再生利用途径。

根据旅游设施布局规划，应因地形原因，分别规划集中污水处理设施，处理设备可采用埋地式一体化污水处理设备，以免对周围环境造成影响，污水处理后的出水可排入林地内，采用渗透法进行土地处理，但林地的选择要慎重，应选择对环境影响小，坡度平缓的地区，避免二次污染。

兴平市沿渭万亩清水莲生态观光园区排水工程规划详见表6-18。

表6-18 基础设施建设规划与工程量表——给排、供电、通讯工程建设

建设项目	单位	数量	备 注
给排水工程			
水井	眼	50	每200亩1眼，封闭式
给水管线	m	12000	地埋式
排水工程	m	2500	主要为阜寨湖排水，150cm混凝土管线
污水处管线	个	4	氧化塘，混凝土结构，封闭式
其他配套设施			节口、阀门、套件、排水管线
供电工程			
变压器	台	5	10kVA，箱式变压器
高压输电网	m	8500	地埋式
低压输电网	m	11000	地埋式
观光园灯饰	盏	200	主干道路灯、装饰灯
其他配套设施			供电工程其他配件、安装
通讯工程			
通讯线路	m	4500	有线电视有线电话线路
电信机站	座	1	对信号的加强、对园区及周遍居民的服务

（三）电力、电信工程规划

1. 供电工程规划

规划区的用电负荷依据相关规划规范，根据不同用地性质，采用分类综合用电指标法，用电负荷为15mW。根据《兴平市总体规划》和《兴平市2010年供电区域规划》，规划区的电源主要由6～10kV的临近高压线路引入，形成单电源供电的形式。在荷园度假中心、田阜寨、田阜鱼庄、阜寨岛与若兰苑的交界处，清水莲净菜厂等处分别规划配电所，部分配电所形成环路，提高供电的稳定性。区内6～10KV供电线和其他低压供电线规划均采用直埋地下电缆敷设，各变电所均采用室内型或箱式变压器，以保证景观的良好视觉效果。

2. 电信工程规划

在规划中心区——兴平荷花园区的入口附近的侯村（或自西吴镇）引入城市电信电缆，在侯村设电信机站，就近辐射到各个旅游服务站和休闲娱乐区域。

规划在侯村设立邮政营业部（邮政营业点），加快邮件传递速度。同时加强电信建设，加速电信的可靠性及未建设地区的电信引入进程。区内通讯线路规划均采用直埋地下电缆铺设，以保证景观的良好视觉效果，增强抵抗灾害能力，保证通信安全畅通。

为满足旅游度假区内机动车路以及步行路将来安装电话及相关服务设施，在路边埋地铺设四孔电信管。

兴平市沿渭万亩清水莲生态观光园区电力、电信工程规划详见表6-19。

表6-19 环境保护建设规划与工程量表

建设项目	单位	数量	备注
环境保护			
垃圾筒	个	50	
污水处理池	个	4	氧化塘沉淀，含管道造价
其他配套设施			环境建设未涉及的工程
生态环境建设			
经济林建设	亩	1012	规划 D_0≥15CM，110株/亩
防护林建设	亩	722	规划 D_0≥15CM，80株/亩
园林绿化建设	亩	883	按园林规划设计建设
园区道路绿化	m	7854	按园林规划设计建设

【复习思考题】

1. 在风景旅游区规划中，交通规划的原则是什么？交通规划包括哪些内容？
2. 在风景旅游区规划中，给排水规划的原则是什么？给排水规划包括哪些内容？
3. 在风景旅游区规划中，供电设施规模如何计算？
4. 风景旅游区污水处理适合哪种流程？它的基本原理是什么？
5. 风景旅游区供点有几种形式可选择？哪种形式比较适合风景旅游区，为什么？
6. 生活饮用水标准应达到哪个国家标准，水质量的具体要求有哪些？

第七章 风景旅游区专项规划

【本章提要】

风景旅游区专项是旅游资源可持续利用、旅游产业可持续发展的关键，是安全保障性规划，虽然与旅游产业的经济效益关系不大，但风景旅游区开发的社会效益、生态效益关系密切，也仍然是规划成败的关键环节。风景旅游区专项包括保护培育规划、环境保育规划、典型景观规划、土地利用协调规划、居民社会调控规划等。本章阐述社会效益、生态效益密切相关的5项基本内容，还简要论述了风景旅游区发展规划。

第一节 保护培育规划

一、风景保护分级

按照《风景名胜区规划规范》(GB / Y50298—1999)规定，风景名胜区应对资源和环境实行分级保护。风景名胜区按保护级别可划分为4个等级，即特级保护区、一级保护区、二级保护区和三级保护。风景保护区级别划分和各级风景保护区保护措施应符合以下规定：

1. 特级保护区划分与保护规定

(1)保护对象：风景区的自然保护核心区以及其他不应进入游人的区域应划为特级保护区。

(2)保护措施：特级保护区应以自然地形地物为分界线，其外围应有较好的自然条件作为缓冲区，在特级保护区内不得有任何建筑设施。

2. 一级保护区划分与保护规定

(1)保护对象：在一级景点和景物周围应划出一定范围与空间作为一级保护区，宜以一级景点为视点，以视域范围作为保护区区域划分的主要依据。

(2)保护措施：一级保护区内可以规划建设必需的步行游赏道路和相关设施，严禁建设与风景无关的设施，不得安排旅宿床位，特别是机动交通工具不得进入本区。

3. 二级保护区划分与保护规定

(1)保护对象：在景区范围内，以及景区范围之外的非一级景点和景物周围，应划为二级保护区。

(2)保护措施：二级保护区内可以安排少量旅宿设施，但必须限制与风景区旅游主题无关的建设，也应限制机动交通工具进入本区。

4. 三级保护区的划分与保护规定

(1)保护对象：在风景区范围内，对以上各级保护区之外的地区应划为三级保护区。

(2)保护措施：在三级保护区内，应有序控制各类建设与设施项目，凡所规划建设的设施项目，均必须与风景环境及旅游主题相协调。

保护培育规划应依据本风景区的具体情况和保护对象的级别而择优实行分类保护或分级保护，或两种方法并用，应协调处理保护培育、开发利用、经营管理的有机关系，加强引导性规划措施。

5. 风景保护分级应注意的问题

(1)在保护培育规划中，分级保护是常用的规划和管理方法。这是以保护对象的价值和级别特征为主要依据，结合土地利用方式而划分出相应级别的保护区。在同一级别保护区内，其保护原则和措施应基本一致。

(2)所规定的四级保护区及其保护原则和措施，可以覆盖风景区范围内各种土地利用方法，同自然保护区系列或相关保护区划分方法容易相接。其中，特级保护区也称科学保护区，相当于我国自然保护区的核心区，也类似分类保护区的生态保护区。

(3)分类保护和分级保护各有其产生的背景和规划特点。分类保护强调保护对象的种类和属性特点，突出其分区和培育作用。分级保护强调保护对象的价值和级别特点，突出其分级作用。

(4)在保护培育规划中，应针对风景区的具体情况、保护对象的级别、风景区所在地域条件，择优选择分类或分级保护方法，或者以一种为主和另一种为辅的两者并用方法，形成分类之中有分级或分级中又有分类的层次关系，使保护培育、开发利用、经营管理三者各得其所，并有机结合起来。

二、风景保护规划

按照《风景名胜区规划规范》(GB / Y50298—1999)规定，风景名胜区应对资源和环境实行分类保护。风景保护类型可分为生态保护、自然景观保护、史迹保护、风景恢复、风景游览和发展控制等，并依据此项规定划分生态保护区、自然景观保护区、史迹保护区、风景恢复区、风景游览区和发展控制区。各类保护规划应相应符合以下规定：

1. 生态保护区划分与保护规定

(1)保护对象：对风景区内有科学研究价值或其他保存价值的生物种群及其环境，应划出一定的范围与空间作为生态保护区。

(2)保护措施：在生态保护区内，可以配置必要的研究和安全防护性设施，应禁止游人进入，不得搞任何与保护无关的建筑设施，并严禁机动交通车辆进入。

2. 自然景观保护区划分与保护规定

(1)保护对象：对需要严格限制开发行为的特殊天然景源和景观，应划出一定范围与空间，作为自然景观保护区。

(2)保护措施：在自然景观保护区内，可以配置必要的步行游览和安全防护设施，并应控制游人进入，不能安排与游赏项目无关的人为设施，同时严禁机动交通车辆进入。

3. 史迹保护区划分与保护规定

(1)保护对象：在风景区内，对各级文物和有价值的历代史迹遗址，在其周围应划出一定的范围与空间作为史迹保护区。

(2)保护措施：在史迹保护区内，可以规划建设必要的步行游览和安全防护设施，宜控制游人进入，不得安排旅宿设施，严禁增设与其无关的人为设施，严禁机动交通及其设施进入，严禁任何不利于保护的人为活动进入。

4. 风景恢复区划分与保护规定

(1)保护对象：对风景区内需要重点恢复、培育、抚育、涵养、保持的对象与区域，例如森林与植被、水源与水土、浅海及水域生物、珍稀濒危生物、岩溶发育条件等，应划出一定的范围与空间作为风景恢复区。

(2)保护措施：在风景恢复区内，可以采用必要技术措施与设施促进风景恢复，应分别限制游人和居民活动，实行有序开放。在设施建设方面，不得规划与其无关的建设项目，严禁在风景恢复区内有不利于风景恢复的活动开展。

5. 风景游览区划分与保护规定

(1)保护对象：在风景区内，凡是景物、景点、景群、景区等各级风景结构单元和风景游赏对象集中分布的地域，可划出一定范围与空间作为风景游览区。

(2)保护措施：在风景游览区内，可以进行适度的资源利用规划，适度安排各种游览观赏项目，应分级限制机动交通及旅游设施的配置，也应分级限制居民进入区内活动。

6. 发展控制区划分与保护规定

(1)保护对象：在风景区范围内，对上述5类保护培育区以外的用地与水面及其他各项用地类型，均应划为发展控制区。

(2)保护措施：在发展控制区内，可以允许原有土地利用方式与形态的存在，也可以规划同风景区性质与容量相一致的各项旅游设施及旅游基地建设项目，可以规划有序的生产活动、经营管理等设施项目，但应分别控制各项设施的规模与内容。

7. 风景保护规划应注意的问题

(1)风景区的基本任务和作用之一是保护培育国土、树立国家和地区形象。因而，在绝大多数风景区规划中，特别是在总体规划阶段，均把保护培育的内容作为一项重要的专项规划来做。

(2)风景区的保护培育规划，是对需要保护培育的对象与因素实施系统控制和具体安排，使被保护的对象与因素能长期存在下去，或能在被利用中得到保护，或在保护条件下能被合理利用，或在保护培育中能使其价值得到增强。

(3)风景区保护培育规划基本内容

①首先，应查清保护培育资源，明确保护培育的具体对象和因素。其中，各类景源是首要对象，其他一些重要而又需要保护培育的资源也可被列入，还有若干相关的环境因素、旅游开发建设项目也有可能成为被保护因素。

②其次，应依据保育对象的特点和级别划定保护培育范围，确定保护培育原则。例如，对于生物的再生性就需要保护其对象本体及其生存条件，水体的流动性和循环性就需要保护其汇水区和流域因素，溶洞的水溶性特征就需要按其规律保护水湿演替条件。

③还应依据保护培育原则制定保护培育措施，并建立保护培育体系。保护培育措施的制定要因时、因地、因境制宜，要有针对性、有效性和可操作性，应尽可能形成保护培育体系。

(4)在保护培育规划中，分类保护是常见的规划管理方法。它是依据保护对象的种类及其属性特征，并按土地利用方式来划分出相应类别的保护区。在同一类型的保护区内，其保护原则和措施应基本一致，便于识别和管理，便于和其他规划分区相衔接。

(5)六种保护区及保护原则、措施，可以覆盖风景区范围内的各种土地利用方式，并同海外的“国家公园”或国内外相关的保护区划分方法易于互接，因而具有很强的包容性和适用性。

(6)分类保护中的风景恢复区，是很有当代特征和中国特色的规划分区，它具有较多的修复、培育功能与特点，体现了资源的数量有限性和潜力无限性的双重特点，是协调人与自然关系的有效方法。

第二节　环境保育规划

一、污染防治规划

1. 制定污染防治规划的目的

污染防治规划，是指由于大量游客进入而对环境质量带来污染影响而实施的一种预防和治理规划。其中污染源主要针对游客，污染物包括果袋、快餐盒、酒瓶等废弃物。游客进入旅游区后，很有可能随身携带多种餐、饮品，这些餐、饮品在游客用完餐后，大部分被抛弃，从而造成旅游区白色污染。因此，污染防治规划就是专门解决“白色”垃圾对旅游区造成污染问题的专项规划，其解决的目标是为继续保持和相对提高旅游区的本底环境质量，确保规划区旅游业的可持续发展目标的有效实现。

2. 制定污染防治规划的内容

污染防治规划的主要内容包括：垃圾桶、垃圾收集站，及环卫人员编制等几个方面的内容。垃圾桶的设置应安排在游客比较集中的旅游线路上，或游客可能休息的地段，以及交通枢纽、森林浴场、海水浴场等游乐区域，在亭、台、楼、阁等观景点也应设计垃圾桶。垃圾桶的形状、颜色应与区域旅游环境相协调，使其达到位置明显又不冲淡游赏景观，形状别致又具收集垃圾的功能。

垃圾收集站是所有垃圾集中堆放、处理的场所。因此，其位置应避开游览路线，也不宜在保护区、观赏区及其他游乐场所附近设置，以免使游人产生不良印象。垃圾处理场应设在旅游基地附近，除垃圾回收外，还应进行分检，并对分检出的各类垃圾按类处理。

二、消防安全规划

火灾不仅在建筑物内发生，而且也常在草原、森林、灌木林地内发生。因此，消防安全规划应考虑两个方面的内容，一是城镇消防规划，二是森林消防规划。

1. 城镇消防规划

城镇消防规划，主要应在旅游区规划建设有楼、堂、馆、所、店的设施内部设计。其规划设计安排应与这些项目的建设同步进行，即在建筑物交付使用前，消防设施应安装到位。

一般对楼、堂、馆应设计手提式灭火器，每10～20间客房一组，每组5个；或按楼层设计，每层按面积大小设计若干个或分成若干组。旅游纪念品或生活用品商店也可采用手提式灭火器，也可采用舟车式灭火器。手提式灭火器按每10m^{2}一个设计，舟车式灭火器按每100m^{2}一台设计。

此外，变电所、程控交换机房、仓库也应按照可燃物类型、保护范围等规划消防灭火器材。

2. 森林防护规划

森林是风景区景观的物质基础，因此保护旅游区的森林植被，也就是保护旅游区的可持续经营。构成森林的树种又因其生态环境条件的差别，其树种在空间分布上出现明显的差异，这种差异集中体现在森林的景观外貌上。又由于不同树种的燃烧性不同，其森林景观的潜在火行为也不一样。所以在森林保护规划方面，首先应划分出易燃林区或确定出易燃林区范围和面积大小，以便使消防设施投资更合理。

森林消防设施设备一般应包括：森林消防指挥车、风力灭火机及其他消防工员，除此之外还应配备一定数量的无线电通讯设备，并要对旅游区的工作人员进行防火知识教育，对适龄男职工进行防火、灭火培训。使其真正体现“隐患险于明火、防灾胜于救灾、责任重于泰山”的防灾减灾指导原则。

第三节　典型景观规划

一、典型景观规划内容与要求

1. 典型景观规划内容

风景区应依据其主体特征景观或有特殊价值的景观进行典型景观规划。

典型景观规划应包括：典型景观的特征与作用分析，规划原则与目标，规划内容、项目、设施与组织，典型景观与风景区整体的关系等内容。

在每个风景区中，几乎都有代表本风景区主体特征的景观。在不少风景区中，还存在具有特殊风景游赏价值的景观。为了使这些景观能发挥应有的作用，并且能长久存在和永续利用，在风景区规划中应编制典型景观规划。例如：崂山海上日出、黄山云海日出、蓬莱海市蜃楼景等，都需按其显现规律和景观特征规划出相应的赏景点；再如：岩溶风景区的山水洞石和钙华景观体系，黄果树和龙宫风景区的暗河、瀑布、叠水、泉溪河湖水景体系，黄山群峰、桂林奇峰、武陵峰林等山峰景观体系，峨嵋的高中低山竖向植物地带景观体系，均需按其成因、存在条件、景观特征规划其旅游欣赏和保护管理内容；又如，武当山的古建筑群、敦煌和龙门的石窟、古寺庙的雕塑、大足石刻等景观体系，也需按照创作规律和景观特征规划其游览欣赏、展示及维护措施。

2. 典型景观规划要求

典型景观规划必须保护景观本体及其环境，保护典型景观的永续利用；应充分挖掘与合理利用典型景观的特征及价值，突出特点，组织适宜的游赏项目与活动；应妥善处理典型景观与其他景观的关系。

风景区是人杰地灵之地，能成其为典型景观者，大多是天成地就之事物或现象，即使有些属于人工杰作，也非一时一世之功。能成为世人皆知的典型景观，大多成功于历史世代持续努力。因而典型景观规划的原则，第一就是保护典型景观本体及其环境，第二是挖掘和利用其景观特征与价值，发挥其应有作用。例如，河北南戴河沙丘和福建海坛沙山都有其形成原理和条件，把这些海滨沙景开辟成直冲大海的滑沙场，是体现资源的利用价值，但是在滑沙活动中会带动一部分沙子冲入大海中，没有注意对资源的保护。对于这样的典型景观，就同时要求十分重视和保护沙山的形成条件，使之能不断恢复和持续利用。

二、典型景观规划规定

1. 植物景观规划规定

(1)维护原生种群和区系，保护古树名木和现有大树，培育地带性树种和特有植物群落。

(2)因境制宜地恢复、提高植被覆盖率，以适地适树的原则扩大林地，发挥植物的多种功能优势，维护和改善风景区的生态和环境条件。

(3)利用和创造多种类型的植物景观或景点，重视植物的科学意义，组织专题游览环境和活动。

(4)对各类植物景观的植被覆盖率、林木郁闭度、植物结构、季相变化、主要树种、地被与攀缘植物、特有植物群落、特殊意义植物等，应有明确的分区分级的控制性指标及要求。

(5)植物景观分布应同其他内容的规划分区相互协调。在旅游设施和居民社会用地范围内，应保持一定比例的高绿地率或高覆盖率控制区。

除少数特殊风景区以外，植物景观始终是风景区的主要景观。在自然审美中，早期的“毛发”之说，近代的“主景、配景、基调、背景”之说，均表达了其应有的作用和地位。在人口膨胀和生态面临严重挑战的情况下，植物对人类将更加重要。因而，风景区植被或植物景观规划也愈具有显要地位和作用。

在植物景观规划中，要维护原生种群和区系，不应大砍大造而轻意更新改造，要因景制宜提高林木覆盖率，不应毁林开荒。要利用和创造丰富的植物景观，不应搞大范围的人工造林。要针对规划目标，分区分级控制植物景观的分布及其相关指标。

在处理各项用地比例时，要分别控制其绿地率和林木覆盖率，其中新建区的绿地率不得低于30%，并应有相当比例的高绿地率(大于70%)控制区。

在处理风景林时，要分别控制其水平郁闭度和垂直郁闭度。其中，由单层同龄林构成，其水平郁闭度在0.4~0.7者为水平郁闭林；由复层异龄林构成，其垂直郁闭度在0.4以上者为垂直郁闭林，常由3~6个垂直层次组成。

在处理疏林草地时，要分别控制其乔、灌、草比例。其疏林的乔木水平郁闭度应在0.1~0.3，其草地的乔木水平郁闭度一般在0.1以下，即在草地上仅有少量的孤植树或树丛。

2. 建筑景观规划规定

(1)应维护一切有价值的原有建筑及其环境，严格保护文物类建筑，保护有特点的民居、村寨和乡土建筑及其风貌。

(2)风景区的各类新建筑，应服从风景环境的整体需求，在人工与自然协调融合的基础上，创造建筑景观和景点。

(3)建筑布局与相地立基，均应因地制宜，充分顺应和利用原有地形，尽量减少对原有地物与环境的损伤或改造。

(4)对风景区内各类建筑的性质与功能、内容与规模、标准与档次、位置与高度、体量与体形、色彩与风格等，均应有明确的分区分级控制措施。

(5)在景点规划或景区详细规划中，对主要建筑宜提出四项控制措施：总平面布置，剖面标高，立面标高总框架，以及同自然环境和原有建筑的关系等。

在分析风景因素中，有的把建筑物比作“眉眼”、“点缀装饰”、“画龙点睛”，有把建筑物当作“组织”和“控制”风景的手段，有的把建筑物作为“主景”，把山水作为“背景”或“基座”。在保护自然的呼声中，也有把建筑物看作“肆意干扰”大自然的败笔或劣迹。当然，在风景区中，建筑物主要是满足功能需求的设施。随着人与自然关系的变化，人们对建筑物在风景和风景区中的地位和作用还会有各种各样的认识和描述。然而，建筑物和建筑景观的确是风景区的活跃因素，将其纳入风景区有序发展之中，是合乎情理的。

在建筑景观规划中，要维护一切有价值的原有建筑及其环境，各类新建筑要服从风景环境的整体需求，建筑相地立基要顺应原有地形，对各类建筑的性质功能、内容规模、位置高度、体量体形、色彩风格等，均应有明确的分区分级控制措施。

3. 溶洞景观规划规定

(1)必须维护岩溶地貌、洞穴体系及其形成条件，保护溶洞的各种景物及其形成因素，保护珍稀、独特的景物及其存在环境；

(2)在溶洞功能选择与游人容量控制、游赏对象确定与景象意境展示、景点组织与景区划分、游赏方式与游线组织、导游与赏景点组织等方面，均应遵循自然与科学规律及其成景原理，兼顾洞景的欣赏、科学、历史、保健等价值，有度有序地利用与发挥洞景潜力，组织适合本溶洞特征的景观特色；

(3)应统筹安排洞内与洞外景观，培育洞顶植被，禁止对溶洞自然景物滥施人工；

(4)溶洞的石景与土石方工程、水景与给排水工程、交通与道桥工程、电源与电缆工程、防洪与安全设备工程等，均应服从风景整体需求，并同步规划设计；

(5)对溶洞的灯光与灯具配置、导游与电器控制，以及光象、音响、卫生等因素，均应有明确的分区分级控制要求及配套措施。

溶洞风景是能引起景感反应的溶洞物象和空间环境。溶洞景观包括特有的洞体构成与洞腔空间，特有的石景形象，特有的水景、光象和气象，特有的生物景象和人文景源。岩溶洞景，可以是风景区的主景或重要组成部分，也可以是一种独立的风景区类型。当前，我国已开放游览的大、中型岩洞已有200多个，因而溶洞景观在风景区规划中占有重要地位。

人们不能安全到达或无法欣赏的岩溶地下环境没有风景意义，只有具备一定的游览设施和欣赏条件的溶洞才有风景价值。在大型洞府中，常常需要附加人工光源和相关设施才能欣赏风景。因此，溶洞景观规划有着独特的内容和规律。本节规定的内容，是溶洞景观规划的基本要求。

4. 竖向地形规划规定

(1)维护原有地貌特征和地景环境，保护地质珍迹、岩石与基岩、土层与地被、水体与水系，严禁炸山采石取土、乱挖滥填、盲目整平、剥离及覆盖表土，防止水土流失、土壤退化、污染环境；

(2)合理利用地形要素和地景素材，应随形就势、因高就低地组织地景特色，不得大范围地改变地形或平整土地，应把未利用的废弃地、洪泛地纳入治山理水范围加以规划利用；

(3)对重点建设地段，必须实行在保护中开发、在开发中保护的原则，不得套用“几通一平”的开发模式，应统筹安排地形利用、工程补救、水系修复、表土恢复、地被更新、景观创意等各项技术措施；

(4)有效保护与展示大地标志物、主峰最高点、地形与测绘控制点，对海拔高度高差、坡度坡向、海河湖岸、水网密度、地表排水与地下水系、洪水潮汐淹没与侵蚀、水土流失与崩塌、滑坡与泥石流灾变等地形因素，均应有明确的分区分级控制；

(5)竖向地形规划应为其他景观规划、基础工程、水体水系流域整治及其他专项规划创造有利条件，并相互协调。

随着生产力的发展和工程技术手段的进步，人们改造地球、改变地形的力度和随意性都在加大。然而，随意变更地形不仅带来生态危害，而且使本来丰富多彩的竖向地形景观逐渐趋同或走向单调，同时也是同巧于利用自然的人类智慧背道而驰的。

竖向地形是其他景观的基础，也是最常见又丰富多彩的风景骨架。为了保护和展现地形特征，保护自然遗产，本条针对竖向地形规划的正反经验教训，提出了常规而又易于被忽视的基本要求。

第四节　土地利用协调规划

一、土地利用规划原则

土地利用规划应遵循下列基本原则：

(1)突出风景区土地利用的重点与特点，扩大风景用地；

(2)保护风景游赏地、林地、水源地和优良耕地；

(3)因地调整土地利用，发展符合风景区特征的土地利用方式与结构；

(4)风景区土地利用平衡应符合表 7-2 的规定，并表明规划前后土地利用方式和结构变化。

以上四项基本原则，既体现了风景区规划的特点需求，也体现了国家土地利用规划的基本政策和原则。

二、土地利用协调规划内容

1. 土地利用协调规划项目

土地利用协调规划应包括土地资源分析评估，土地利用现状分析及其平衡表，土地利用规划及其平衡表等内容。

人均土地少和人均风景区面积少，这是我国的基本国情，因此必须充分合理利用土地和风景区用地，必须综合协调、有效控制各种土地利用方式。为此，风景区土地利用规划更加重视其协调作用，突出体现风景土地的特有价值。土地利用规划一般包括 3 方面主要内容，即：用地评估、现状分析、土地利用规划等。

2. 土地利用协调规划因素

土地利用分析评估，应包括对土地资源的特点、数量、质量与潜力进行综合评估或专项评估。

在土地资源评估中，专项评估是以某一种专项的用途或利益为出发点，例如分等评估、价值评估、因素评估等。综合评估可在专项评估的基础上进行，它是以所有可能的用途或利益为出发点，在一系列自然和人文因素方面，对用地进行可比的规划评估。一般按其可利用程度分为有利、不利和比较有利等3种地区、地段或地块，并在地形图上予以表示。

通过资源的分析研究评估，掌握用地的特点、数量、质量及利用中的问题，为估计土地利用潜力、确定规划目标、平衡用地矛盾及土地开发提供依据。

在风景区中，很少作全区整体的土地资源评估，仅在有必要调整的地区、地段或地块作局部评估；另一方面，风景区规划是以景源评价为基础，以景源级别为主导因素，为保护景源的需要，矿藏不准开、第一产业项目不能上的情况在各国已非少见。

3. 土地利用现状分析

土地利用现状分析，应表现土地利用现状特征，风景用地与生产生活用地之间关系，土地资源演变、保护、利用和管理存在的问题。

土地利用现状分析，是在风景区的自然、社会经济条件下，对全区各类土地的不同利用方式及其结构所作的分析，包括风景、社会、经济三方面效益的分析。通过分析，总结其土地利用的变化规律及有待解决的问题。

土地利用现状分析，可以用表格、图纸或文字表示。

三、土地利用规划要求

(1)土地利用规划，应在土地利用需求预测与协调平衡的基础上，表明土地利用规划分区及其用地范围。

(2)土地利用规划，是在土地资源评估、土地利用现状分析、土地利用策略研究的基础上，根据规划的目标与任务，对各种用地进行需求预测和反复平衡，拟定各种用地指标，编制规划方案和编绘规划图纸。规划图纸的主要内容为土地利用分区。

表7-1 风景区用地分类表

类别代号			用地名称	范围	规定限定
大类	中类	小类			
甲			风景游赏用地	游览欣赏对象集中区的用地，向游人开放	▲
	甲1		风景点建设用地	各级风景结构单元(如景物、景点、景群、景区等)的用地	▲
	甲2		风景保护用地	独立于景点以外的自然景观、史迹、生态等保护区用地	▲
	甲3		风景恢复用地	独立于景点以外需要重点恢复、培育、涵养和保护的对象用地	▲
	甲4		野外游憩用地	独立于景点之外，人工设施较少的大型自然露天游憩场所	▲
	甲5		其他观光用地	独立于上述四类用地之外的风景游赏用地。如宗教、风景林地	△
乙			游览设施用地	直接为游人服务而又独立于景点之外的游览接待服务设施用地	▲
	乙1		旅游点建设用地	独立设置的各级旅游基地(如部、点、村、镇、城等)的用地	▲
	乙2		游娱文体用地	独立于旅游点外的游戏娱乐、文化体育、艺术表演用地	▲
	乙3		休养保健用地	独立设置的避暑避寒、休养、疗养、医疗、保健、康复等用地	▲
	乙4		购物商贸用地	独立设置的商贸、金融保险、集贸市场、食宿服务等设施用地	△
	乙5		其他游览设施用地	上述四类之外，独立设置的游览设施用地，如公共浴场等用地	△

（续）

类别代号			用地名称	范　围	规定限定
大类	中类	小类			
丙			居民社会用地	间接为游人服务而又独立设置的居民社区、生产管理等用地	△
	丙1		居民点建设用地	独立设置的各级居民点（如组、点、村、镇、城等）的用地	△
	丙2		管理机构用地	独立设置的风景区管理机构、行政机构用地	▲
	丙3		科技教育用地	独立地段的科技教育用地。如观测科研、广播、职教等用地	△
	丙4		工副业生产用地	为风景区服务而独立设置的各种工副业及附属设施用地	△
	丙5		其他居民社会用地	如殡葬设施等	○
丁			交通与工程用地	风景区自身需求的对外、内部交通通讯与独立的基础工程用地	▲
	丁1		对外交通通讯用地	风景区入口同外部沟通的交通用地。位于风景区外缘	▲
	丁2		内部交通通讯用地	独立于风景点、旅游点、居民点之外的风景区内部联系交通	▲
	丁3		供应工程用地	独立设置的水、电、气、热等工程及其附属设施用地	△
	丁4		环境工程用地	独立设置的环保、环卫、水保、垃圾、污物处理设施用地	△
	丁5		其他工程用地	如防洪水利、消防防灾、工程施工、养护管理设施等工程用地	△
戊			林地	生长乔木、竹类、灌木、沿海红树林等林木的土地	△
	戊1		成林地	有林地，郁闭度大于30%的林地	△
	戊2		灌木林	覆盖度大于40%的灌木林地	△
	戊3		竹林	生长竹类的林地	△
	戊4		苗圃	固定的育苗地	△
	戊5		其他林地	如迹地、未成林造林地、郁闭度小于30%的林地	○
己			园地	种植以采集果、叶、根、茎为主的集约经营的多年生作物	△
	己1		果园	种植果树的园地	△
	己2		桑园	种植桑树的园地	△
	己3		茶园	种植茶园的园地	○
	己4		胶园	种植橡胶的园地	△
	己5		其他园地	如花圃苗圃、热作园地及其他多年生作物园地	○
庚			耕地	种植农作物的土地	○
	庚1		菜地	种植蔬菜为主的耕地	○
	庚2		旱地	无灌溉设施、靠降水生长作物的耕地	○
	庚3		水田	种植水生作物的耕地	○
	庚4		水浇地	指水田以外，一般年景能正常灌溉的耕地	○
	庚5		其他耕地	如季节性、一次性使用的耕地、望天田等	○
辛			草地	生长各种草本植物为主的土地	△
	辛1		天然牧草地	用于放牧或割草的草地、花草地	○
	辛2		改良牧草地	采用灌排水、施肥、松耙、补植进行改良的草地	○
	辛3		人工牧草地	人工种植牧草的草地	○
	辛4		人工草地	人工种植铺装的草地、草坪、花草地	△
	辛5		其他草地	如荒草地、杂草地	△
壬			水域	未列入景点或单位的水域	△
	壬1		江、河		△
	壬2		湖泊、水库	包括坑塘	△
	壬3		海域	海湾	△
	壬4		滩涂	包括沼泽、水中苇地	△
	壬5		其他水域用地	冰川及永久积雪地、沟渠水工建筑地	△
癸			滞留用地	非风景区需求，但滞留在风景区内的各项用地	×
	癸1		滞留工厂仓储用地		×
	癸2		滞留事业单位用地		×
	癸3		滞留交通工程用地		×
	癸4		未利用地	因各种原因尚未使用的土地	○
	癸5		其他滞留用地		×
	规划限定说明：▲应该设置；△可以设置；○可保留不宜新置；×禁止设置				

(3)土地利用分区也称用地区划，既是规划的基本方法，也是规划的主要成果。它是控制和调整各类用地、协调各种用地矛盾、限制不适当开发利用行为、实施宏观控制管理的基本依据和手段。

(4)风景区的土地利用规划重在协调，其粗细、简繁和侧重点不尽相同，要依据规划阶段、规划任务、基础条件的不同，做出具有实际指导意义的规划成果。

(5)风景区的用地分类应按土地使用的主导性质进行划分，应符合表7-2的规定。在具体使用7-1和表7-2时，可依据工作性质、内容、深度的不同要求采用其分类的全部或部分类别，但不得增设新类别。

表7-2　风景区用地平衡表

序号	用地代号	用地名称	面积(km^2)	占总用地(%)		人均(m^2/人)		备注
				现状	规划	现状	规划	
00	合计	风景区规划用地						
01	甲	风景游赏用地						
02	乙							
03	丙							
04	丁							
05	戊							
06	己							
备注	______年，现状总人口______万人。其中：(1)游人______(2)职工______(3)居民______							
	______年，规划总人口______万人。其中：(1)游人______(2)职工______(3)居民______							

四、土地利用地平衡表说明

(1)风景区用地平衡表，也是土地利用规划成果的表达方式之一。表中的用地名称是用地分类中的十个大类的名称。表中现状与规划的数字并列，可反映规划前后土地利用方式的变化情况，具有多种分析意义和价值。表中备注栏的现状总人口和规划总人口，可用来分析各类用地的人均指标。

(2)风景区用地分类，首先以风景区用地特征和作用及规划管理需求为基本原则，同时还要考虑全国土地利用现状分类和相关专业用地分类等常用方法，使其分类原则和分类方法协调，以便调查成果和相关资料可以互用与共享。

(3)风景区用地分类，应依照土地的主导用途进行划分和归类。在规划的不同阶段，可依据工作性质、内容、深度的需求，采用本分类中的全部或部分分类。其中，在详细规划中，多使用小类。

(4)风景区用地分类的代号，大类采用中文表示，中类和小类各用一位阿拉伯数字表示。本代号可用于风景区规划图纸和文件。

(5)风景区各类用地的增减变化，应依据风景区的性质和当地条件，因地制宜与实事求是地处理。通常应尽可能地扩展甲类用地，配置相应的乙类用地，控制丙类、丁类、庚类用地，缩减癸类用地。这样可以更加充分地利用风景区的土地潜力，表达风景区用地特征，增强风景区的主导效益。

第五节　居民社会调控规划

一、居民社会调控规划内容

1. 居民社会调控规划对象

凡含有居民点的风景区，应编制居民点调控规划；凡含有一个乡或镇以上的风景区，必须编制居民社会系统规划。

无论从理论或实践上看，风景区均需要一定的维护经营管理力量，具有一定规模的独立运营机制，其中必然要有一定比例的常住人口，这在交通技术尚不具备一定条件的情况下，更属当然之事。这些常住人口达到一定规模，就成为风景区的居民社会因素。可以说，外来的游人、直接服务的职工、间接服务的居民等三类人口并存，达到一定级配关系时，就形成良好的社会组织系统。当然，居民社会应该成为积极因素，其局部也兼有游赏吸引力的作用。然而，它也可以成为消极因素，这在人口密集地区显得尤为敏感。正因为这样，本节规定居民社会因素属调控系统规划，并规定含有一个乡或镇以上的风景区规划，必须编制居民社会系统规划。这既是风景区有序运转的需要，也是与村镇、城市、区域规划协同进行并协调发展的需要。

2. 居民社会调控规划内容

居民社会调控规划应包括现状、特征与趋势分析；人口发展规模与分布；经营管理与社会组织；居民点性质、职能、动因特征和分布；用地方向与规划布局；产业和劳力发展规划等内容。

需要编制居民社会系统规划的风景区，其范围内将含有一个乡或镇以上的人口规模和建制，它的规划基本内容和原则，应该同其规模或建制级别的要求相一致，同时，它还要适应风景区的特殊需要与要求。在人口发展规模与分布中，需要贯彻控制人口的原则；在社会组织中，需要建立适合本风景区特点的社会运转机制；在居民点性质和分布中，需要建立适合风景区特点的居民点系统；在居民点用地布局中，需要为创建具有风景区特点的风土村、文明村配备条件；在产业和劳力发展规划，需要引导和有效控制淘汰型产业的合理转型。

城镇居民点规划是引导生产力和人口合理分布，落实经济社会发展目标的基础工作，也是调整、变更行政区划的重要参考，又是实行宏观调控的重要手段。因而，其规划内容和原则，应按所在地域的统一要求进行，本规范只对其中的特殊要求提出相应规定，对其他常规内容和原则不再作一般性规定。

二、居民社会调控规划原则

(1)严格控制人口规模，建立适合风景区特点的社会运转机制；
(2)建立合理的居民点系统；
(3)引导淘汰型产业的劳力合理向。

三、居民社会调控规划要求

1. 划定居民区，限定各种常住人增长

居民社会调控规划应科学预测和严格限定各种常住人口规模及其分布的控制性指标，应根据风景区需要划定无居民区、居民衰减区和居民控制区。

居民社会规划的首要任务，是在风景区范围内科学预测和严格限制各种常住人口的规模及其分布的控制性指标。当然，这些指标均应在居民容量的控制范围之内。在不少的风景区规划中，甚至一些人口密集的城市近郊风景区中，也常回避这一严峻的社会现实和难题。如果规划中回避、管理中放任、风景区人口管理还不如城镇有序，这类风水宝地必然成为人口失控或集聚区，风景区的其他各种规划将失去意义，最终将改变风景区的基本性质。

规划中控制常住人口的具体操作方法是：在风景区中分别划定无居民区、居民衰减区和居民控制区。在无居民区不准常住人口落户，在衰减区要分阶段地逐步减少常住人口数量，在控制区要分别制定允许居民数量的控制性指标。这些分区及其具体指标，要同风景保育规划和居民容量控制指标相协调。

2. 应与城市、村镇规划相互协调

居民点系统规划应与城市规划和村镇规划相互协调，对已有的城镇和村点提出调整要求，对拟建的旅游村、镇和管理基地提出控制性规划纲要。

在居民社会因素比较丰富的风景区，可以形成比较完整的居民点系统规划。这种规划同风景区所在地域的城市和村镇规划必然有着密切的相关关系。因而，应从地域相关因素出发，应在风景区内外的居民点规划相互协调的基础上，对已有城镇村点，从风景区保护利用管理的角度提出调控要求。对规划中拟建的旅游基地和风景区管理机构基地，也提出相应的控制性规划纲要。

3. 按人口变动趋势分类控制

对农村居民点应划分搬迁型、缩小型、控制型和聚居型等四种基本类型，并分别控制其规模布局和建设管理措施。

在规划中，对农村居民点的具体调节控制方法，是按其人口变动趋势，分别划分搬迁型、缩小型、控制型、聚居型等四种基本类型，并分别控制各个类型的规模、布局和建设管理措施。

4. 严禁安排非旅游产业用地

居民社会用地规划严禁在景点和景区内安排工业项目、城镇建设和其他企事业单位用地，不得在风景区内安排有污染的工副业和有碍风景的农业生产用地，不得破坏林木而安排建设项目用地。

第六节　风景旅游区发展规划

一、经济发展引导规划

1. 经济发展引导规划制定原则

(1)经济发展引导规划，应以国民经济和社会发展规划、风景与旅游发展战略为基本依据，形成独具风景区特征的经济运行条件。

风景区的经济发展，是与风景区有关的经济活动引起的，通常包括：管理机构和管理职工对各种资源的维护、利用、管理等活动；当地居民的生活和生产活动；外来游人的旅游活动等。风景区经济是一种与风景区有着内在联系并且不损害风景的特有经济，虽然具有明显的有限性、依赖性、服务性等特性，但也是国家和地区的国民经济与社会发展的组成部分。风景区经济对地方经济振兴还起着重要的先导作用，因此，国家经济社会政策和计划也是风景区经济社会发展的基本依据。就基本国情和现实看，风景区需要有独具特征的经济实力，需要有自我生存和持续发展的经济条件。国民经济和社会发展计划确定的有关建设项目，其选址与布局应符合风景区规划的要求；风景区规划所确定的旅游设施和基础工程项目以及用地规划，也应分批纳入国民经济和社会发展计划。这就加强了风景区规划与国民经济和社会发展之间的关系。为此，风景区规划应有相应的经济发展引导规划与之有机配合。

(2)经济发展引导规划应包括经济现状调查与分析；经济发展的引导方向；经济结构及其调整；空间布局及其控制；促进经济合理发展的措施等内容。

风景区是人与自然协调发展的典型地区，其经济社会发展不同于常规乡村和城市空间，因而，风景区规划中的经济发展专项规划，也不同于常规的城乡经济发展规划，这个规划重在引导，把常规经济政策和计划同风景区的具体经济条件和性质结合起来，形成独具风景区特征的经济发展方向和条件。所以，经济发展引导规划有三项基本内容：一是经济现状分析，二是经济发展引导方向，三是促进经济合理发展的步骤和措施。

(3)风景区经济引导方向，应以经济结构和空间布局的合理化结合为原则，提出适合风景区经济发展的模式及保障经济持续发展的步骤和措施。

风景区经济发展目前存在三方面主要矛盾：一是地域差异大，二是保护与开发的矛盾多，三是政策引导与法规措施的缺口大。因此，风景区经济发展引导方向，一方面要通过经济资源的宏观配置，形成良好的产业组合，实现最大的整体效益；另一方面要把生产要素按地域优化组合，以促进生产力发展。为使前者的经济结构和后者的空间布局两者合理结合起来，就需要正确分析和把握影响经济发展的各种因素，例如资源、交通、市场、劳力、集散、季节、经济技术、社会政策等，提出适合本风景区经济发展的权重排序和对策，确保经济的持续、稳步发展。

2. 经济结构合理化的内容

(1)明确各主要产业的发展内容、资源配置、优化组合及其轻重缓急变化；

(2)明确旅游经济、生态农业和工副业的合理发展途径；

(3)明确经济发展应有利于风景区的保护、建设和管理。

风景区的经济结构合理化，要以景源保护为前提，合理利用经济资源，确定主导产业与产业组合，追求规模与效益的统一，充分发挥旅游经济的催化作用，形成独具特征的风景区经济结构。

在探讨经济结构合理化时，要重视风景区职能结构对其经济结构的重要作用。例如，“单一型”结构的风景区中，一般仅允许第一产业的适度发展，禁止第二产业发展，第三产业也只能是有限制的发展；在“复合型”结构的风景区中，其产业结构的权重排序，很可能是旅—贸—农—工副等；在“综合型”结构的风景区中，其产业结构的变化较多，虽然总体上可能仍然是鼓励三产，控制一产，限制二产的产业排序，但在各级旅游基地或各类生产基地中的轻重缓急变化将是十分丰富的。

3. 空间布局合理化的内容

(1)明确风景区内部经济、风景区周边经济、风景区所在地经济等三者的空间关系和内在联系;

(2)有节律的调控区内经济、发展边缘经济、带动地区经济;

(3)明确风景区内部经济的分区分级控制和引导方向;

(4)明确综合农业生产分区、农业生产基地、工副业布局及其与风景保护区、风景游览地、旅游基地的关系。

风景区经济的空间布局合理化,要以景源永续利用和风景品位提高为前提,把生产要素分区优化组合,合理促进和有效控制各区经济的有序发展,追求经济与环境的统一,充分争取生产用地景观化,形成经济能持续发展、“生产图画”与自然风景协调融合的经济布局。

在研讨经济布局合理化时,要重视风景区界内经济和风景区外缘经济与风景区所在地域经济的差异及关系。例如:在有限经营界内经济中,常是挖潜主营一产、限营三产、禁营二产;在重点发展外缘经济中,常在旅游基地或依托城镇中主营三产、配营二产、限营一产;在大力开拓所在地经济中,常在供养地或生产基地中主营三产、配营二产、限营一产;在大力开拓所在地经济中,常在供养地或生产基地中主营一产、二产,在主要客源地开拓三产市场。

二、风景区分期发展规划

1. 分期发展规划规定

风景区总体规划分期应符合以下规定:

(1)第一期或近期规划:5 年以内;

(2)第二期或远期规划:5 ~20 年;

(3)第三期或远景规划:大于 20 年。

2. 分期发展规划原则

(1)在安排每一期的发展目标与重点项目时,应兼顾风景游赏、游览设施、居民社会的协调发展,体现风景区自身发展规律与特点;

(2)近期发展规划应提出发展目标、重点、主要内容,并应提出具体建设项目、规模、布局、投资估算和实施措施等;

(3)远期发展规划的目标应使风景区内各项规划内容初具规模。并应提出该发展期内的发展重点、主要内容、发展水平、投资框算、健全发展的步骤与措施;

(4)远景规划的目标应提出风景区规划所能达到的最佳状态和目标;

(5)近期规划项目与投资估算应包括风景游赏、游览设施、居民社会 3 个职能系统的内容以及实施保育措施所需的投资。远期规划的投资框算,应包括风景游赏、游览设施两个系统的内容。

3. 分期发展规划说明

(1)风景区是人与自然协调发展的典型地域单元,是有别于城市和乡村的人类第三生活游憩空间。风景区总体规划是从资源条件出发,适应社会发展需要,对风景实施有效保护与永续利用,对景源潜力进行合理开发并充分发挥其效益,使风景区得到科学的经营管理并能持续发展的综合部署。这种未来的“锦绣前程”规划，需要有配套的分期规划来保证其逐步实施和有序过渡。

风景区分期规划一般分三期，即近期、远期和远景；有时也可以分为四期，即近期、中期、远期和远景。每个分期的年限，一般应同国民经济和社会发展计划相适应，便于相互协调和包容。

当代风景区发展的重要现实之一是游人发展规划超前膨胀，而投资规模和步伐难以均衡或严重滞后，这就需要在分期发展目标和实施的具体年限之间留有相应的弹性。

(2)由于各地和各阶段的风景区规划程序不同，所以近期规划的时间，应从规划确定后并开始实施的年度算起。近期发展规划的5年，应同国民经济发展五年计划的深度要求相一致。其主要内容和具体建设项目应比较明确；运转机制调控的重点和任务也应比较明确；风景游赏发展、旅游设施配套、居民社会调整等三者的轻重缓急与协调关系也应比较明确；关于投资框算和效益评估及实施措施也应比较明确和可行。

(3)远期规划的时间一般是20年以内，这同国土规划、城市规划的期限大致相同。远期规划目标应使各项规划内容初具规模，即规划的整体构架应基本形成。如果对规划原理、数据经验、判断能力等三者的把握基本无误，在20年中又未发生不可预计的社会因素，一个合格的规划成果的整体构架是可以基本形成的。

(4)远景规划的时间是大于20年至可以构思到的未来，其规划目标应是软科学和未来学所称谓的“锦绣前程”，是风景区进入良性循环和持续发展的满意阶段。远景规划中的风景区，不仅能自我生存和有序发展，而且可能从乡村空间和城市空间分离、独立出来，并以其独特形象和魅力，构成人类必不可少的第三生存空间。

(5)关于投资估算的范围，近期规划要求详细和具体一些，并反映当代风景区发展中所普遍存在的居民社会调整问题。因为在大多数风景区，如果缺少居民社会调整的经费及渠道，一些风景或旅游规划项目就难以启动。因此，近期规划项目和投资估算，应包括风景游赏、旅游设施、居民社会3个职能系统的内容，并反映三者的相关关系。同时，还应包括保育规划实施措施所需的投资。

远期规划的投资框算，一方面可以相对概要一些，另一方面居民社会因素的可变性较大，可以不作常规考虑，因而远期投资框算可以由风景游赏和旅游设施两个系统的内容组成，同时还应反映其间的相关关系。

规划中投资总额的计算范围，本节仅要求由规划项目的投资框算组成，这显得比较粗略，但考虑当前数据经验的实际状况，也考虑到规划差异需要相当时间才能逐渐缩小，所以取此计算范围的可行性较大，也还是抓住了基本数据。当然，这并不排斥在局部地区或详细规划中，可以依据需要与可能作进一步的深入计算。

关于效益分析的范围，本条仅要求由八类服务的直接经济收入和风景区自身生产经济发展的收入等两部分组成，这是比较容易估算和相对比较准确的主要效益分析。而对于更大范围的经济效益、更广领域的社会效益、更深层次的生态效益等，在此暂不作为常规要求。当然，这也不排除在可能与需要的条件下，规划者可以作更加深入的探讨。

可以看出，这里对投资总额和效益分析的界定和要求，都属最基本和最主要的范围，操作的可行性较大，也具有基本的可比性。

第七节　案例

一、保护培育规划(太湖风景名胜区西山景区总体规划)

(一)保护培育规划指导思想及原则(略)

(二)保护类别、级别与范围的确定

1. 保护类别

保护类别的区分以资源类型和功能特性为依据，对需要严格限制开发行为的特殊天然景源和景观，划出一定的范围与空间作为自然景观保护区；在景区内各级文物和有价值的历代史迹遗址的周围，应划出一定的范围与空间作为史迹保护区；对景区内需要重点恢复、培育、抚育、涵养、保持的对象与地区，划出一定的范围与空间作为风景恢复区；对景区的景物、景点、景群、景区等各级风景结构单元和风景游赏对象集中地，划出一定的范围与空间作为风景游览区；在景区范围内，对以上各类保育区以外的用地与水面及其他各项用地，均划为发展控制区。

2. 保护级别

保护级别的划分以景源价值及区域重要性为依据，将重要景物、景源分布的重要区域划为一级保护区；将次要景物、景源及其周边区域划为二级保护区；在景区范围内，将以上各级保护区之外的区域划为三级保护区。

3. 保护范围

依据规划目标和规划原则，综合分类保护和分级保护两种方法，将西山景区划为以下几大区域：

(1)一级自然保护区：主要针对西山景区内自然条件优越、人为干扰和破坏较小的山林、湖滨、岛屿等地带，进行范围的划定和保护培育的控制。针对自然山林植被的保护培育而划定的一级保护区是缥缈峰中部的山林区域；针对湖滨地带的一级保护区是由爱国村到角里的带状区域；针对岛屿的一级保护区分别是大沙山岛、西南湖岛、东南湖岛、小大山岛、小庭山、老鼠山等。一级自然保护区面积共约 729. 7hm^2。

(2)二级史迹保护区：以古樟园、包山禅寺、罗汉寺为核心，以自然山林背景为依托，形成二级史迹保护区，面积约 121. 1hm^2。

(3)一级风景游览区：以一级景源林屋洞、石公山为核心，划定一级风景游览区，面积约 54. 1hm^2。

(4)二级风景游览区：指一级自然保护区和风景游览区以外的大部分风景游览地，包括驾浮名胜游览区的大部分山林和沿湖地带、消夏湾民俗游览区的大部分区域、缥缈峰生态游赏区中心山体以外的大部分区域、山乡古镇风俗游览区的大部分区域、太湖风情观光区面积约 3111. 2hm^2。

(5)三级风景游览区：将田园农业观光区的大部分用地、山乡古镇风俗游览区中爱国村、角里村的部分区域划为三级风景游览区，面积约 2347. 1hm^2。

(6)风景恢复区：将西山东北部遭到开山采石严重破坏的大片山林地区和消夏湾由于围湖造田活动而形成的农田地区划为风景恢复区，面积约 1118. 7hm^2。

(7)发展控制区：指景区范围内古镇区东部的镇区用地，面积约754.1hm^2。

(8)外围保护地带：西山岛四周除景区范围外，太湖水面均属外围保护地带。

(三)保护内容

1. 一级自然保护区

是景区内天然景源和景观保存较为完好的区域，在该区域内，对开发行为应做严格限制，控制游人进入，不得安排与其无关的人为设施。严禁机动交通工具及其设施进入。严禁破坏自然植被、山体、湖岸的破坏性建设，可以配置必要的步行游览和安全防护设施，局部地段可考虑环保型的电动交通工具进入。

2. 二级史迹保护区

对现存的古迹寺庙园林进行重点保护，同时保护其周边环境，保证保护区景观环境的和谐。可根据旅游发展需要少量安排旅宿设施，但必须限制与其无关的建设，局部地段考虑机动交通工具的进入，但应对其数量进行限制。

3. 一级风景游览区

在该区域内，严禁建设与风景无关的设施，不得安排住宿床位，机动交通工具不得进入该区域，停车场应设置在一级游览区范围之外。

4. 二级风景游览区

在该区域内，可进行适度的资源利用行为，适宜安排各种游览欣赏项目，可考虑少量安排旅宿等旅游服务设施，但必须限制与风景游赏无关的建设，考虑机动交通工具的进入，但应对其数量进行限制，景区交通以电动交通为主。

5. 三级风景游览区

结合现状，适度建旅游服务设施，可划出一定范围作为周边居民回迁用地，但建设必须与风景环境相协调。

6. 风景恢复区

严禁对其不利的活动，杜绝破坏性的开采，并采用必要的技术措施与设施，对被破坏的山体和植被部分进行恢复；同时，根据景观要求对消夏湾进行退田还湖，恢复消夏湾秀丽湖湾风光。

7. 发展控制区

可以准许原有土地利用方式与形态，可安排与景区性质与容量相一致的各项旅游设施及基地，可以安排有序的生产、经营管理等设施，但应分别控制各项建设的规模与内容。

8. 外围保护地带

太湖水体的保护工作要以《太湖水源保护条例》为依据，加强管理，严格执行。严格控制新污染源的建立，控制主要入湖河道污染物排入总量，保持生态环境的协调。

(四)核心保护区

1. 范围

为了切实保护西山景区中的各类不可再生性资源和生态敏感区，将西山景区内的一级自然保护区和一级风景游览区划为核心保护区。规划将该区域确定为保护的重点内容，并落实强制性保护措施。

2. 保护措施

(1)在核心保护区不能规划建设宾馆、招待所、培训中心及疗养院(所)等任何与资源保护无关的项目，确有需要恢复一些历史遗迹的，也要经过批准；

(2)不得随意建造各类人造景观，尤其不得随意建立各种开发区和度假区；

(3)绝不能在核心保护区推行任何实质性的经营权转让。

(五)保护管理措施

(1)以立法或政府令形式，保证保育规划的具体实施，使现有景观资源得到有效的保护和恢复；

(2)设立各级风景管理机构，依法加强管理；

(3)加强对现有居民点的控制和管理，严禁乱扩、乱建以及破坏风景区的行为；

(4)加强宣传力度和处罚措施，提高居民和游客的环境保护意识；

(5)景区内建设严格按规划进行，严防管理人员以牺牲景区利益来谋取私利。

二、生态环境保育规划(中国纪山荆楚文化旅游区总体规划)

(一)生态环境现状(略)

(二)生态环境现状评价

(1)空气清新洁净，大气环境质量超过 GB3095－1996 中的二级标准；

(2)水质较好，符合 GHZBV1－1999 中的Ⅱ类标准，水域面积较大，有较好的自净能力；

(3)四季分明，气候温和，雨量适中，雨热同季，相对湿度适宜，植被覆盖率较好；

(4)区内环境幽雅，无噪声危害；

(三)旅游区生态环境预测(略)

(四)生态环境保育规划

1. 生态环境保育规划的指导思想

旅游区生态环境保护的指导思想是：在旅游开发追求旅游环境效益、经济效益、社会效益的同时，必须高度注意旅游环境效益，保障旅游业的可持续发展。纪山旅游区区内古墓群是国家级重点文物保护单位，为使旅游开发成为在遵循国家《文物保护法》的前提下的开发，特确立旅游开发是在对生态环境保育下开发的指导思想。

2. 生态环境保育规划原则

依据纪山旅游区的环境质量现状和发展趋势分析，考虑旅游区的开发价值与开发前景，规划原则为：

(1)依据旅游区资源的自然和人文价值状况及开发趋势，对旅游区进行统一规划、分区规划、分类指导、全面保护，对古墓群区实施保育性开发规划；

(2)坚持在保护中开发，在开发中保护，正确处理旅游资源开发与环境保护的关系；

(3)坚持生态环境保护与生态建设并举，保证旅游区生态环境质量的稳定与提高；

(4)协调好旅游区的土地利用关系，为旅游区的持续发展合理配置保育和生产生活用地。

3. 生态环境保育的目标

根据中华人民共和国《文物保护法》《环境保护法》、国务院、国家环保总局、湖北省环保局、荆门市环保局的规定和要求，结合纪山旅游区的自然生态状况及发展趋势，纪山生态环境保护的目标如下：

(1)环境空气质量符合 GB3095—1996《环境空气质量标准》中的一级标准；

(2)地表水环境质量符合 GHZBV1—1996《地表水环境质量标准》中的Ⅰ类标准；

(3)旅游区平均总植被覆盖率达到 80%；根据古墓群生态系统的独有性，另行编制墓区绿化详细规划；

(4)保护野生动物种类，发展景观林和多种经济林。

4. 生态环境保育规划

(1)水土保持规划：旅游区开发实施的工程应尽可能避免对自然植被的破坏，施工后的裸露地应适时种植花草，进行绿化。

(2)水体、大气、噪声、固体废弃物环境规划

①通过工程措施，改善区内古墓群排水系统，对水库湖泊、塘堰的水质，定点定时进行测定，及时采取有利措施，保证水质的清洁与优良；

②保证生活用水、生态农业与观光农业灌溉用水的清洁。生活污水严格按规划设计路线，经处理达标后方允许排放；

③加强旅游区固体废弃物的处理和管理。在旅游区和主要人行道旁设置各种垃圾箱，收集生活垃圾，及时运出旅游区，进行集中处理；

④对旅游区及周边地区建有的污染环境的工厂，如造纸厂、砖瓦厂实行迁移改造。

(3)防火系统与安全系统布局规划

①认真执行旅游、公安、交通等部门的安全保卫制度和有关规定；

②建立旅游区防火与用火管理制度，按防火规章配备灭火器，加强防火宣传，设置防护林宣传牌，提高游客的防火意识；

③在游览景点、游览道路的危险路段、危险地点，建立齐备的防护设施，并设立明显的标志，保护游人的安全；

④组成专门的保安队、防火队、急救队，负责旅游区的社会治安、防火和救护工作。

5. 分区保育规划

根据旅游区各景区自然环境要素的差异和总体规划中旅游区的不同功能划分，对旅游区内进行分区保育，提出如下规划：

(1)景区保育规划

①楚国故城景区：楚国故城景区属于人造景观景区，其保育措施一是在烘托景观氛围的前提下，通过景观式园林绿化，提高植被覆盖率，优化景区环境；二是按 4A 景区规范，合理配置基础设施、公用厕所和垃圾桶等卫生设施，还应做到及时处理旅游活动产生的生活垃圾，做到日产日清，不影响环境，保持环境的清新整洁。

②纪山寺景区：纪山寺景区是以宗教旅游活动为主要内容的景区，游客活动的规律性较强，尤其是假、节日或庙会时间集中，人流密集，容易引发环境及安全方面的问题。本区除按规划恢复重建纪山寺庙建筑外，要逐步恢复重建纪山八景，也成为环境保育工作的组成部分。按 4A 景区规范配置公厕、垃圾等卫生设施。

③白龙滩景区：白龙滩景区是以水上娱乐休闲和库滨中高档度假休闲活动为内容的旅游景区。按规划完成基础设施建设，保育措施一是提高植被覆盖率；二是每个别墅群修建一个污水污物处理点，不允许别墅群内的生活污水直接入库；三是对面污染物即时收集处理。

(2)生态环境保护区保育规划

生态环境保护区是旅游景区环境保护的缓冲地域，其保育规划一是提高植被覆盖率，尤

其是林地覆盖率，提高环境质量，禁止滥垦滥挖，防止水土流失；二是防止乱搭乱盖，保护区内的建筑建设项目必须纳入规划，建筑风格应与旅游区建筑风格相调，避免视角污染。

(3)绿化规划

①在道路两旁布局乔木、灌木及草本植物的垂直绿化带，形成绿色通道；

②加强各旅游区的林木改造，形成树木常青、层次清晰、色彩斑斓、品种多样的植被景观特色；

③恢复扩大地带性的常绿阔叶林的面积，重新种植有观赏价值的阔叶林，营造优美的环境。

三、**典型景观规划**(太湖风景名胜区西山景区总体规划)

西山景区的典型景观为地质景观、植物景观和建筑景观。

(一)地质景观规划

1. 地质景观规划思想

(1)维护地质遗迹体系及形成条件，保护地质遗迹的各种景物及其形成因素，保护珍稀、独特的地貌遗迹及其存在环境；

(2)遵循自然与科学规律及其成景原理，兼顾地质景观的欣赏、科学、历史、保健等价值，有序有度地利用与发挥地质景观的潜力，组织适合地质遗迹的景观特征。

2. 地质景观规划要点

西山景区的地质遗迹十分丰富，在保护和展现地质珍迹的同时，合理利用地形要素和地景要素，严禁破坏植被及水体。规划在辛村与鹿村交界之处，建地质公园，通过这个载体，对地质构造、岩溶地貌、湖蚀地貌、水动力作用集于一体的太湖西山地质景观，有一个感性认识，并结合地质景观的欣赏、科学、历史、保健等价值，进一步强调生态环境保护和发挥科普教育的重要性。

(二)植物景观规划

1. 植物景观规划思想

(1)维护原生种群和区系，保护古树名木和现有大树，培育地带性树种和特有植物群落；

(2)因境制宜地恢复、提高植被覆盖率，以适地适树的原则扩大林地，发挥植物的多种功能优势，改善景区的生态和环境；

(3)利用和创造多种类型的植物景观和景点，重视植物的科学意义；

(4)植物景观分布应同其他内容的规划分区相互协调，在旅游设施和居民社会用地范围内，应保持一定比例的高绿地率或高覆盖绿控制区。

2. 植物景观规划要点

西山景区典型植物景观有：

(1)位于太湖水岸的湖滨地段的植被，特别是张家湾—涵村—蛇头山—平龙山沿线和消夏湾—石公山—四龙山沿线地段，在保护原有地带性植被结构基础上，增加色叶及观果景观植物，以提高水源涵养林的观赏效果，丰富季相变化。规划绿地率大于70%，垂直郁闭度大于0.4，植被主要以色叶乔灌景观林、水生植被景观林、湿地植被景观丛的形式配置。

(2)位于西山丘陵山地的中上部植被，主要以保护原有地带性植被结构为主，对于局部地区的单一林相进行改造，体现西山植被的地域性特色。规划绿地率大于80%，其中，由单层同龄林构成，水平郁闭度为0.4~0.7，由复层异龄林构成，垂直郁闭度大于0.4，植被主要以针阔混交景观林、常绿乔灌景观林的形式配置。

(3)位于西山下部山坞、山麓的植被，主要以保护和恢复原有各种经济果林，体现西山植被的地域性特色。规划绿地率大于70%，水平郁闭度为0.4~0.7，植被主要以观果乔灌景观林的形式配置。

(三)建筑景观规划

1. 建筑景观规划思想

(1)应维护一切有价值的原有建筑及其环境，严格保护文物类建筑，恢复特色建筑原有的风貌；

(2)景区的各类新建筑，应服从风景环境的整体需求，在人工与自然协调融合的基础上，创造建筑景观和景点；

(3)建筑布局与相地立基，均应因地制宜，充分顺应和利用原有地形，尽量减少对原有地物与环境的损伤或改造。

2. 建筑景观规划要点

西山典型建筑景观有古宅名园和传统民居区。

(1)古宅名园：西山景区内现存保护较完整的明清古建筑群，都是文物保护类建筑。规划保持原有的高度、体量体形、色彩风格，修缮如旧；其周边的建设控制地带范围内建筑的形式应为坡屋顶，建筑门、窗、墙、屋顶及其他细部必须是西山古镇传统民居的做法。体量宜小不宜大，色彩应以黑、白、灰为主色调，高度为二层，功能应为居住或公共建筑。

(2)传统民居区：金庭、镇夏、堂里古镇和角里村、东村、明湾村、东西蔡村等古村落都有传统民居区。规划选择相对完整地段加以维修恢复，保持原有空间形式及建筑风格，功能为居住建筑，以“体量小、色调淡雅、不高、不洋、不密、多留绿化带”的原则及建筑高度应严格按照“西山古镇高度控制规划”执行进行规划建设；古村落沿湖河风貌带应保持原有的小桥、流水、人家的传统特色，所有该范围内的建筑应为坡屋顶，色彩为黑、白、灰色调，功能以居住及公共建筑为主，门、窗、墙体、屋顶等形式应符合风貌要求。

四、概念性土地利用规划(中国纪山荆楚文化旅游区总体规划)

1. 第一类用地

(1)旅游区游览景观和娱乐设施用地

①古墓群景区景观景物用地：主要有标志性大门，旅游售票门点用地；楚陵王工程项目、现场博物馆项目、保育工作处和研究所建设项目用地；

②楚国故城景区景观景物用地：门楼建筑群项目、楚国祭天台项目、楚禾宫、楚乐宫、楚浴宫和建筑小品用地；

③纪山寺景区景观景物用地：纪山寺寺庙建筑群项目恢复建设、纪山八景修建性恢复用地；

④白龙滩景区景观景物用地：“云容水态”度假村、“青枫绿屿”和“芝径云堤”建筑项目群建设用地；

(2)旅游接待服务设施用地

纪山旅游区旅游接待服务设施用地分布有楚国故城景区渚宫馆舍、荆楚民俗村、饭店和各区小型旅游餐馆和旅游购物点建设用地。

2. 第二类用地类型

(1)交通设施用地：主要是串连旅游区内各景区的旅游主干道用地，各景区内旅游次干道，通往各景点，景物地步游道用地及停车场等交通设施用地。这类用地依据本规划第八章所述此类设施地分布。

(2)给水、排水、治污和供电等设施用地：依照本规划第七章和第八章中的此类设施布局规划用地。

3. 第三类用地类型

(1)旅游区旅游管理办公用地，环境保护机构，防火机构，旅游安全机构用地分布在纪山旅游区管理处，各景区旅游管理点用地与服务点联合。

(2)旅游商品加工用地，分布在纪山镇镇东部，按纪山镇城镇规划用地方案执行。

五、土地利用规划(少华山风景旅游区总体规划)

少华山风景区规划总面积6300hm^2，其中风景游赏用地和游览设施用地为新规划用地，其规划面积分别为3400hm^2，占风景区规划总面积的54.77%和430hm^2，占风景区规划总面积的6.83%。居民社会用地由原来的16.38hm^{2}调整为35.00hm^2，面积增加18.62hm^2(表7-3)。

表7-3 风景区用地平衡表

序号	用地代号	用地名称	规划面积(hm^2)	占总用地(%)		人均(hm^2/人)		备注
				现状	规划	现状	规划	
00	合计	风景区规划用地	6300	100	100			
01	甲	风景游赏用地	3400	0.00	54.77			新规划用地
02	乙	游览设施用地	430	0.00	6.83			新规划用地
03	丙	居民社会用地	35	0.26	0.55	0.07	0.20	
04	丁	交通与工程用地	120	0.98	1.90			
05	戊	林 地	1811	64.76	28.75			
06	己	园 地	59	0.64	2.06	0.18	2.12	
07	庚	耕 地	32	0.86	0.51	0.24	0.18	
08	辛	草 地	226	11.95	3.95			
09	壬	水 域	187	20.42	20.97			
10	癸	滞留用地	0	0.85	0.00			
备注	2001年，现状总人口0.5万人。其中：(1)游人0.47万人(2)职工70人(3)居民230人							
	2003年，规划总人口1.2万人。其中：(1)游人1.17万人(2)职工122人(3)居民178人							

六、居民社会调控规划(太湖风景名胜区西山景区总体规划)

1. 调控规划原则

(1)严格控制景区人口规模，建立适合景区特点的社会运行机制和居民点系统；

(2)按照西山镇总体规划的要求，逐步引导居民向新镇区集中；

(3)强化绿色产业发展思路，引导淘汰型产业的劳力合理转向及居民生活、生产的良性循环；

(4)以生态目标为导向，保护和建设综合协调、近期和远期有机衔接。

2. 人口调控规划

西山景区内平均居住人口密度约为 541 人/km^2，因此，必须采取措施对居民人口进行合理调控，以满足风景区用地的容量要求。

人口调控规划应坚持因地制宜的原则，将景区划分为无居民区、居民衰减区、居民控制区 3 种类型。

(1)无居民区：将没有开发景点的山岳林地、湖滨地带、岛屿以及需要进行生态恢复的山林地区规划为无居民区，居住人口密度控制在 0～100 人/km^2，具体为西山丘陵中部的山林地区；山乡古镇风俗游览区北部湖滨地带；西山东北部遭到开山采石严重破坏的大片山林地区；一级景源林屋洞、梅园和石公山周边地区以及周边一些小岛。该区域必须严格保护自然环境资源，培育生态群落。

(2)居民衰减区：规划将山乡古镇风俗游览区除新镇区以外部分；驾浮名胜游览区除镇夏以外大片区域和太湖风情观光区规划为居民衰减区。鉴于西山景区内村落分散、人口较多，在近期内将居民完全迁出有较大难度，因此，应采取引导居民点迁往规划聚居区的措施，将居民逐步集中。以恢复山乡自然面貌。该区域居住人口密度控制在 100～450 人/km^2。

(3)居民控制区：规划将新镇区以及东部大片区域、镇夏古镇区、消夏湾民俗游览区规划为居民控制区，该区域一方面必需保证有一定的居民在此生活，另一方面又要控制人数增长。根据西山居民现状实际情况，将该区域的居住人口密度控制在 1500～2000 人/km^2。

3. 居民点系统调控

从西山景区环境特点出发，居民点分 4 种类型，分别加以调控，最终景区内容纳居住人口为 41 199 人，景区内搬迁至景区外约 2364 人。

(1)搬迁型：无居民区内的居民点应划为搬迁型，在近期内将村民搬迁聚集到居民聚居区。

(2)缩小型：居民衰减区内的大部分居民点应划为缩小型，采取逐步搬迁的原则，最终将居民完全迁出。

(3)控制型：在居民控制区内的大部分居民点以及居民衰减区内的少部分居民点应划为控制型，严格控制其发展规模，不得增加民房层数，对居民点建筑的色彩、风格、高度均提出严格要求。

(4)聚居型：在居民控制区内选择部分对景区景观影响较小的区域划为聚居型居民点，安置从子景区迁出的居民。

七、保护规划图例(贵州太平河景区保护培育规划)

贵州梵净山风景名胜区—太平河景区，位于贵州省东北部，武陵山脉中段，江口县北部。太平河发源于梵净山麓的松桃自治县，从梵净山脚流到江口县，全长 30km，是以梵净山、太平河等自然山水风光为主的风景名胜区。主要由自然保护区规划的旅游带—梵净山景区、太平河漂流带景区、鱼良溪景区、龙阳仙人桥溶洞群景区、黄鹄山景区及县城附近景区组成。风景区总面积 42km^2。

图 7-1　贵州太平河景区保护培育规划图

【复习思考题】

1. 按照《风景名胜区规划规范》规定，风景保护可分为几级？各级保护区的划分与保护规定是什么？

2. 生态保护区与自然景观保护区有什么区别？其保护规定有什么异同？

3. 环境保育规划有哪些内容？如何制定环境保育规划？

4. 哪些属于典型景观？如何对典型景观进行保护？

5. 土地利用协调规划的要求是什么？为什么要进行土地利用规划？

6. 居民社会调控的对象和内容是什么？居民社会调控规划对风景旅游区规划有何意义？

第八章　风景旅游区管理与营销策划

【本章提要】

本章主要论述风景旅游区规划中的管理规划、形象策划、营销策划3个方面的内容。管理规划是一种战略规划，着眼于为未来的企业生产经营活动预先准备人力资源，持续和系统地分析企业在不断变化的条件下对人力资源的需求，并开发制定出与企业组织长期效益相适应的人事政策的过程；形象策划将企业作为社会的基本单位，它不仅创造物质财富，同时创造精神价值。伴随着企业由一元定位向多元定位的转向，企业形象策划战略的意义逐渐凸现，其所涵盖包括理念、行为、视觉3个项度；营销策划是营销管理总体活动的核心，是将营销活动的每一个环节事先做一整体规划，以此作为执行准绳，是追踪、纠正、评定绩效等行动的依据。它主要包括营销目标、营销定位、营销策略及一定时期内的短期营销战术策划等主要内容。管理与营销规划是规划所要求的项目之一，是着眼于制定规划区的未来与发展。

第一节　旅游管理规划

一、旅游管理机制与职能

1. 旅游管理机制

旅游涉及的产业和服务部门很多，规划工作实施与管理也必然会涉及多个管理部门。现代旅游市场激烈竞争的现实和可观的效益驱动，客观上要求对旅游规划的编制、审批、实施和调整修编实行管理，必须从部门管理机制走向联合管理机制，由联合管理机制走向协同管理机制。在我国，对旅游规划实施管理的管理机制主要有4种：

(1)由政府外事办公室或旅游局管理，下辖旅游公司，属于条条型管理机制。我国现在仍有部分地区沿用此种带有计划经济痕迹的旅游管理模式。

(2)由分管行政长官牵头的、较固定的旅游发展协调小组管理，属于条块结合型管理机制。我国部分较重视旅游的城市已采用此种管理模式，它能有效应付重大旅游节庆或接待事件，但尚难以有效引导、调控日常的旅游发展及相应的大量复杂、细致的管理监督工作。

(3)由政府成立旅游度假区或风景名胜区管理局，全权负责规划实施管理，属于块块型管理机制。该机制的明显优点是高度统一和一体化管理，但实践中也显现出一些缺陷，如人员编制有限、缺乏条条联系、专项管理技术力量严重不足(如林业、环保、设计、商检等)，加上块块管理使经营与行政管理不分，极易滋长管理机构对资源过度开发利用的短期行为。

(4)成立旅游管理委员会，将旅游、园林、文物、宣传等直接相关部门通过组织、预算联系起来，该体制属于条块连结型管理机制。

旅游规划的实施管理机制的妥善解决，应从旅游系统、旅游规划的本质特征着眼。其机制理顺的标志，是各相关管理部门的条块联系更加密切，直至各部门的技术能力、行政能力和执法能力在旅游系统达成管理上的协同。

2. 旅游规划管理职能

(1)规划整合：旅游规划虽由旅游管理部门负责编制，但与同级计划部门、国土规划部门综合平衡后，将纳入国民经济和社会发展计划、国土规划、城市规划及政府年度财政计划。该项机制的建立取决于以下两个方面：

一方面，旅游规划自身的类型结构、内容及相应技术投入的自我规范，必须至少达到与上述规划相整合的技术要求，才能在内容、技术水平上具备纳入的条件，同时也是旅游规划得以实施的内在要求。因此，旅游系统在旅游规划阶段应实现技术整合，而不是管理分家。

另一方面，在旅游规划编制过程中，必须要有各有关部门的参与，特别是保证负责规划或计划的主管部门的介入和充分协作。

(2)技术推动：建立旅游管理信息系统，进行旅游资源利用与旅游经济发展的高效统计与监测。该系统以电子计算机软件与设备为载体，以旅游资源普查、规划、计划、市场信息、市场分析、旅游发展统计、旅游企业经营状况为信息源，对旅游系统的信息进行及时地获取、输入、储存、处理统计、评价和应用。该系统可适时地掌握实施情况，适时地调整规划。旅游管理的技术应用，将大大地推动旅游规划实施管理机制的运行效率。

另外，聘请有关权威机构和专家，定期和不定期的对旅游开发建设与经营情况进行综合评估与咨询，有利于迅速提高旅游规划实施管理机制的技术含量。

(3)政策引导：旅游政策是体现政府支持、放任或限制等意志，是对旅游发展所实施的宏观调控手段。政策机制是旅游规划实施的管理机制的重要组成部分。

二、旅游规划管理规章

1. 旅游发展规划管理办法

旅游规划管理是对旅游规划从编制、审批、实施到调整、修编全过程的管理。

2000 年 10 月 26 日，国家旅游局出台了《旅游发展规划管理办法》，要求全国遵照执行，其要点如下：

(1)办法制定目的是为促进我国旅游产业健康、持续发展，加强旅游规划管理，提高旅游规划水平。

(2)旅游发展规划按照范围划分可分为 3 种：全国旅游发展规划、跨省级区域旅游发展规划和地方旅游发展规划。

(3)旅游发展规划实行分级编制。即国家旅游局负责组织编制全国旅游发展规划、跨省级区域旅游发展规划和国家确定的重点旅游线路、旅游区的发展规划；地方旅游局负责组织编制本行政区域的旅游发展规划。

(4)编制旅游发展规划的单位，应根据旅游规划设计单位资格管理的有关规定，取得资格认定证书。

(5)编制旅游发展规划应当与国土规划、土地利用总体规划、城市总体规划等有关区域规划相协调，应当遵守国家基本建设计划的有关规定。同时旅游发展规划还应与风景名胜区、自然保护区、文化宗教场所、文件保护单位等专业规划相协调。

（6）旅游发展规划编制的内容、方法和程序，应当遵守国家关于旅游规划规范的要求。

（7）旅游发展规划成果应包括规划文本、规划图表和附件。规划说明和基础资料收入附件。

（8）旅游发展规划实行分级审批。全国旅游发展规划由国家旅游局制定，跨省级区域旅游发展规划由国家旅游局组织有关地方旅游局编制，征求有关地方人民政府意见后，由国家旅游局审批。地方旅游发展规划在征求上一级旅游局意见后，由当地旅游局报当地人民政府批复实施。国家确定的重点旅游城市的旅游发展规划，在征求国家旅游局和本省（自治区、直辖市）旅游局意见后，由当地人民政府批复实施。国家确定的重点旅游线路、旅游区发展规划，由国家旅游局征求地方旅游局意见后，批复实施。

（9）旅游发展规划上报审批前应进行经济、社会、环境可行性论证，由各级旅游行政主管部门组织专家评审，并征求有关部门意见。

（10）各级旅游行政主管部门可以根据市场需求的变化对旅游规划进行调整，报所在地人民政府和上一级旅游行政主管部门备案，但涉及旅游产业地位、发展方向、发展目标和产品格局的重大变更，须报原批复单位审批。

2. 旅游管理法规体系

旅游法规是调整旅游活动领域中各种社会关系的法律规范之总称，它包括旅游基本法，国家旅游部门的行政法规、条例和规章，地方旅游法规和与旅游相关的各类法律法规。我国于1982年开始起草《旅游法》，历经十几次修改调整，于1994年报送国务院待审，成为我国旅游领域的“基本法”。鉴于中国旅游业经过多年的发展，已经积累了雄厚的基础，在‘十一五’规划中，中国已将旅游业列为国民经济新的增长点。因此，2007年，有多名全国人大代表建议将《中华人民共和国旅游法》列入全国人大立法计划，尽快出台旅游法，促进中国旅游业的发展。

自20世纪80年代中期开始，旅游业在欧盟决策中的地位迅速上升，形成了独立的旅游政策，其中对旅游业影响最直接的政策有消费者保护政策，开放边界、实行人员自由流动的政策，社会政策、环境政策、区域政策、金融政策等。

中国旅游政策在20世纪90年代也发生了巨大变化，由国际旅游为主转变为国际、国内旅游双管齐下的格局。截至1999年6月，全国有24个省（直辖市、自治区）做出了《关于加快旅游业发展的决定》，构成了较为系统的地方政府支持旅游业发展的政策体系。国家旅游局在1999年提出的促进旅游业健康发展的产业政策体系则包括计划、财政、金融、税收、价格、出入境管理等6项内容。

目前，我国相继颁布的与旅游相关的法律规范有：

《汽车旅客运输规则》（1988年，交通部）；

《中华人民共和国环境保护法》（1979年，全国人民代表大会）；

《中华人民共和国森林法》（1984年，全国人民代表大会）；

《森林和野生动物类型自然保护区管理办法》（1985年，林业部）；

《中华人民共和国文物保护法》（1982年，全国人民代表大会）；

《风景名胜区管理暂行条例》（1985年，国务院）；

《历史文化名城保护规划编制要求》（1994年，建设部、文物局）；

《中华人民共和国水法》(1988 年，全国人民代表大会)；
《城市规划法》(1989 年，全国人民代表大会)；
《村庄与集镇规划建设管理条例》(1993 年，国务院)；
《旅游安全管理暂行办法》(1990 年，国家旅游局)；
《中华人民共和国食品卫生法》(1995 年，全国人民代表大会)；
《中华人民共和国消费者权益保护法》(1993 年，全国人民代表大会)；
《营业性歌舞娱乐场所管理办法》(1993 年，文化部)；
《旅行社管理条例》(1996 年，国务院)；
《旅游行业对客人服务的基本标准》(1991 年，国家旅游局)；
《导游员管理暂行规定》(1987 年，国家旅游局)；
《旅游投诉暂行规定》(1991 年，国家旅游局)；
《中华人民共和国税收征收管理办法》(1992 年，全国人民代表大会)；
《旅游发展规划管理办法》(2000 年，国家旅游局)。

三、旅游区发展的科技支持

旅游产业发展中的科技支持，既包括物质形态的硬技术，也包括智力形态的软技术。硬技术一是指旅游业对现代科学技术的吸收与应用，二是指旅游业本身的技术开发和技术创新水平。软技术是指旅游业的管理技术，包括行业管理技术、企业管理技术和环节管理诀窍等。旅游科学工作包括旅游理论、政策研究、旅游信息及其收集与传递，旅游法规制定，旅游教育，旅游图书、资料、杂志的编辑出版等，也是一种生产力。目前中国旅游理论研究滞后于旅游实践发展的现象较普遍。

1. 旅游规划和发展需多学科支持

旅游发展的科技保障还指需要多学科的学术和技术支持。以风景区的研究而言，就需要地质、地貌、水文、生态、地理、建筑、工程、规划、园林、历史、文学、艺术、美学、宗教、旅游、经济等多学科的交叉。

目前，我国在以风景区为主的旅游区建设中，最薄弱的环节之一就是重视科学不够，尤其是地球科学知识。

2. 旅游规划和发展需要信息技术

信息技术不仅是保证旅游业可持续发展的重要支持力量，也是实现旅游经营管理现代化的重要途径和推进中国旅游业市场化、国际化的技术前提。

国内旅游的兴起从根本上改变了旅游业的信息供求态势，建立面向国内旅游研究与发展的信息库，是保持旅游业稳定发展的一个关键。

从世界范围看，随着市场形势的变化，特别是航空业政府管制强度的弱化，使旅游信息服务的角色地位发生了重要变化，其中直接改变了 CRS(中央预订系统，Central Reservation System)的覆盖范围，它们不再仅仅是信息和预订系统，它们还具有营销和分销系统的作用。

与 CRS 对应的是旅游地管理系统(DMS，Destination Management System)，它可包含以下内容：旅游地概况(包括天气)、游览项目和特殊节庆日、食宿和交通情况、吸引物和娱乐、体育设施、与旅游相关的商业网点、价格及从业人员状况。DMS 的发展有赖于公共及私营双方的努力与合作，它既是一种竞争手段，也是一种管理和营销的手段。

作为政府或企业的决策支持系统的旅游信息系统，其所能发挥的作用取决于决策者对事件的原因与结果的确信程度，有的将其作为纯粹的计算工具，有的作为学习的工具，还有的将其视为解决问题的主要依据，或者仅仅作为获取灵感的信息来源。目前旅游业界对 DSS（决策支持系统，Decision Support System）的应用程度，大多数还停留在计算和数据处理功能上。

从现状来看，我国旅游业的信息化还远远滞后于世界旅游业。从产业管理角度看，比较突出的问题包括：部门线性割据较为严重，信息流的多层分道及断裂状况依然较严峻。

目前，中国旅游业界理解的旅游信息及其管理，主要包括饭店前台信息管理系统、饭店后台信息管理系统、旅行社信息管理系统等 3 部分。实际上，旅游信息系统还应该包括目的地信息系统与旅游信息咨询系统。各地可以根据本身条件，有计划地引进国际先进信息技术，建立和完善基于计算机网络的旅游信息系统，包括全球预订系统（GRS）、全球信息系统（GDS）及在其基础上形成的旅游信息系统（TIS），建立当地的旅游目的地信息系统（DIS）。

3. 旅游规划和发展需要高新技术

旅游业对信息技术的高度依赖本身就说明了旅游业与科技密不可分的关系。旅游业一直是采用高科技和先进管理技术的前沿产业。仅就面向旅游者的现代科技，就包括旅游目的地信息系统、酒店管理中的交互式电视、辅助软件、保安、技术合并、多媒体系统、互联网技术等。

纵观各级区域旅游规划的编制，旅游接待设施的规划与设计、建造与装修、经营与管理，旅行社的运营，交通工具的更新，旅游市场的预测与目的地营销，世界自然和文化遗产的研究与保护，新的大型旅游吸引物的规划设计与修建，几乎无不依靠现代科技的支持。高新技术在旅游规划编制过程中，也发挥出越来越大的作用。

四、旅游组织管理规划

1. 管理机构设置原则

（1）按照旅游行业的性质，风景旅游区应为企业单位，应实行独立法人制。

（2）按照独立法人制企业的有关管理办法，公司应实行相应的财务管理制度。

（3）实行总经理领导下的部门经理负责制，以调动全体职工的积极性。

（4）灵活用工制度，降低企业运营成本。

2. 管理机构的设置

旅游业的开发建设与传统的林业、牧业、水利经营管理截然不同，因而其管理机构也有较大差别。根据目前风景旅游区或森林公园的管理机构设置，其结构建制的框架如图 8-1 所示。对于新开发的风景旅游区，其组织管理机构应因需而设，并逐步完善。例如对于一个正在建设中的风景旅游区，首先应考虑加强开发基建部和后勤管理部，其他各部可渐后考虑。相反，对于一个已建成的风景旅游区，开发建设部的力量应相对减弱，而其他一些部门应着力加强。

3. 人员编制

（1）人员编制原则

①坚持人员精炼、高效、和发挥企业自身运行机制的原则；

②实行管理人员和专业人员聘任制、用工合同制，根据需要确定各类人员数量和季节性

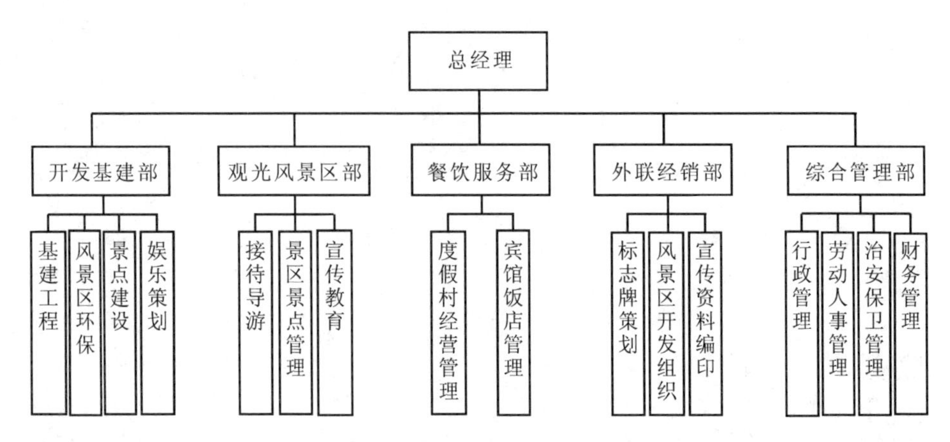

图 8-1　风景旅游区组织管理机构框架

用工数量；

③实行按事设岗、按岗定员、责任到岗到人的原则；

④坚持管理人员高素质、高效率、高效益和责权利相结合的分配原则；

⑤人员编制应根据需要逐年增加和计划使用原则。

(2) 人员编制

①必须编制在内的人员：

总经理 1 人，副总经理 2 人；部门经理 1 人(有些部门也可编制 1 ~ 2 名副经理)；会计、出纳各 1 名；行政办公室主任 1 人。

②可编制在内的人员

三级部门主管，按岗设置的办事人员，水、电、暖、通讯、治安、维修人员，医疗救护人员等。

③无须编制在内的人员

餐饮业服务人员，旅游区内环卫人员，普通保安人员，区内交通运输人员，游乐场所服务人员，商业、邮电、通讯、电力管理人员，无学历的导游人员，普通营销人员等。

4. 管理机构发展规划

管理机构设置及人员编制应根据建设进度安排制定发展规划，一般应按筹建期、建设期和全面运营期设置机构和进行人员编制。

(1) 筹建期：筹建期是在可行性研究之后，认为具有开发潜力时开始筹备工作的时期。在规划设计中，这一时期一般为 1 年。由于不具备旅游的基本条件，从机构上只设开发办或筹建办公室，人员构成简单、人员编制相对较少，此时一般区内无旅游收入。

(2) 建设期：建设期是规划方案形成并合法后，从开始建设到初具旅游接待能力的时期，该期一般为 2 ~ 5 年(根据建设规模大小确定)。在这一时期本着边建设、边营运、边收益的原则，旅游人数应逐年有所增加，旅游内容也更加丰富。因旅游服务项目的随之增多和景观质量的改善，门票价格也相应增加。在这一时期，机构设置至少应有开发基建部、综合管理部。

(3) 初步运营期：初步运营期是进一步完善旅游业“六大要素”的时期，这一时期一般为 2 年。在这一时期旅游人数及旅游收入应有明显增加。

(4)全面运营期：当规划的建设项目全面完成并达到建设目标后，应视为全面运营期。此期对投资不大，建设周期不长的旅游区应在4年内完成，反之可延长到6～8年或10年。这一时期应达到相当的规模，旅游项目、设施更加完善和齐全，门票价格和旅游消费水平达到同类旅游区的水平。

第二节　旅游形象策划

一、旅游形象概念与策划意义

1. 旅游区形象概念

旅游区形象是指公众对某一旅游目的地的旅游产品及其服务质量、管理水平、经营行为等各方面的综合评价，是旅游区各种表现和风格特征在人们心目中的反映。它由外显特征和内在精神两部分组成，其中旅游区的综合特征或特色、旅游区的知名度和美誉度以及旅游区的形象定位是旅游区形象形成的基本因素。

旅游区形象的概念可从下面几点理解：

(1)它从本质上符合人们心理活动中感觉、知觉、认知的心理过程，形象的形成只是人们对外界事物从表面现象到本质的认识过程中一个初始环节；

(2)旅游区形象是一个整体概念，具有形成时间长、抽象概括性、传达的信息面模糊以及有持久的影响力等特征；

(3)形象的确定者只能是社会公众，公众是旅游区形象好坏的最终评价者；

(4)形象认知不是凭空产生的，其源头是旅游区本身的资源、经营管理的外在表现，因此旅游景区形象又具有很强的可塑性。

2. 旅游区形象策划的意义

在当前激烈竞争的旅游市场中，旅游目的地的形象已成为影响人们外出旅游选择目的地的重要决定因素之一。旅游形象策划，可以增强市场吸引力和市场竞争力，在旅游区传播体系中起着十分关键的作用。旅游服务产品自身“无形性”的特点，需要通过品牌塑造和形象推广使其有形化。同时，旅游区形象又是区别于竞争对手的标识，更是旅游区向旅游者提供的产品核心价值的直接表现。

旅游区形象是在一定时期和一定环境下，社会公众(包括旅游者)通过心理感觉和知觉感知，在头脑和记忆里形成的关于对旅游地的各种属性和特征的一种整体性的评价。它是旅游目的地的各种表现和风格特征在人们心目中的反映。其中旅游区的综合特征或特色、旅游区的知名度和美誉度以及旅游区的形象定位是旅游区形象形成的基本因素。

二、旅游形象策划的原则

(1)实事求是原则：在形象策划过程中，必须客观调查规划旅游区的旅游资源条件、经济状况、社区环境，必须正确了解当地政府的政策和国家的政策、法规等，必须冷静看待规划区在目标市场上的影响力和在旅游市场上的竞争力。

(2)特色性原则：特色是产品的生命和灵魂。成功的形象策划(或者说是成功的形象定位)必须达到两个基本要求：一是具有特色，二是顾客认同。只有这样，旅游形象才能深深地留在游客的心目中，才能有效地吸引游客。

(3)有效传播原则：旅游形象的传播策划，应对传播者进行选择、对受众进行分析、对传播信息进行设计。依据旅游形象的时空规律，特别是信息内容和传播渠道对形象认知的影响，分期分区地进行新的形象塑造，争取达到事半功倍的效果。

(4)因地因时制宜原则：根据旅游者对旅游形象在时间上和空间上的感知过程规律，以规划区所处的发展阶段和市场空间等级层次结构，建立能够“因地制宜”和“因时制宜”的富有生命力和竞争力的旅游形象。

(5)体系化原则：随着规划区分步骤的逐步建设，会形成多层次系列化旅游产品。因此，旅游形象应是多侧面、多层次和多样性的结合体，它必须是在规划区大的形象背景支撑下，表现出能满足时间、空间变化，满足多种需求的完整体系以及具备应对市场变化条件下的灵活性。

三、旅游区形象定位方法

旅游目的地形象设计实际上是参照企业形象识别系统的构建模式，对旅游目的地形象各构成要素进行设计与塑造的过程，即将特定要素进行提炼形成理念形象，将感觉要素进行设计形成视觉形象，将感受要素进行规范形成行为形象。旅游形象设计是一项艺术性(文化性)和技巧性都很强的工作，设计若达到琅琅上口的形象宣传口号，可以让受众过目不忘，促使其做出积极的旅游消费决策。

1. 定位的概念

定位本源于广告界，主要用于为商品发展寻找销售途径。定位的重点是了解、引导消费者建立或改变他们对企业产品的原有形象感知，在适当的时候产生购买企业产品的需求。

实质上，定位就是把产品在市场上确定一个位置，在消费者心目中确立一个显著的概念，提供一个消费者容易识别并促使他们选择该品牌的最有诱惑力的理由。

2. 旅游区形象定位方法

(1)领先定位：领先定位是最容易的定位方法，适宜于那些具有一定垄断地位且不易被模仿和替代的事物或资源。如金字塔、长城等。

(2)比附定位：比附定位采取“次优”原则，定位中借助第一位的形象的“形象优势”，抢占次席。如海南三亚定位为“东方夏威夷”。

(3)逆向定位：逆向定位采取“反其道而行之”的策略，设计、强调和宣传游客心目中第一位或者强势形象的对立面或者相反面，开创新心里形象阶梯。如“监狱餐馆”。

(4)空隙定位：空隙定位就是补缺，寻找产品形象还未占领的领域及时进入，策划自己与众不同的产品形象，冲击原有形象序列，达到开辟新形象阶梯的目的。

(5)重新定位：重新定位就是在原有基础上的重新确定。重心定位一般衰退(落)旅游区常用。

四、旅游区形象策划内容

1. 理念形象(MI)策划

旅游区形象的理念形象根据表达对象的范围和特征，可将其分为一级理念和二级理念，或称总体形象理念和专题形象理念。其中一级理念是将自然地理特征与历史文化特色等结合起来进行总体把握，形成旅游形象的总体理念。二级理念是在总体形象定位完成后，根据一定时期内旅游市场的需求状况和旅游产品的某方面或某个旅游区域的主要文化内涵推出主题促销口号，以明确不同时段内旅游形象定位的不同主题和重点。

2. 视觉形象(VI)策划

视觉形象的核心标识应尽可能出现在一切该出现的地方，以便向外推出旅游区的视觉形象，使公众过目不忘。视觉形象的策划重点，一是在固定景观上要调整优化旅游景区空间布局，强化服务职能。搬迁改造一批有污染、占地大、文物价值低、有碍旅游观瞻的居民住宅，增加公共绿地以及服务及体育文化娱乐用地，通过空间视觉形象建设，强化和凸显旅游区最独特、最易识别的形象；二是在可移动的物质载体上，要选取真正代表旅游区特色的画面进行统一制作。

3. 行为形象(BI)策划

行为形象是理念形象的具体化，主要包括旅游目的地经营管理形象、服务形象、居民形象和公益形象方面。

(1)管理形象策划：包括管理理念、管理制度、管理技术和管理艺术。在规划中，应体现行政管理部门的“管理服务”理念，实行人性化管理，吸收和采纳当今世界最先进的管理方法。体现办公信息化和完善各项管理制度。体现依法行政，依法管理，热情主动地为旅游业搭建良好的发展平台，构筑“现代、公正、高效、廉洁、务实、敬业”的新形象。

(2)旅游区服务形象策划：主要包括旅游从业人员的素质、职业着装、服务态度、服务礼仪、服务技能等，它是旅游者接触最多、感受最直接的旅游形象前端界面，对服务形象的树立具有立竿见影的效果。因此，规划必须服务营销的意识并推广绿色服务，体现自觉服务、主动服务、诚信服务，体现通过培训等手段促使服务技能的提高和实行服务的“首问负责制”，强化对服务质量的监督评比，在推进旅游景区服务质量标准化的前提下，提倡个性化的服务和对特殊人群的特殊服务。

(3)公益行为形象策划：在规划和经营管理的过程中，在强调经济效益的同时，更应多关注社会效益和环境效益，向旅游者展示旅游目的地的社会责任，如加大对公共服务设施的投入以便为旅游者提供更多的便利，在各项设施的规划设计上要注重艺术化和人性化要求，体现对旅游者权益的保护，要适当参加公益性的文化体育活动。

(4)居民形象策划：旅游区作为一个观赏价值较高的特殊区域，有着极为丰富的文化内涵，要着力培养居民的形象意识，树立“人人都是景区旅游形象”的大旅游思想、文化水平和主人翁意识。因此，居民形象策划应体现培养海纳百川和笑迎天下宾朋的宽大胸怀、培养对景区的热爱和自豪感、提高知识水平和文化素养的内容，使居民形象本身成为当地的旅游景观的组成部分，成为旅游者感知和欣赏的对象。

五、旅游区形象策划应注意的问题

1. 要客观、准确、全面地概括旅游区的特征

旅游区主题形象首先是旅游区的“一个名字”，要能够客观、准确、全面地概括和表现出旅游区的主要性质特征。例如，浙江省的旅游主题形象为“诗话江南、山水浙江”，是因为浙江以山水见长，人文历史画卷浩瀚。贵州省的旅游主题形象为“文化千岛、生态贵州”，是源于贵州是我国少数民族的聚居区域，民族文化丰富多彩，积淀极其丰富，“文化千岛”

非贵州莫属。贵州至今还保留着古朴文化风俗的贵州各少数民族与汉族一起，创造了非常和谐自然的人文生态环境，这种自然和人文生态高度统一与和谐一致的环境状态，在全国和世界其他地区是很难见到的，因此，“生态贵州”恰如其分。以上对旅游目的地主要性质特征的概括都比较客观、准确和全面。

2. 要充分考虑目标市场与需求

旅游区的主题形象是要吸引人前去旅游，因此还必须考虑主要目标市场的状况及需求偏好。在这方面，旅游区自我中心者不在少数，一些地方动辄打出“天下第一”、“世界第一”、“中国第一”就是比较典型的例证。实际上，目标市场并不都会对自封或找其他组织、人员加封的“第一”感兴趣，往往还会产生歧义。旅游区的主题形象及其宣传展示，必须对目标市场的潜在旅游者“投其所好”，当然要符合实际和恰如其分。现在很多地区提出要建设某某地区的后花园和度假休闲基地，就是面对目标市场的主题形象所做的成功策划。

3. 要能被广泛认同和接受

首先，主题形象策划要能够被旅游区及其所在地的人民群众所认可。旅游区及其所在地的人对旅游区的性质特征感受认识最具体、直观、全面和深刻。因此，他们的认可在很大程度上表示主题定位是否符合实际。例如，西南某省有一个非常奇特的高山石林景观，同时也是该省的最高峰，就有专家提出要建设成为该省人的精神家园，但因苗族、侗族、彝族、水族、布依族、瑶族等都可能有自己的圣山和精神家园，因此主题形象策划首先不能被地方民族所接受。

其次，主题形象要被其他旅游区、其他地区的人认可。如“天下第一”、“中国第一”、“神州第一”等常见主题形象宣传，就常常引起争论，因为这种第一没有统一的标准，没有权威的组织按照规定的程序来认定，只是某位专家、领导的看法和认识，甚至只是一次酒宴后的题词。

最后，主题形象要能够被旅游者认可。例如，“美食王国”、“购物天堂”等主题形象宣传屡见不鲜甚至俯拾皆是，很多旅游者特别是比较成熟的旅游者实地感受后往往一笑了之，被嗤之以鼻的也不少见。

4. 要有特色和新意

主题形象必须鲜明才能引起人们的注意，进而也才可能产生吸引力。因此，在主题形象概括、表述上就必须有特色、有新意，不可简单比附、套用。例如，河北嶂石岩是一个峰林岩石地貌非常奇特的旅游区，与湖南的张家界有异曲同工之妙。在开发初期，该景区使用了“北方的张家界”这样一个比附性主题形象口号。然而，南、北方的气候和自然状况相去甚远，这样的比附并不能真正体现出嶂石岩的风貌。不久，嶂石岩在主题形象宣传时，借用可口可乐将饮料划分为不含酒精的软饮料和含酒精的硬饮料并声称自己是软饮料中的世界第一的经验，改为宣传“南有张家界、北有嶂石岩”，一下就使人们的感受不同了。事实上，游览过这两个旅游区的人感觉到二者都很美，而且各有特色，都值得去观赏。

5. 文字表述要简练、易懂、易记

主题形象作为宣传口号，既然是说给公众听并要吸引其前往旅游，就要好懂、好记，不能故弄玄虚和故作深奥。例如某个历史文化名城在旅游规划中提出要用毛泽东的著名诗句“雄关漫道真如铁，而今迈步从头越”作为主题口号，这两句诗大多数人都知道，但其在表现该市的旅游性质特征和主题内涵方面是什么意思，还得听专家做一番解释。形象宣传不能靠做解释、说故事、讲典故来吸引人，不能故设悬念然后去解扣抖包袱，很多时候旅游区是不具备这种条件和没有这种机会的。

6. 文字表述要有美感并能够产生美好的联想

如果一个旅游区主题宣传口号让人一听就很美，并很容易对实际情景和可能获得的感受、收获产生美好的联想，就可能产生实际的旅游行动。此外，在不同民族、不同地区、不同国家的文化语言中，相同的词或比喻、称谓相同事物的名称的意境也有很大不同。例如，乌龟在中国有长寿和软弱、畏缩两种寓意，但在日本却没有后一种寓意，完全是健康长寿的寓意。同时，字词多有感情色彩，汉语的许多词汇分褒义、贬义和中性三大类，或者分为暖色调、冷色调和中色调，部分词语在不同的场合感情色彩完全不同。如"凉都"中的"凉"字，就既有凉快、凉爽等令人感到舒适的褒义，又有冰凉、心凉、受凉等令人不舒服、不愉快的贬义。在旅游区主题形象及其宣传的用词上，就必须全面考究其各种含义、寓意和感情色彩。

7. 主题形象不能庸俗、粗俗、媚俗

一些旅游区为迎合部分旅游者的心理，刻意宣传本山、本地或其中的某座寺庙等如何有灵气，某某人来了回去就升官发财，或者治好了久治不愈的病。一些旅游目的地定位为"幸运之地"、"转运之城"等，实际上也有媚俗的嫌疑。还有一些地方过多宣传、引导旅游者去观赏、联想与性有关系的事物，并编排出一系列故事。这些宣传给人的感受，至少是别扭、不自在和粗俗。旅游要宣传美、升华美、创造美，旅游区的形象宣传不能庸俗、粗俗和媚俗。

第三节　旅游营销策划

一、营销的概念与特征

1. 营销的概念

菲利浦·科特勒的定义：市场营销是个人和集体通过创造及同别人交换产品和价值以获得所需所欲之物的一种社会的和管理的过程。

美国市场营销协会定义：市场营销是对观念、产品和服务进行构思、定价、促销和分销的计划和实施的过程，从而导致能满足个人和组织目标的交换。

旅游区营销是从旅游管理部门和旅游开发商的角度出发，区分、确定旅游景区产品的市场所在，建立景区产品与这些市场的关联系统，保持并增加景区产品的市场占有份额。

2. 市场营销特征

(1)动态性：营销活动开展的环境(包括市场需求动态等微观环境，国家政策、法规等营销宏观环境)是一个不断变化的过程。

(2)综合性：包括了产品的构思、定价、促销和分销等一系列活动。

(3)灵活性：营销活动根据市场的需求动态、营销环境而不断调整变动。

3. 旅游营销策划内容

(1)确定旅游区能够向市场提供的产品及其整体形象；

(2)确定对该旅游区具有旅游需求和出游力的目标市场；

(3)确定能与目标市场进行有效沟通并使之抵达旅游区的最适宜途径。

二、目标市场确定及旅游产品定位

旅游需求受个人特质、主观认识影响很大，旅游供求在质和量上存在很大的矛盾和差距，是典型的异质市场。20世纪80年代后期以来，旅游市场的营销方式进一步深化，强调两个步骤：第一步是对市场进行细分化；第二步是准确选择目标市场。

(一)旅游区的市场细分

1. 旅游区市场细分的概念

旅游区市场细分就是指旅游企业根据游客群之间的不同旅游需求，把旅游市场划分为若干个分市场，从中选择自己目标市场的过程。

2. 旅游区市场细分标准及因素

旅游区市场细分标准与细分因素详见表8-1。

表8-1 旅游区市场细分的标准及细分因素

细分标准	细分因素
人口统计属性	年龄、性别、职业、收入、教育程度、家庭结构、宗教、种族、社会阶层、文化与血缘、国籍、民族
地理环境因素	地区、人口密度、气候、城市大小、自然环境、经济地理环境、空间位置
购买行为因素	购买动机、购买状态、购买频率、购买时机、购买形式、营销因素的敏感度、品牌忠诚度、对产品的认知状态、产品的食用状态
心理因素	个人的气质、性格、生活方式、习惯、价值观

3. 旅游区市场细分方法

(1)按地理环境因素划分

按地区划分：世界旅游组织(WTO)将国际旅游市场划分为6大区域，即东亚及太平洋旅游区、南亚旅游区、中东旅游区、非洲旅游区、欧洲旅游区、美洲旅游区。

按距离目的地的空间距离划分：旅游区市场可分为远程市场和近程市场或称邻近市场。

按旅行者的流向划分：可分为一级市场(也叫第一市场或主要市场)，二级市场和机会市场，机会市场(也叫边缘市场)。

(2)按人口结构特点划分：该划分方法目前采用比较广泛和有效的方法，该方法的分析变量非常明确，它包含性别、年龄、职业、收入、家庭结构、家庭人数、宗教、受教育程度等。

按年龄和生命周期划分：分为老年旅游市场、中年旅游市场、青年旅游市场、儿童旅游市场。

按性别划分：可分为男性市场和女性市场。

按社会阶层和文化程度分：可分为职工旅游市场、科教旅游市场、农民旅游市场等。

(3)按旅游者心理行为划分：心理行为属消费者主观心态所导致的行为，比较复杂难测。其分类主要从旅游者的个性特征、生活方式等方面去分析。20世纪80年代产生了一种VALS(价值Values，态度Attitudes，生活方式Life Styles)的多变量分类方式。以人群的自我意象、抱负、价值观、信仰和他们所用的产品等信息为基础，将人群分为9种生活方式或类型：赤贫型、温饱型、保守型、奋斗型、成功型、自我中心型、经验主义型、社会意识型和完整型。

(4)按购买行为划分

按旅游目的划分：可分为观光旅游市场、会议与商务旅游市场、度假旅游市场、奖励旅游市场、体育旅游市场、探亲访友旅游市场、文艺旅游市场等。

按购买时间和方式划分：按购买时间可分为淡季、旺季和平季 3 种旅游市场，按购买的方式可分为团体旅游市场、散客旅游市场。

按消费者所追求的利益划分：可分为追求时髦型、经济型、享受型 3 种旅游市场等。

4. 旅游区市场细分的一般步骤

(1)确定市场范围；

(2)了解市场需求；

(3)对市场需求进行分析，挖掘可能存在的目标市场：一方面，旅游区要考虑消费者的地区分布、人口特征、购买行为等情况；另一方面，可根据旅游区的实际经营情况做出初步判断；

(4)确定细分市场的标准：不同细分市场有不同的细分因素，旅游区要能分析出哪些因素是主导的、重要的、突出的，并把各个细分市场都重要的因素删除掉，如物廉价美；

(5)为可能存在的细分市场命名；

(6)进一步了解各细分市场，确认细分市场消费者的需求和购买行为；

(7)分析各细分市场的规模和潜力，对各细分市场进行综合评价：对各个细分市场的分析要与这一群体的人口特征、地区分布、消费习惯、经济条件等联系起来，以估算这一细分市场的潜力，测算其规模和预测发展前景，使旅游区对目标市场做出正确的选择。

(二)旅游营销目标市场

1. 目标市场的选择依据

目标市场是指一个企业作为销售目标的消费群体。

旅游市场细分是选择目标市场的依据，评价细分市场要考虑以下几方面因素：

(1)该市场是否符合本企业的目标、资源状况和营销能力；

(2)市场的吸引力如何：需要对各个细分市场的需求趋势、竞争状况、市场占有率、产品的生命周期、产品的吸引力因素等进行较为细致的分析、比较，以决定该市场的吸引力大小和盈利能力；

(3)可通过对市场容量估计测算的市场规模和发展潜力。

2. 目标市场的选择策略

除了分析各旅游细分市场的具体情况外，还要从总体上考虑旅游区的营销组合于对目标市场的针对性，由此涉及到 3 种目标市场的选择策略。

(1)无差异目标市场策略：也称整体市场策略，即忽略整体市场内旅游者需求的差异性，把整体市场作为旅游区的目标市场，只推出一种旅游产品，运用一种统一的营销组合。这种方法的优点在于可以大规模的销售，简化分销渠道；无需细分市场，节省市场调研、广告等营销投入；可形成规模效应。这种方法适用于垄断型、吸引力大、已具有品牌效应的旅游景区景点，如长城、兵马俑旅游区等。

(2)差异性目标市场策略：差异性目标市场策略，是根据消费者的不同需求特点，对整体市场进行细分，对于不同细分市场，设计不同的产品，采取不同的营销策略，以满足每个市场的需求。其优点在于更能适应旅游者的需要，能增加销售总量，能提高企业抗风险的能力。

不足之处在于旅游区的产品线过宽会导致营销成本的增加，并难于形成规模效应，影响企业优势的发挥。这一策略一般只有实力雄厚、资源丰富的旅游区。

(3)集中性目标市场策略：又称密集性市场策略，即在市场细分的基础上，企业选择一个或几个细分市场作为自己的目标市场，然后集中企业的全部优势实行高度专业化经营，充分满足一类或几类消费者的需求。

3. 旅游区目标市场选择

(1)从以地理因素划分的细分市场中选择目标市场：根据旅游产品吸引力递减规律，遵循由近及远、逐步扩大的原则展开市场营销。按地域把旅游市场划分为近、中、远3个梯次，分别对应于旅游区企业市场发展的近期、中期和长期规划。但无论如何，中心城市旅游应作为市场重点。

(2)从以人口统计因素划分的细分市场中选择：其中以年龄、职业为细分标准的细分市场常是被选的对象。我国各旅游区的经营实力基本上不能同时满足多样化的需求，根据本旅游区的实际情况选择适合的目标市场是成功营销的基础。

三、旅游区营销组合策略

指旅游区为取得最佳的经济效应，针对产品、价格、销售渠道和销售促进4个因素进行组合，使之互相配合，综合发挥作用的整体营销策略。

(一)营销产品策略

产品策略所要解决的是企业应该向市场提供何种产品，并如何通过产品去更大程度的满足顾客的需求。它包括以下几个方面：

1. 旅游区产品的内涵

旅游产品有整体产品和单项产品之分。旅游区产品属于旅游单项产品的范畴。

旅游区产品，从供给者角度讲，即旅游区凭借旅游区的资源和设施，向游客提供的满足其在旅游过程中综合需要的服务。一般由三部分构成：核心部分、外形部分和延伸部分。

核心部分是向顾客提供的基本的旅游服务或核心利益。外形部分是指旅游产品的质量、风格、声誉、品牌等，旅游区的环境、门票价格、服务设施等。通过这些因素游客才会更加认识产品的核心利益。延伸部分是提供给游客的外加利益或优惠条件，如安全保障、信息服务、信贷服务、便利设施等。

旅游产品通过对产品外形部分和延伸部分形成自身的差异化，以赢得竞争优势。

旅游区产品的4个主要营销因素：旅游区吸引物、旅游区活动项目、旅游区管理与服务、旅游区可进入性。旅游区产品的实质是服务，而不是风景名胜本身。

2. 产品的生命周期

“生命周期”最早是生物学领域中的术语，用来描述某种生物从出现到灭亡的演化过程。后来，该词被许多学科用来描述相类似的变化过程。

产品的生命周期指产品从正式投放市场到最后被市场淘汰、退出市场的全部过程，整个过程大体上经历了类似人类生命模式的周期性规律。产品的生命周期包括4个阶段：投入期、成长期、成熟期和衰退期。

旅游区产品在不同的生命周期有不同的营销策略：

(1)投入期：产品未被市场广泛了解和接受，购买量很小，销售量增长缓慢，需要较大的营销投入来开展促销等活动。其特点是单位营销成本高、利润很少、市场竞争者少。

产品营销策略：根据试销改进产品，促使其尽快成形；促销上综合运用广告、人员推销、销售促进等各种手段；价格上可选择高价策略和低价策略两种；销售渠道可采用全方位的渠道策略，在此过程中探明较理想的销售渠道。

(2)成长期：旅游区的产品和设施建设初具规模，产品基本定型并形成一定特色；产品销量迅增，促销费用相对减少，单位成本下降，利润上升；竞争者开始进入市场，呈现竞争趋势。

产品营销策略：提高产品质量，进一步完善产品，树立产品品牌，创立拳头产品；促销投入可适量减少，销售促进活动可停止，转向宣传和树立景区形象。

(3)成熟期：现实游客迅速增加，潜在顾客已经很少，多属于重复购买的市场，产品的市场需求已达饱和，销售达到最高点，后期的增长率趋于零，甚至出现负增长；同类产品进入市场，旅游者选择性增大，竞争十分激烈，差异化和产品价值竞争强烈。

产品营销策略：改进产品，增加其价值，通过差异化提高竞争优势；根据市场需求对产品进行改革或换代升级，迅速设计、生产新产品，淘汰一部分前景不好的产品，寻求新市场；促销策略常采用集中性促销，加强销售促进、公关等活动。

(4)衰退期：新产品逐渐成长并代替老产品，或者旅游者的需求口味已发生变化，竞争以价格竞争为主，利润迅速减少，甚至出现亏损。

一般采取对产品更新换代或开发产品的新用途等产品策略；营销努力减少；产品或以原价自然退出市场或者降价以争取游客；销售渠道上，只保留最忠诚的中间商。同时，做一些分销计划。

旅游产品的生命周期规律一定程度上反映一个旅游区的生命周期规律。

3. 风景旅游区生命周期

风景旅游区生命周期(Tourism Area Life cycle)研究是地理学对旅游研究的主要贡献之一，具体描述了旅游风景区从开始、发展、成熟到衰退阶段的生物界普遍规律。有人认为旅游风景区周期理论的产生可以推前到20世纪30年代末对英国海滨胜地(布莱克普)成长过程的研究。而得到旅游界多数学者公认的旅游风景区生命周期理论，是1980年加拿大学者巴特勒(Butler)提出来的，其主要观点是“一个旅游风景区的发展变化过程一般要经历6个阶段，即：探索阶段、起步阶段、发展阶段、稳固阶段、停滞阶段、衰落或复兴阶段，经过复兴以后的旅游风景区，又重新开始前面某几个阶段的演变”。

了解风景旅游区生命周期，有利用于合理判断未来各年度的游人发展规划，正确判断对风景旅游区的投资和经济效益，同时可帮助管理者解决管理中存在的问题。风景旅游区生命周期的阶段划分及各阶段特征有(图8-2)：

(1)探索阶段(Exploration stage)：旅游风景区发展初始阶段，自然和文化吸引物招徕少量“异向中心型”旅游者，或称之为探险者。此时旅游风景区很少有专门旅游服务设施。

(2)参与阶段(Involvement stage)：旅游人数增多，当地居民为旅游者提供简便旅游服务，制作广告宣传旅游风景区。旅游市场季节性、地区性出现。旅游业投资主要来自本地区。公共投资开始注意旅游基础设施建设。

(3)发展阶段(Development stage)：旅游人数增长迅速，超过当地居民。外来资本大量投入，外来旅游公司大量进入，给旅游风景区带来大量先进的旅游设施和服务，同时控制了当地旅游业。大量人造旅游吸引物出现，并逐步取代原有自然和文化旅游吸引物。大量旅游广告吸引更多旅游者。形成较为成熟的旅游市场。“混合中心”型旅游者取代“异向中心型”旅游者，旅游设施过度利用和旅游环境恶化现象开始出现。

(4)巩固阶段(Consolidation stage)：旅游人数增长速度下降，为了缓和旅游市场季节性差异，开拓新的旅游市场，出现更多的旅游广告。“自向中心型”旅游者光临。旅游风景区有了明确的功能分区，当地居民感受到旅游业的重要性。

(5)停滞阶段(Stagnation stage)：旅游人数高峰来到，已经达到或超过旅游容量。旅游风景区依赖比较保守的回头客，大批旅游设施被商业利用，旅游业主变换频繁，旅游风景区可能出现环境、社会、经济问题，为了发展开发旅游风景区外围区。

(6)衰落阶段(Decline stage)：旅游者流失，旅游风景区依赖邻近地区的一日游和周末旅游的旅游者来支撑。旅游风景区财产变更频繁，旅游设施被移作他用，地方投资重新取代外来投资占主要地位。

(7)复苏阶段(Rejuvenation stage)：完全新的旅游吸引物取代原有旅游吸引物。

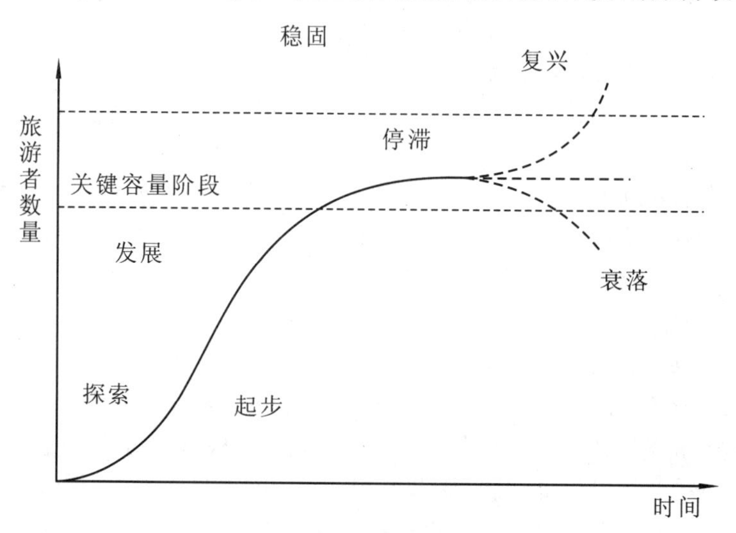

图 8-2　风景旅游区生命周期过程图

4. 产品组合策略

(1)全线全面型策略：指经营多种旅游产品以满足多个市场的需求，开展多种经营。这种产品组合能满足不同市场的需求，有利于扩大市场份额，但经营成本高，并易造成资源分散。

(2)市场专业型策略：指某一个特定的旅游市场提供其所需的多种旅游产品。这种组合有利于经营者集中力量充分了解某一目标市场的各种需要，开发多层次的产品，拓展产品线宽度，有利于市场渗透。但市场单一，销售额受到限制。

(3)产品专业系列专业型策略：指旅游企业专门经营某一类型的旅游产品来满足多个目标市场的同一需求。由于产品单一，企业经营成本较少，且集中资源进行产品的深度开发，拓展产品线深度，易于为企业树立鲜明的形象。但产品单一，企业的经营风险加大。升级为竞争的核心。

(4)特殊产品专业型：指旅游企业针对不同的目标市场的需求提供不同的旅游产品。这种策略针对性强，可满足不同的目标市场，扩大销售额。但开发销售成本较高，投资大。

(5)多元化产品策略：进行跨行业经营，利用相互的影响作用取得综合经济效益。如浙江宋城集团，其投资方向以旅游休闲业为主，同时涉及房地产开发、高等教育、电子商务等领域。

(6)一体化产品策略：即一体化发展模式，就是将景区业务向有联系的行业发展。面对旅游市场向前延伸到旅行社、旅游交通行业开展业务，向后延伸到饭店业、旅游商品生产行业开展业务，横向则投资开辟新的景区。这种模式不管向哪个方向发展，都离不开景区原有的经营主业。这种发展模式需要景区投入资金，是一种投资发展模式，须慎重。

5. 新产品开发策略

旅游新产品是指旅游经营者以前从未生产和销售过的旅游产品。新产品大致分为4种：风险较大、需投资较多的全新产品；对现有旅游产品进行较大改革后生产的换代新产品；对原有产品进行局部的调整，如延长营业时间、改变游览方式的改进产品；仿制新产品。

新产品开发须注意：市场分析是否充分、新产品是否有足够的优势、新产品投放市场的时机是否恰当、营销组合决策是否正确、管理层是否合理决策等。

(二)营销价格策略

1. 价格定位策略

旅游价格是旅游者为满足对产品的需要而购买旅游产品所支付的资金。

旅游区定价策略涉及3个方面：新产品的定价策略、心理定价策略以及促销定价策略。

2. 价格定价方法

(1)以成本为中心定价法：该方法有两种类型，一是成本加成定价法，二是目标收益法。

成本加成定价法的基本方法是在产品成本的基础上加上适当的加成百分比进行定价。公式为：

$$\text{单位产品价格} = \text{单位成本} \times (1 + \text{加成率})$$

单位产品成本即单位生产成本，加成率是预期的利润率。

目标收益定价法是在确定目标收益率及目标利润的基础上，预测总成本，并预算销售量，最后确定产品的价格。其公式为：

$$\text{产品价格} = \frac{\text{总成本} + \text{目标利润}}{\text{预期销售量}}$$

此方法是以预计销售量来推算单价，而忽视了价格对销售量的直接影响，一般只有在经营垄断性产品或具有很高市场占有率的企业才有可能依靠其垄断力量按目标收益率进行定价。

(2)以需求为中心的定价方法：按照消费者对产品的价值的认知和对产品的需求来确定价格，而不是以产品为中心制定价格。主要方法有理解价值定价法和差别定价法。

理解定价法认为，消费者在购买前，基于产品的广告、宣传所得的信息及自身的认识，对产品价值有一个自己的认知和理解。这种定价方法必须配合宣传促销活动，并正确测定消费者的理解价值。

差别定价法分为以顾客为基础的差别定价，以时间为基础的差别定价和以位置为基础的差别定价3种。以顾客为基础的差别定价，如儿童与成人价的差异，学生价与一般游客价的区别。以时间为基础的差别定价，如旺季价格、淡季价格等。

(3)以竞争为中心的定价方法：以竞争为中心的定价方法中常用的是随行就市法。

(三)营销促销策略

1. 促销策略

促销是通过与市场进行信息沟通来赢得消费者的注意，使之对产品产生兴趣，并为旅游企业及其产品树立良好的形象，从而促进销售。促销策略的实质就是要实现企业产品与潜在顾客的沟通。

推动策略和拉引策略是促销中常用的两种策略。推动策略是企业将促销活动对准渠道成员，通过销售渠道推出产品，重视使用人员推销和贸易促进；拉引策略是企业直接面对最终消费者进行促销，重视广告和销售促进方面的投入。大多数企业是将两种策略合起来用。

2. 常用的几种促销工具

(1)广告：广告是最常用的促销工具。一方面能较快的树立企业形象；另一方面可在短期内促成销售。

广告可分为传统的报刊广告、电波广告、户外广告、印刷品广告(招贴画、宣传册、旅游手册、活页宣传品、明信片、挂历等)、网络广告等。

(2)销售促进：指对销售的中间渠道或销售队伍成员、最终消费者提供短期激励或带有馈赠性质的促销方法。它能促使消费者试用产品，实现现实的销售；能大大提高销售人员的销售积极性，促进销售。

针对消费者的促进方式有：赠送礼卷、纪念品、宣传品、折扣卷，抽奖活动、设立俱乐部等。

针对中间商的促进方式有：对中间商折让、给予推广津贴、提供宣传品、联合开展广告活动等。针对推销人员的促进方式有：让利、销售竞赛、销售集会活动等。

(3)公共关系及公共宣传：公共关系是指通过信息沟通，发展企业同社会、公众之间的良好关系，建立、维护、改善或改变企业和产品形象，营造有利于企业经营环境的一系列措施和行动。

常用的方式有两大类：针对新闻界及针对社会公众的公共活动。对公众的公共关系包括赞助社会公益事业，与有关机构建立友好的联系，参加社会活动，担负一定的社会责任等；针对新闻界的活动主要是建立与新闻界良好的关系，及时将有价值的信息提供给有关新闻媒介。

公关人员通常用的两种公共宣传方式，即寻找新闻和创造新闻。

(4)人员推销：是通过销售人员与顾客的接触沟通，直接达成销售的一种促销方式。具有针对性强、机动灵活、反馈及时、双向沟通等特点，但相对成本较高。

常用的方式为：旅游地有关部门组织人员去目标客源市场进行整体产品及其形象的销售宣传、举办博览会、聘请专家向游客介绍产品等。

(5)旅游印刷品：相对经济，有三类：一类是以促销宣传为目的的，如旅游景区的形象宣传册、广告招贴画等；第二类是既有实际功能又有促销作用的印刷品，如旅游手册、旅游杂志，即既刊登旅游企业产品信息，又有游记、旅行须知、旅游指南等信息；第三类是以向游客提供的信息服务为目的的景区地图、游览图等。

(四)营销渠道策略

1. 渠道策略

泛指旅游企业通过各种直接或间接的方式，将旅游产品转移至最终消费者手中的流通结构。

旅游产品销售主要有直接渠道和间接渠道两类渠道。直接渠道是指旅游产品生产者直接将产品供给最终消费者，也就是零层次销售过程。间接销售渠道是指旅游产品生产者通过一层或几层中间商将产品销售给最终消费者。也就是单层次渠道、双层次渠道和多层次渠道。

2. 分销渠道

分销渠道是指旅游企业将旅游产品和服务提供给旅游消费者的实体渠道。分销主要表现为产品和服务的信息及其价格的传递。

传统的分销渠道是企业通过宣传册、传单等印刷品，音像制品、媒体广告等媒介，将产品信息向消费者传播，并通过消费者登门购买或电话、传真等方式预订。这种方式运营成本高、效率低、人力耗用大，难以获得准确及时的信息。

现代的分销渠道主要有以下几种：

(1)硬件存储设备：包括光盘、U 盘、移动硬盘等；

(2)通过网络发送电子邮件；

(3)计算机预定系统：企业运营的计算机预定网络主要有中心预定系统(CRS)和全球分销系统(GDS)。中心预定系统常为大集团建立和拥有，全球分销系统是由专门的全球分销系统公司开发并运营的，主要面向旅游代理商。

(4)互联网：旅游企业通过建立自己的网站向顾客展示自己的产品，同时可以开发网上预定业务。

四、旅游区营销策划

就工作原理而言，计划营销活动的过程是一个逻辑思维的过程。它通过对市场调研获得产品及市场信息，并对这些资料进行归纳、总结、分析继而进行演绎、推理，制定销售计划、预测销售前景。

1. 市场现状分析

系统营销计划步骤中，步步紧密相连，同时整个过程中形成反馈环。市场现状分析是这个过程的起点，其重要性可想而知。

市场现状分析主要包括 4 个方面对各种趋势的分析：

(1)销售量分析：分析至少 5 年间的销售量和收入趋势，以辨别整个市场动向，确定特定细分市场的市场份额，以及本企业和竞争者所占的市场份额。

(2)顾客接受分析：分析自己的顾客和竞争者的顾客的详细资料，包括人口统计、态度及行为等方面的材料。

(3)竞争产品分析：分析本企业和竞争者产品的特征及价格趋势，弄清产品的生命周期的运动情况，特别是要指出趋于畅销和日渐被冷落的产品类型。

(4)外部环境分析：分析外部环境中的趋势，如汇率变动和流通渠道的结构调整。

2. 市场营销预测

预测并不以精确为目的，而是不断的对可能性和选择性做出细致评估。预测的重要任务是评估和判断未来的市场需求。

市场需求的预测技术，根据产品种类的不同，情报来源、可靠性和类型的多样性有不同预测方法。以预测的情报为基础分为三类：一是人们所说的，二是人们要做的，三是人们已做的。

第一个基础，即人们所说的是指购买者及其亲友、推销人员、企业以外的专家的意见。在次基础上的预测方法有：购买者意象调查，销售人员综合意见法，专家意见法； 建立在"人们要做的"基础上的预测方法是市场试验法；建立在"人们已做的"基础上的预测方法，是用数理统计等工具分析反映过去销售情况和购买行为的数据，具体包括时间序列分析法和统计需求分析法两种方法。

3. 营销目标确定

营销目标指一个旅游企业的管理部门，计划在某一个特定时期内应当实现的经营业绩。营销目标的制定必须遵守以下标准：

(1)销售量、销售额和利润额等营业目标的设定必须确切，且要量化。如有可能，市场份额目标的设定也要具体化；

(2)产品及其目标市场要规定得详细、具体；

(3)实现目标的期限要明确、具体；

(4)在考虑市场需求和营销预算方面要客观；

(5)制定目标时，要同有关行动方案的具体执行人员商量，所制定的目标要能让他们接受；

(6)所定的目标要能够直接或间接的加以衡量。

4. 编制营销预算

营销预算指为了实现营销计划规定的目标所需要的费用总额，或者说是营销人员在分析和预测的基础上，认为实现既定营销目标所必需的开支总额。

编制营销预算的方法常见有能力支付法、营业收入百分比法、竞争对等法和目标任务法。前3种预算方法都必须依赖于历史资料和有关竞争者行动的市场情报，其实质是一种凭经验的营销预算法。

5. 制定营销组合方案

由促销、分销和其他营销活动组合而成，用于影响和鼓励购买者选用既定数量的特定产品。这些活动主要包括：广告、销售推广和产品促销、人员推销、公共关系，为分销和销售人员提供支持，价格折扣和渠道费用。

营销组合方案，准确地表达了支持各种指定的产品所要开展的活动。营销管理人员需要运用经验和量化的趋势分析来判断这些方案是否会超出预算。如要调整营销组合，需要重新平衡预算，直至两种取得协调统一为止。

6. 监测、评估和控制

制定目标是要做到准确的目的，就是要保证营销效果的可衡量性。营销方案执行过程中，可以从以下方面考察各个产品—市场组合的效果：

(1)每周的预定流量与计划容量之比；

(2)各种广告活动引起的销售反应；
(3)顾客对广告信息的感知，这可以由调研结果衡量；
(4)各中间商的产品推销所引起的销售反应；
(5)顾客对产品质量的满意程度，这也是通过消费者调研来衡量的；
(6)各种价格折扣引起的销售反应。

就计划执行过程中的评估和控制工作而言，其主要目的在于及时发现问题，并分析问题产生的根源，寻求解决办法加以纠正。

第四节　案例

一、旅游形象策划(庐山风景名胜区旅游发展总体规划)

1. 一级理念及其诠释

庐山旅游形象的一级理念："世界文化景观—神奇山水、极品文化、云中山城、天上人间"，"庐山天下恋、天下恋庐山"。

第一个理念从多个侧面渲染和描绘了庐山整体且独特的旅游形象，其中"神奇山水"，是为了突出庐山"一山飞峙大江边"和三面环水的独特旅游地理环境；"极品文化"是为了突出庐山作为"理学圣地"的儒家文化，"海内书院第一"、"天下书院之首"的教育文化，中国山水诗的策源地、中国山水画的发祥地、中国田园诗的诞生地和风光故事片的诞生地的艺术文化，拥有数以千计多国别墅的别墅建筑文化，天下"六教"荟萃的宗教等文化；"云中山城"和"天上人间"，则突出了作为庐山世界文化景观核心部分的牯岭镇的海拔高度之高、气候物相之奇和生活环境、居住环境、休憩环境之美的特点。

第二个理念"庐山天下恋、天下恋庐山"，以中国家喻户晓的爱情风光电影片《庐山恋》为切入点，表达了庐山人对四海宾朋的欢迎和期盼。而且，该理念在文字的表述上采用了中国文字特有的回文格式，具有浓郁的民族气息和艺术氛围，符合庐山作为文化艺术名山的文化品位要求。

2. 二级理念及其诠释

庐山旅游形象的二级理念："清凉世界"、"理学圣地"、"北孔南朱—儒家文化之源流"。

二级理念策划包括单一的自然地理形象、历史文化形象和带有一定综合性的地理、历史文化双重形象，如"清凉世界"等突出了庐山的避暑功能；"理学圣地"、"北孔南朱—儒家文化之源流"等突出了庐山具有重要历史地位的儒家文化。上述理念形象可以根据境外客源地的文化特点进行相应调整。

二、旅游形象策划与定位(陕西宁东林业局旅游发展纲要)

(一)旅游形象策划

1. 形象策划的背景条件分析

宁东林业局旅游产业开发区内地势西北高、东南低，地形变化复杂，山高沟深、峰峦叠嶂、溪泉纵横，既有雄伟挺拔的峰梁，也有幽险狭长的峡谷、鬼斧神工的冰缘遗迹、传说神奇的洞穴景观、宽阔平坦的高山草地，长梁、翠峰、险崖、石峡、洞穴、宽谷、平坝相间分布，游赏空间多变。气势磅礴、形态各异、相互掩映，岭脊叠嶂秀美，山峰峥嵘峭立，沟谷纵横交错，深切幽邃，开合有序，局部更有陡峭孤峰，峥嵘挺拔，支梁陡峻，形成了千峰峙、梁谷相望、崖壁竞险的壮丽景观。园内主要山梁、峰峦有：秦岭梁、光头山（冰晶顶）、金银山、天府峰、平河梁、广东山、金鸡梁、铁板峰。月河川道比较宽阔平坦，支沟狭窄，多为V字形，局部有石峡，山涧溪流沿岸怪石嶙峋，常见多种奇石，形态各异。

独特的自然条件及山地暖温带季风湿润气候，使这里的雨量充沛，气候湿润，植物种类多样，森林覆盖率达96.6%。独特的森林资源不但形成丰富多彩的森林景观，而且非常适宜开展森林游憩活动。其显著特征是：树冠伸展、完全郁闭、光合作用强，林内氧气及负离子含量高且林内湿度较大，基本具备了天然林分特点。但它又优于天然林，天然林内腐朽严重，林下植被多，藤条灌木妨碍游人行走，而这里林下干净，适于游人嬉戏、行走、休憩，独一无二的森林资源具有开展森林旅游的优势。

园内地质构造属海西—加里东褶皱带。由古老的变质岩组成，主要有千枚岩、板岩、黑云母石英片岩等。地貌基本轮廓是中生代燕山运动块断活动造成的巍峨山势、挺拔峰峦景观，同时，分布有由东向西的断层，形成了许多坪、坝、沟等山间断陷。地貌以山岭系统和沟谷系统为主，西北、西南为亚高山—中山区，山坡陡峻，山顶突兀尖削，多齿状和刃状山脊，河谷狭窄深邃，多V形峡谷和障谷，高差悬殊。秦岭梁上古冰川冰缘侵蚀地貌分布广泛、比较清晰。

2. 形象策划

通过对宁东林业局旅游资源和区位条件等的分析，确定宁东林业局旅游产业发展的形象定位应为：

总体形象定位：森林世界、动物乐园、人类生存的原生态环境；走进秦岭腹地，浏览奇山秀水，沐浴森林环境，参与特色旅游。

对国内客源市场的旅游形象设计为：秦岭腹地，国家中央公园中的奇葩；青山碧水环境，生态旅游胜地，休闲度假去处。

对国外客源市场的旅游形象设计为：神秘的秦岭腹地，自然与人文景观的复合体。

（二）旅游市场定位

1. 旅游级别定位

（1）一级市场：交通方便的省内市场，包括西安、咸阳、安康地区的客源市场。宁东林业局位于西安市、咸阳市游客一日游、周末游的出游半径之内，所以，一级目标市场的核心是"西安大都市圈"。

（2）二级市场：包括汉中、宝鸡、商洛、渭南、铜川等省内市场，西安市旅游流分流市场及周边省份四川广元、重庆万州、湖北十堰等地区游客市场。该市场游客距离相对较远，应为慕名而来或为西安的分流市场。因此，对特色旅游项目较为喜欢，消费水平中高档者居多。

（3）三级市场：陕西北部及湖北、重庆、四川、甘肃、宁夏周边省份距离较远地区，京津唐、长江三角洲、珠江三角洲等人口稠密、经济发达地区客源。三级目标市场，是宁东森林公园发展具备一定规模和知名度后，旅游市场开发工作的重点对象。

2. 市场层次定位

根据森林公园森源旅游资源特色与知名度定位情况，从消费者角度确定森林旅游产品市场层次依次为高端市场、中端市场、低端市场和大众化市场。宁东林业局的旅游发展应定位于高端市场。因此，宁东林业局旅游产业发展市场定位应为重点发展高端旅游市场，积极推动中端市场，引导和影响大众化市场消费，以高端旅游产品和自然优美的森林生态环境形成能满足不同层次的消费者需求的森林公园境域。

3. 目标市场细分

根据宁东林业局森林旅游产品与线路喜好情况调查，以及森林旅游产品消费者基本特征，从产品角度对旅游地内森林旅游产品目标市场进行细分。根据旅游客源合理定位，提高不同顾客群体的旅游需求满足程度，不同的旅游客源有不同的需求，从而形成了不同的细分市场。按旅游客源对森林旅游产品进行定位，可以充分在满足相同顾客群体的旅游需求的同时，提高森林旅游产品规模效益，降低森林旅游产品的市场营销管理成本和树立森林旅游产品的市场形象。如面对中小学生的森林科普游、森林产业观光游等；面对青年游客的森林探险游、森林文化游等；面对中年游客的森林健康休闲游、森林探险游等；面对老年游客的森林康复度假游、森林生态观光游等；面对高消费游客的豪华森林旅游；面对中等消费游客的舒适森林旅游；面对低消费者游客的自助森林旅游，等等。

三、**旅游营销策划**(中国纪山荆楚文化旅游区总体规划)

纪山旅游区在旅游促销过程中，除使用 CI 策略，让旅游者对旅游区的产品和整体形象有一个清楚、准确地辩识，使之产生认同，达到促销的目的以外，还可以采用价格策略、产品组合策略、联合促销、公关促销和电子网络促销等策略。

1. 折扣与让价策略

旅游区产品的价格优势，犹如市场系统的润滑剂，在一定程度上可促使游客向旅游区流动。在旅游市场竞争十分激烈的格局下，纪山旅游区作为一个刚进入市场的新兵，近期应将门票价格，饭店、餐饮、旅游商品等的价格定得比较低，以利于被市场接受，吸引大量游客，扩大影响力，取得较高的市场占有率。而到中后期则可以定较高的门票价格，实行“双高策略”，让利于中间商。

为鼓励大量购买，旅游区对团队可实行数量折扣，对旅行社实行价格回扣。为促进旺、淡季的客源分流，缓解旺季的接待压力和淡季人员、设备闲置的现象，可采用季节性折扣和非周末让价策略。对本地市民可实行月票制、季票制、年票制。

2. 多样化产品组合策略

旅游区的旅游产品组合包括旅游者从旅行开始到结束的全部过程，即预定金、手续费、住宿、餐饮、交通、导游服务、浏览、购物、娱乐等。要使游客对旅游活动感到满意，旅游区的经营者必须经营好各种旅游产品的组合，合理安排食、住、行、游、购、娱，将有形的设备、空间与无形的服务和感受有机地结合起来。

对游览景点和线路进行不同组合，形成一日游、两日游和三日游各种线路。根据住宿、餐饮、娱乐、服务等不同条件，划分为普通型、经济型、豪华型等，以满足不同的细分市场。

3. 灵活多样的销售促进策略

销售促进是指旅游区除人员推销、广告和宣传以外，用以增进旅游者购买，而采取的不规划的、非周期性的销售活动。一般有以下几种策略：

(1)对旅游者的销售促进：如赠送纪念品、赠券、服务促销、奖励刺激等；

(2)对旅行社、中介商、客源提供者的销售促进：如团队折扣、中介提成、联营促销、宣传会议等；

(3)对推销人员和销售促进。即给予直接销售者以特别销售金、奖励、业务提成等；

(4)对推销人员的销售促进。如租赁促销、类别折扣等。

4. 积极参加政府引导下的联合促销

联合促销是指有联系的旅游区或旅游企业联合起来，开展促销，可以是沙洋县旅游企业联合，也可以是各条旅游线上的有关旅游企业的大的区域性联合。纪山旅游区应该在政府和旅游主管部门的领导下，积极提倡和实施“旅游产业链联合促销”。这种促销方式力度大，收效明显，各企业分摊的费用也相对较低。这也是目前旅游市场上的主流促销方式。

5. 大规模的公关营销策略

公关营销是旅游区开拓市场的有效策略。可以在旅游旺季到来之前，在旅游目标市场地区，邀请记者、作家、社会名流、旅行社的经理等方面的人士游览旅游区，借以推广形象，提高知名度。

6. 积极主动的网络化营销策略

网上营销传播广泛，内容丰富，信息量大，不受时间、地点的限制，人们在世界的每个角落，每时每刻都可以查询到网上信息，结合多媒体技术，可制作图、文、声、像并茂的多彩悦目的广告。广告的内容可根据实际情况随时进行补充与修改，广告保存的时间比传统广告媒体的时间要长，广告的费用远比传统广告媒体的费用低。近年来游客的旅游形式逐渐由团体向散客转化，更多的旅客喜欢在网上查询旅游信息，确定旅游目的地、下榻饭店及旅游内容等。

四、旅游市场营销策划(山西晋城旅游发展规划)

1. 项目形象的广告传播

(1)传播内容：突显晋城市3张旅游名片：皇城相府——做静态的文化观光；古堡民居——做参与性的吃住游一体化的旅游场所；弈源山——做华北最大规模的休闲度假中心。

(2)传播目标：晋城市及重要旅游区的目标人群受到快速而强烈的信息刺激，引起消费者的广泛关注，促使其前来本旅游区游览。

(3)传播主题：随着旅游业的蓬勃发展，越来越多的旅游研究者发现，形象是吸引游客最关键的因素之一，近十几年来，旅游地形象问题研究已经成为一个热门话题。对于游客而言，只有重复的刺激，才有可能在游客的大脑中留下一定的印象；对于促销而言，鲜明的旅游形象的传达是促使游客产生购买欲望，进而发生购买行动的关键。

(4)传播方式：委托专业广告公司，根据旅游区的传播方案及媒体计划，做出详细的广告传播方案，制作传播用品，在目标市场上进行传播。

(5)传播重点：近期传播广告的基点，是在目标市场上进行广泛的告知性传播。传播的重点是全力张扬独特个性，紧紧抓住传播主题，突出与众不同又最能打动和吸引目标客源的亮点。不管在什么媒体宣传，都要有一个鲜明的口号，这个口号不仅能把产品的特色表现得淋漓尽致，还要简洁明快、朗朗上口，最主要的是能激发人的购买欲望。“山水古堡·弈源晋城”这一口号完全符合上述要求，对目标客源地将会产生不小的影响。

(6)传播手段：硬性广告和软性宣传联合运用；广告宣传与活动传播结合运用；正规媒体与非常规传播方式综合运用。

2. 营销策划

(1)国内旅游营销

①主要目标市场的确定：沿高速公路通道将客源终端市场确立为两极区域：大区域为郑州、石家庄、西安等，小区域为焦作、济源、新乡、邯郸、邢台、聊城等城市；沿铁路线半客源终端市确立为两极区域：大区域为北京、南京、合肥、杭州等，小区域为南阳、沙市、宜昌、徐州等。

②省外的营销策划：利用中央电视台《气象预报》推出晋城旅游的3张名片，每月更换一个主题；北京、天津、上海、香港依托《好山好水好心情》等旅游栏目作为宣传途径；在河南卫视、陕西卫视、浙江卫视、江苏卫视、安徽卫视等电视台主要依靠风光片进行推介。

③省内的营销策划：组织省内所有旅行社进行大规模的专题踩线活动，省内460家旅行社分三月份、六月份、八月份、十二月份4批广泛进行，而且以举办专题文化论坛为主线来组织；省外国内进行专题推介活动，实施立体式广告促销。

(2)国外旅游营销

①重要目标市场的确定：日本(东京、大阪、名古屋)、韩国、香港、泰国、新加坡等。

②传播媒体的确定：重点举行推介会，利用相关国家认同的中原旅游资源交易会推介。

③韩日旅游营销：主要借助国家旅游局驻东京、汉城办事处的力量，和国外的旅游企业积极合作，围绕“弈源”做龙头，以风格民居做平台，实施利益共享、风险公担的办法。

④东南亚旅游营销：这一区域的旅游促销的目的应该以晋城资源宣传、吸引外来合作投资为主题，把与其合作发展旅游企业作为重点；与此同时，客家人“柳”氏寻根祭祖应作为配套的主题进行。

⑤其他国家的旅游营销：在整个晋城地区旅游大品牌未完全建立起来前，仅可作为概念性的一般性宣传，以增长见识为目标，不宜做深层的市场合作，主要是资源的整合起不到应有的效果，做多反而分散资金。

【复习思考题】

1. 风景旅游区管理机构如何建立，它与旅游规划的哪些方面有因果联系？
2. 风景旅游区形象策划的原则与内容是什么？如何进行形象定位？
3. 风景旅游区形象定位包括哪些内容？
4. MI、VI、BI策划分别与哪些因素有关？
5. 风景旅游区形象应注意哪些问题？
6. 风景旅游区营销策划的原理、方法是什么？
7. 解释旅游市场细分和确定目标市场之间的关系。
8. 旅游市场营销策划包括哪些内容？对旅游规划有何意义？

第九章　风景旅游区分类规划

【本章提要】

风景旅游区包括风景名胜区、自然保护区、森林公园、主题公园，旅游度假区、民俗风景区等多种类型，各类型之间有规划理论和方法上的共同点，但其规划的侧重点差异更大，甚至有些还应遵从相关法律文件。因此，有必要分别就各自规划的基本要求、方法、重点以及基本理论进行分述，目的在于区别它们之间的关系，明确它们的规划方法。

第一节　风景名胜区规划

一、风景名胜区规划概念

风景名胜区是指风景资源集中、环境优美、具有一定规模和游览条件，可供人们游览欣赏、休憩娱乐或进行科学文化活动的地域。凡具有观赏、文化或科学价值，自然景物、人文景物比较集中，环境优美，具有一定规模和范围，可供人们游览、休息或进行科学、文化活动的地区，都应当划为风景名胜区。

风景名胜区规划也称风景区规划，是以现有旅游资源为基础，进行保护培育、开发利用和经营管理，并发挥其多种功能作用的统筹部署和具体安排。

二、风景名胜区分级

1. 按面积大小划分

风景名胜区按用地规模可分为小型风景区（20km^2以下）、中型风景区（21～100km^2）、大型风景区（101～500km^2）、特大型风景区（500km^2以上）。

2. 按级别划分

风景名胜区按其景物的观赏、文化、科学价值和环境质量、规模大小、游览条件等划分为3级：

（1）市、县级风景名胜区：由市、县主管部门组织有关部门提出风景名胜资源调查评价报告，报市、县人民政府审定公布，并报省级主管部门备案。

（2）省级风景名胜区：由市、县人民政府提出风景名胜资源调查评价报告，报省、自治区、直辖市人民政府审定公布，并报城乡建设环境保护部备案。

（3）国家重点风景名胜区：由省、自治区、直辖市人民政府提出风景名胜资源调查评价报告，报国务院审定公布。

三、风景名胜区规划指导思想及原则

（一）风景名胜区规划指导思想

认真贯彻国家有关保护和开发利用风景名胜区的方针政策，综合协调各项事业之间的关系。深入调查研究，查清风景名胜资源的历史和现状，坚持实事求是的工作方法。坚持保护国土的壮丽自然景观和文化遗产。为广大人民群众提供优美的休息、活动条件，促进地方经济、文化、科学事业的发展，充分发挥风景名胜区的环境、社会和经济效益。充分发掘和认识风景资源的特点和价值，恰当地利用和组织现有自然和人文景观，突出自然环境的主导作用，给人们以自然美和历史文化美的享受。风景名胜区要区别于城市公园，切忌大搞人工化造景。

（二）风景名胜区规划原则

1. 保护优先原则

风景名胜区规划和建设，应严格保护自然与文化遗产，保护原有景观特征和地方特色，维护生物多样性和生态良性循环，防止污染和其他公害，充实科教审美特征，加强植物景观培育。

风景名胜区是自然和历史留给我们的宝贵的不可再生的遗产，风景名胜区的价值首先是其“存在价值”，只有在确保风景名胜资源的真实性和完整性不被破坏的基础上，才能实现风景名胜区的多种功能。因此，保护优先是风景名胜区工作的基本出发点。

2. 综合协调原则

应当依据资源特征、环境条件、历史情况、现状特点以及国民经济和社会发展趋势，统筹兼顾，综合安排。综合协调原则是风景名胜区规划管理的基本目标，是在资源充分有效保护前提下的合理利用。虽然保护是风景名胜区工作的核心，但是并不意味着要将保护与利用割裂开来。我国风景名胜区的特殊性之一就是风景区内包涵有许多社会经济问题，是一个复杂的“自然—社会复合生态系统”。所以只有将各种发展需求统筹考虑，依据资源的重要性、敏感性和适宜性，综合安排，协调发展，才能从根本上解决保护与利用的矛盾，达到资源永续利用的目的。

3. 突出自然原则

风景名胜区应充分发挥风景资源的自然特征和体现文化内涵，维护景观的地方特色，强调回归自然，配置合理的服务措施，改善风景区运营管理机能，并防止人工化、城市化、商业化倾向，促使风景区有度、有序、有节律地持续发展。

4. 环境承载力限制原则

任何资源的使用都是有极限的，风景名胜资源的利用也不例外。当使用强度超过某一阈值或临界值时，资源环境将失去其持续利用的可能。风景名胜区开发利用必须要在其允许的环境承载力（或称环境容量）之内，这是风景名胜区可持续发展的关键。

5. 分区管理原则

根据风景资源价值与分布划分的功能分区，应严格实行“山上游，山下住”、“区内游，区外住”、“区内景，区外商”、“区内名，区外利”的管理原则，在保证风景资源不被破坏的前提下，促进地方经济发展。

6. 统一规划、分期发展原则

风景名胜区保护和建设是一个长期的过程，一些遭到破坏的风景名胜区还需要有一个很长的自然恢复阶段。所以对待风景名胜区规划要站在历史发展的高度，高起点、高标准、严要求，妥善处理近期建设与远景目标的矛盾，从最终目的出发，统一规划，分步实施，走可持续发展之路。

总之应合理权衡环境、社会、经济三方面的综合效益，权衡风景区自身健全发展与社会需求之间关系，创造一个风景优美、设施方便、社会文明、生态环境良好、景观形象和游赏魅力独特的，人与自然协调发展的风景游憩境域。

四、规划层次与内容

风景名胜区规划是切实保护、合理开发和科学管理风景名胜资源的综合布置，经过批准的规划是风景名胜区保护、建设和管理工作的依据。风景名胜区成果包括规划文本、图纸、说明书、基础资料汇编4个部分。风景名胜区规划层次包括总体规划和详细规划。

（一）风景名胜区总体规划

1. 总体规划主要任务

风景名胜区总体规划分为规划纲要和总体规划两个阶段。风景名胜区规划纲要的任务是研究总体规划的重大原则问题，结合当地的国土规划、区域规划、土地利用总体规划、城市规划及其他相关规划，根据风景区的自然、历史、现状情况，确定发展战略布置。因此，风景名胜区总体规划主要任务应包括：

(1)进行风景名胜资源调查与评价，明确风景资源价值等级，保存状况以及风景名胜区主要存在问题；

(2)分析论证风景名胜区发展条件(优势与不足)，确定发展战略；

(3)拟定风景名胜区发展目标，包括资源保护目标、旅游经济目标和社会发展目标；

(4)论证并确定风景名胜区性质、范围(包括外围保护地带)、总体布局以及资源保护、利用的原则措施。

风景名胜区总体规划的任务是根据风景名胜区规划纲要要求，综合研究和确定风景名胜区的性质、范围、规模、容量、功能结构、风景资源保护措施，优化风景名胜区用地布局，合理配置各项基础设施，引导风景名胜区健康、持续发展。

2. 总体规划的基本内容

(1)风景名胜区总体规划一般包括下列内容：

①历史沿革和现状资料，说明书及现状图(附地理位置图)，包括对风景名胜区特点性质发展目标的论证分析；

②环境质量评价说明书及评价图；

③风景及环境保护规划说明书及保护规划图；

④景点开辟、景区划分和游览活动路线规划说明书及规划图；

⑤总体布局规划，包括功能分区、管辖范围、外围影响保护地带划分的论证说明书及总体布局规划图；

⑥风景名胜资源和土地利用分析说明书及分析图；

⑦环境总容量和风景区及重要景点的游人容量分析计算和发展规划。

⑧实施规划的组织管理方案；

⑨资金和经济效益的估算。

⑩其他需要规划的事项。

(2)风景名胜区总体规划中的专项规划内容包括：

①对内、对外交通规划说明书及对内、对外交通规划图；

②生活服务基地和生活服务设施规划说明书及规划图；

③绿化和风景林木植被规划说明书及规划图；

④给水、排水、供电、邮电通信、环境保护等公用设施，防火、防洪等工程设施规划说明书及规划图；

⑤旅游、商业、服务业、农副业、手工艺品生产等各项事业综合发展规划及规划图；

⑥重要景区和近期建设小区的详细规划；

⑦大型工程项目的可行性研究报告；

⑧其他专业规划。

3. 风景名胜区详细规划

风景名胜区详细规划是以总体规划为依据，规定风景各区用地的各项控制指标和规划管理要求，或直接对建设项目做出具体的安排和规划设计。在风景名胜区内，应根据景区开发的需要，编制控制性详细规划，作为景区建设和管理的依据。主要内容有：

(1)详细确定景区内各类用地的范围界线，明确用地性质和发展方向，提出保护和控制管理要求，以及开发利用强度指标等，制定土地使用和资源保护管理规定细则；

(2)对景区内的人工建设项目，包括景点建筑、服务建筑、管理建筑等，明确位置、体量、色彩、风格；

(3)确定各级道路的位置、断面、控制点坐标和标高；

(4)根据规划容量，确定工程管线的走向、管径和工程设施的用地界线。

此外，风景名胜区的修建性详细规划主要是针对明确的建设项目而言，主要内容包括：建设条件分析和综合技术经济论证，建筑和绿地的空间布局，景观规划设计，道路系统规划设计，工程管线规划设计，竖向规划规划设计，估算工程量和总造价，分析投资效益等。

第二节　森林公园规划

森林公园是以良好的森林景观和生态环境为主体，融合自然景观与人文景观，利用森林的多种功能，以开展森林旅游为宗旨，为人们提供具有一定规模的游览、度假、休憩、保健疗养、科学教育、文化娱乐的场所。

森林公园规划应遵循《森林公园总体设计规范》(LY/T5132—95，中华人民共和国林业行业标准)标准，应符号该规范的基本要求。

一、指导思想和原则

1. 指导思想

森林公园总体规划应以良好的森林生态环境为主体，在已有的基础上进行科学保护、合理布局、适度开发建设，以开展森林生态旅游为宗旨，逐步提高经济效益、生态效益和社会效益。

2. 基本原则

(1)森林公园建设以生态经济和旅游经济理论为指导，以保护为前提，遵循开发与保护相结合的原则。在开展森林旅游的同时，重点保护好森林生态环境；

(2)森林公园建设应以森林旅游资源为基础，以旅游客源市场为导向，其建设规模必须与游客规模相适应。应充分利用原有设施，进行适度建设，切实注重实效；

(3)森林公园应以森林生态环境为主体，突出自然野趣和保健等多种功能，因地制宜，发挥自身优势，形成独特风格和地方特色；

(4)统一布局，统筹安排建设项目，做好宏观控制；建设项目的具体实施应突出重点、先易后难、可视条件安排分步实施。

二、森林公园旅游开发规划要求

1. 总体布局要求

总体布局必须全面贯彻有关各项方针、政策及法规。要从公园的全局出发，统一安排。应充分合理利用地域空间，因地制宜地满足多种功能需要。应合理组织各功能系统，突出各功能区特点，注意总体的协调性。开发布局要有长远观点。

2. 旅游功能分区要求

根据发展需要，结合地域特点，应因地制宜设置不同功能区。

(1)游览区(景区)：为游客游览观光区域。主要用于景区、景点建设。在不降低景观质量的情况下，为方便游客及充实活动内容，可根据需要适当设置一定规模的饮食、购物、照相等服务与游艺项目。

(2)游乐区：对于距城市50km之内的近郊森林公园，为添补景观不足、吸引游客，在条件允许的情况下，需建设大型游乐与体育活动项目时，应单独划分区域。

(3)狩猎区：为狩猎场建设用地。

(4)森林游憩区(野营区)：为开展野营、露宿、野炊等活动用地。

(5)休、疗养区：休、疗养区：主要用于游客较长时间的休憩疗养、增进身心健康之用地。

(6)接待服务区：用于相对集中建设宾馆、饭店、购物、娱乐、医疗等接待服务项目及其配套设施。

(7)生态保护区：以涵养水源、保持水土、维护公园生态环境为主要功能的区域。

(8)生产经营区：从事木材生产、林副产品等非森林旅游业的各种林业生产区域。

(9)行政管理区：为行政管理建设用地。主要建设项目为办公楼、仓库、车库、停车场等。

(10)居民生活区：为森林公园职工及公园境内居民集中建设住宅及其配套设施用地。

3. 景点与游览线路设计要求

(1)组景与景点布局统一构图：充分利用已有景点，新景点以自然景观为主，突出自然野趣。以人文景观做必要的点缀，起到画龙点睛的作用。景区内不宜设置大型人造景点。景点主题突出、个性鲜明。景点主题之间应相互连贯、不可雷同。

(2)景点布局突出森林公园主题：总体布局应突出主要景区、景点，运用烘托与陪衬等手段，合理安排背景与配景，处理好动与静之间的协调关系。

静态空间布局依据风景透视原理，合理确定景点视场，综合借用对景、透景、障景、夹景、框景、漏景、借景等多种艺术手法，合理处理画面与景深。

动态序列布局要正确运用“断续”、“起伏曲折”、“反复”、“空间开合”等手法，形成风景节奏，避免平铺直叙。

(3)游览线路设计：主要包括游览方式的选择、游览线路的组织、游览内容的确定。游览方式一般包括：陆游、水游、空游和地下游览。游览线路组织要合理布局，应提供丰富的游览内容。线路应有鲜明的阶段性、节奏感。

三、四项建设工程要求

1. 植物景观工程

植物景观是公园景观的主体，可做主景、配景和衬景。它应以现有森林植被为基础，按景观需要，结合造林、改造和整形抚育等措施进行设计；设计突出公园内地带性植物群落的特色，重点突出特色植物景观。

2. 保护工程应将开发与保护相结合，确保生态环境的良性循环

(1)生物资源保护：首先应贯彻“保护、培育、合理开发利用”的旅游开发方针；其次应贯彻“预防为主、积极消灭”的森林防火方针；其三，旅游开发应贯彻“加强保护、积极驯养繁殖、合理开发利用”的野生动物资源保护方针。在开发中，严禁捕杀或其他妨碍野生动物生息和繁衍的活动，引入其他物种须慎重，以适合本区生长的种类为准。

(2)景观资源保护：森林公园必须对景物和环境严格保护。具有重大科学文化价值的区域，应采取特殊保护措施。对森林公园古建筑物的保护必须贯彻“修旧如旧”的建设方针。

(3)生态环境保护：应防止植被破坏、水土流失、水源枯竭、种源灭绝以及其他生态失调现象的发生。防止废气、废水、废渣、粉尘、恶臭气体、放射性物质以及噪声等对环境的污染和危害。

(4)旅游安全、卫生：游人集中分布的险要地段，应设置安全防护设施。根据路段行程及通行难易程度，适当设置游人短暂休息场所及护栏设施。垃圾投放有规定地点，并妥善处理，垃圾存放及处理设施应设在隐蔽地带。厕所要隐蔽且方便使用。对公园的生活污水有条件者应与城市污水处理系统联网，污水未经处理，不得直接排入河湖水体或渗入地下。

3. 旅游服务设施工程

服务设施建设与游客规模和游客需求相适应，季节性与永久性相结合。基地选择有利于景观保护，方便旅游观光。服务设施应满足不同文化层次、职业类型、年龄结构和消费层次游人的需要，使游客各得其所。休憩、服务性建筑物的位置、朝向、高度、空间组合、造型、色彩及其使用功能，应与地形、地貌、山石、水体、植物等景观要素和自然环境统一协调。永久性大型建筑须建在游览观光区的外围地带，不得破坏景观。

森林公园边界、出入口、功能区、景区、重要景点、景物、游径端点和险要地段，应设置明显的导游标志。

4. 道路设施工程

园路线形设计规定与地形、水体、植物、建筑物及其他设施结合，形成完整的风景构图，创造连续展示风景景观的空间或欣赏前方景物的透视线，路的转折、衔接流畅，符合游

人的行为规律。

园内道路要求主要道路应具引导游览作用，通向建筑集中地区的园路应有环行路或回车场地。尽量避免有地方交通运输公路通过，必须通过时应在公路两侧设置30～50m宽的防护林带，并在适当位置设置出境通道。路面结构和装饰面上层材料应与公园风格相协调。公园内设置的架空索道，不应破坏或影响公园景观和自然环境，并应符合相关标准和规范；公园集散广场、停车场所，按有关技术要求进行设计。

四、森林公园总体规划成果内容

森林公园总体规划由说明书、设计图纸和附件三部分组成。

(一)森林公园总体规划说明书内容

1. 基本情况

基本情况包括：自然地理概况，社会经济概况，历史沿革，公园建设与旅游现状。

2. 旅游资源与开发建设条件评价

内容包括：旅游资源评价，开发建设条件评价；

3. 总体规划依据和原则

内容包括：总体规划依据，总体规划原则，总体规划指导思想。

4. 规划总体布局

内容包括：森林公园性质，森林公园范围，规划总体布局。

5. 环境容量与游客规模

内容包括：环境容量分析，游客规模预测。

6. 景点与游览线路设计

内容包括：景点设计，游览线路设计。

7. 植物景观设计

内容包括：设计原则，植物景观设计，种苗、花卉供应测算。

8. 保护工程规划

内容包括：设计原则，生物资源保护，景观资源保护，生态环境保护，安全、卫生工程。

9. 旅游服务设施规划

内容包括：餐饮，住宿，娱乐，购物，医疗，导游标志。

10. 基础设施工程规划

内容包括：道路交通规划，给水工程规划，排水工程规划，供电工程规划，供热工程规划，通信工程规划，广播电视工程规划，燃气工程规划。

11. 组织管理

内容包括：管理体制，组织机构人员编制。

12. 投资概算与开发建设顺序

内容包括：概算依据，投资概算，资金筹措，开发建设顺序安排。

13. 效益评价

内容包括：经济效益评价，生态效益评价，社会效益评价。

(二)森林公园总体规划图纸内容

1. 森林公园现状图

(1)比例尺一般为1∶10000～1∶50000。

(2)主要内容：森林公园境界、地理要素(山脉、水系、居民点、道路交通等)、森林植被类型及景观资源分布、已有景点景物、主要建(构)筑设施及基础设施等。

2. 森林公园总体布局图

(1)比例尺一般为1∶10000～1∶50000。

(2)主要内容：森林公园境界及四邻、内部功能分区、景区、景点，主要地理要素、道路、建(构)筑物、居民点等。

3. 景区景点设计图

(1)比例尺一般为1∶1000～1∶10000。

(2)主要内容：游览区界、景区划分、景点景物平面布置、游赏线路组织等。

4. 单项工程设计图

(1)比例尺一般为1∶500～1∶10000。

(2)主要内容应按有关专业标准、规范、规定执行。

(3)图种：植物景观设计图，保护工程设计图，道路交通设计图，给水工程设计图，排水工程设计图，供电工程设计图，供热工程设计图，通信工程设计图，广播电视工程设计图，燃气工程设计图，旅游服务设施工程设计图，其他。

(三)森林公园总体规划附件

(1)森林公园的可行性研究报告及其批准文件

(2)有关会议纪要和协议文件

(3)森林旅游资源调查报告

第三节　自然保护区规划

一、自然保护区概念与建设条件

1. 自然保护区概念

自然保护区是指对有代表性的自然生态系统、珍稀濒危野生植物物种的天然集中分布区、有特殊意义的自然遗迹等保护对象所在的陆地、陆地水体或者海域，依法划出一定面积予以特殊保护和管理的区域。

2. 建立自然保护区条件

《中华人民共和国自然保护区管理条例》规定，凡具有下列条例之一的，应当建立自然保护区。

(1)典型的自然地理区域、有代表性的自然生态系统区域以及已经遭受破坏但经保护能够恢复的同类自然生态系统区域；

(2)珍稀、濒危野生动植物物种的天然集中分布区域；

(3)具有特殊保护价值的海域、海岸、岛屿、湿地、内陆水域、森林、草原和荒漠；

(4)具有重大科学文化价值的地质构造、著名溶洞、化石分布区、冰川、火山、温泉等自然遗迹；

(5)经国务院或者省、自治区、直辖市人民政府批准，需要予以特殊保护的其他自然区域。

二、自然保护区的类型

1. 国际保护区分类

自从1872年美国建立了世界上第一个自然保护区——黄石公园以来，全世界各国都陆续建立了各种类型的自然保护区，由于保护对象的不同、管理目标的不同和管理级别的不同，使各国在保护区的名称上也是五花八门，各有特色。除去在城市中建造的人为公园外，全世界与自然界有关的保护区名称，据初步统计为44种。为了解决保护区类型各不相同的问题，国际自然和自然保护联盟(IUCN)的保护区与国家公园委员会(CNPPA)于1978年提出了保护区的分类、目标和标准。这个报告提出10个保护区类型(表9-1)。

表9-1　CNPPA提出的保护区类型

1. 科研保护区/严格的自然保护区	6. 保护性景观
2. 受管理的自然保护区/野生生物禁猎区	7. 世界自然历史遗产保护地
3. 生物圈保护区	8. 自然资源保护区
4. 国家公园与省立公园	9. 人类学保护区
5. 自然纪念地/自然景物地	10. 多种经营管理区/资源经营管理区

1984年CNPPA指定一个专家组开始修改保护区的分类标准，经过多次的讨论和完善，1993年IUCN形成了一个“保护区管理类型指南”。指南中将保护区类型最后确定为9种，即：自然保护区、荒野区、国家公园、自然纪念地、生境、物种管理区、受保护的陆地景观、海洋景观、受管理的资源保护区。“保护区管理类型指南”不仅解释了9种保护区名称的含义，同时还规定了各类型保护区的管理目标和指导原则。这个分类标准虽然在世界各国仍有分歧和争议，但IUCN通过为保护区划分类型来强调保护区的类型要以保护目标为分类依据。

2. 中国保护区分类

中国的自然保护区类型是在自然保护区逐步发展中建立的，最早建立的自然保护区都是森林类型自然保护区。随着自然保护区数量的增加，保护区的保护对象也由原来仅是森林类型扩大到森林、野生动物和野生植物类型。1980年底，保护区的类型有森林生态系统、湿地生态系统、野生动物类型、野生植物类型和地质遗迹类型自然保护区5种。进入20世纪80年代，自然保护区的类型也在逐步扩大，又出现了荒漠生态系统、草原生态系统、海洋生态系统和古生物化石类型的自然保护区。这一时期保护区可归纳为四大类型，即生态系统类自然保护区、野生动物类自然保护区、野生植物类自然保护区和自然历史遗迹类保护区。

1993年，国家环保局批准了《自然保护区类型与级别划分原则》(GB/T 14529－93)，并被定为中国的国家标准。该分类根据自然保护区的保护对象，将自然保护区分为3个类别9个类型(表9-2)。

表 9-2 中国自然保护区分类(国家标准)

类 别	类 型
自然生态系统类	森林生态系统类型
	草原与草甸生态系统类型
	荒漠生态系统类型
	内陆湿地和水域生态系统类型
	海洋和海岸生态系统类型
野生生物类	野生动物类型
	野生植物类型
自然遗迹类	地质遗迹类型
	古生物遗迹类型

(1)自然生态系统类自然保护区：自然生态系统类自然保护区是指以具有一定代表性、典型性和完整性的生物群落和非生物环境共同组成的生态系统作为主要保护对象的一类自然保护区。

①森林生态系统类型自然保护区：它是指以森林植被及其生境所形成的自然生态系统作为主要保护对象的自然保护区。

②草原与草甸生态系统类型自然保护区：它是指以草原植被及其生境所形成的自然生态系统作为主要保护对象的自然保护区。

③荒漠生态系统类型自然保护区：它是指以荒漠生物和非生物环境共同形成的自然生态系统作为主要保护对象的自然保护区。

④内陆湿地和水域生态系统类型自然保护区：它是指以水生和陆栖生物及其生境共同形成的湿地和水域生态系统作为主要保护对象的自然保护区。

⑤海洋和海岸生态系统类型自然保护区：它是指以海洋、海岸生物与其生境共同形成的海洋和海岸生态系统作为主要保护对象的自然保护区。

(2)野生生物类自然保护区：野生生物类自然保护区是指以野生生物物种，尤其是珍稀濒危物种种群及其自然生境为主要保护对象的一类自然保护区。

①野生动物类型自然保护区：它是指以野生动物物种，特别是珍稀濒危动物和重要经济动物种种群及其自然生境作为主要保护对象的自然保护区。

②野生植物类型自然保护区：它是指以野生植物物种，特别是珍稀濒危植物和重要经济植物种种群及其自然生境作为主要保护对象的自然保护区。

(3)自然遗迹类自然保护区：自然遗迹类自然保护区是指以特殊意义的地质遗迹和古生物遗迹等作为主要保护对象的一类自然保护区。

①地质遗迹类型自然保护区：它是指以特殊地质构造、地质剖面、奇特地质景观、珍稀矿物、奇泉、瀑布、地质灾害遗迹等作为主要保护对象的自然保护区。

②古生物遗迹类型生然保护区：它是指以古人类、古生物化石产地和活动遗迹作为主要保护对象的自然保护区。

三、自然保护区分级

我国自然保护区按其管辖级别可划分为 4 级，即国家级、省(自治区、直辖市)级、市(自治州)级和县(自治县、旗、县级市)级。

1. 国家级自然保护区

国家级自然保护区是指在全国或全球具有极高的科学、文化和经济价值，并经国务院批准建立的自然保护区。

(1)国家级自然生态系统类自然保护区必须具备下列条件：

①其生态系统在全球或在国内所属生物气候带中具有高度的代表性和典型性；

②其生态系统中具有在全球稀有，在国内仅有的生物群或生境类型；

③其生态系统被认为在国内所属生物气候带中具有高度丰富的生物多样性；

④其生态系统尚未遭到人为破坏或破坏很轻，保持着良好的自然性；

⑤其生态系统完整或基本完整，保护区拥有足以维持这种完整性所需的面积，包括具备$1000hm^2$以上面积的核心区和相应面积的缓冲区。

(2)国家级野生生物类自然保护区必须具备下列条件：

①国家重点保护野生动、植物的集中分布区、主要栖息地和繁殖地；或国内或所属生物地理界中著名的野生生物物种多样性的集中分布区；或国家特别重要的野生经济动、植物的主要产地；或国家特别重要的驯化栽培物种其野生亲缘种的主要产地；

②生境维持在良好的自然状态，几乎未受到人为破坏；

③保护区面积要求足以维持其保护物种种群的生存和正常繁衍，并要求具备相应面积的缓冲区。

(3)国家级自然遗迹类自然保护区必须具备下列条件：

①其遗迹在国内外同类自然遗迹中具有典型性和代表性；

②其遗迹在国际上稀有，在国内仅有；

③其遗迹保持良好的自然性，受人为影响很小；

④其遗迹保存完整，遗迹周围具有相当面积的缓冲区。

2. 省(自治区、直辖市)级自然保护区

省(自治区、直辖市)级自然保护区是指在本辖区或所属生物地理省内具有较高的科学、文化和经济价值以及休息、娱乐、观赏价值，并经省级人民政府批准建立的自然保护区。

(1)省级自然生态系统类自然保护区必须具备下列条件：

①其生态系统在辖区所属生物气候带内具有高度的代表性和典型性；

②其生态系统中具有在国内稀有，在辖区内仅有的生物群落或生境类型；

③其生态系统被认为在辖区所属生物气候带中具有高度丰富的生物多样性；

④其生态系统保持较好的自然性，虽遭到人为干扰，但破坏程度较轻，尚可恢复到原有的自然状态；

⑤其生态系统完整或基本完整，保护区的面积基本上尚能维持这种完整性；

⑥或其生态系统虽未能完全满足上述条件，但对促进本辖区内或更大范围地区内的经济发展和生态环境保护具有重大意义，如对保护自然资源、保持水土和改善环境有重要意义的自然保护区。

(2)省级野生生物类自然保护区必须具备下列条件：

①国家重点保护野生动、植物种的主要分布区和省级重点保护野生动、植物种的集中分布区、主要栖息地及繁殖地；或辖区内或所属生物地理省中较著名的野生生物物种集中分布区；或国内野生生物物种模式标本集中产地；或辖区内、外重要野生经济动、植物或重要驯

化物种亲缘种的产地；

②生境维持在较好的自然状态，受人为影响较小；

③其保护区面积要求能够维持保护物种种群的生存和繁衍。

(3)省级自然遗迹类自然保护区必须具备下列条件：

①其遗迹在本辖区内、外同类自然遗迹中具有典型性和代表性；

②其遗迹在国内稀有，在本辖区仅有；

③其遗迹尚保持较好的自然性，受人为破坏较小；

④其遗迹基本保存完整，保护区面积尚能保持其完整性。

3. 市(自治州)级和县(自治县、旗、县级市)级自然保护区

市(自治州)级和县(自治县、旗、县级市)级自然保护区，是指在本辖区或本地区内具有较为重要的科学、文化、经济价值以及娱乐、休息、观赏价值，并经同级人民政府批准建立的自然保护区。

(1)市、县级自然生态系统类自然保护区必须具备下列条件：

①其生态系统在本地区具有高度的代表性和典型性；

②其生态系统中具有在省(自治区、直辖市)内稀有，本地区仅有的生物群落或生境类型；

③其生态系统在本地区具有较好的生物多样性；

④其生态系统呈一定的自然状态或半自然状态；

⑤其生态系统基本完整或不太完整，但经过保护尚可维持或恢复到较完整的状态；

⑥其生态系统虽不能完全满足上述条件，但对促进地方自然资源的持续利用和改善生态环境具有重要作用，如资源管理和持续利用的保护区及水源涵养林、防风固沙林等类保护区。

(2)市、县级野生生物类自然保护区必须具备下列条件：

①省级重点保护野生动、植物的主要分布区和国家重点保护野生动、植物种的一般分布区；或本地区比较著名的野生生物种集中分布区；或国内某些生物物种模式标本的产地；或地区性重要野生经济动、植物或重要驯化物种亲缘种的产地；

②生境维持在一定的自然状态，尚未受到严重的人为破坏；

③其保护区面积要求至少能维持保护物种现有的种群规模。

(3)市、县级自然遗迹类自然保护区必须具备下列条件：

①遗迹在本地区具有一定的代表性、典型性；

②遗迹在本地区尚属稀有或仅有；

③遗迹虽遭人为破坏，但破坏不大，且尚可维持在现有水平。

四、规划的指导思想和原则

1. 保护区规划指导思想

认真贯彻执行国家有关管理的方针政策和法律法规，全面贯彻落实“加强保护、积极发展、合理利用”的保护管理方针；以保护为宗旨，科技为依托，宣教为重点，可持续发展为目标，加强以保护为主体的基础设施建设，积极保护生物资源，拯救濒危野生动植物，发展珍稀种群；进一步开展科研、监测、宣传教育、科普培训、生态旅游、多种经营等活动，努

力把保护区建设成为生态系统完整、各类资源持续发展、综合效益不断提高的区域。

2. 保护区规划原则

(1)坚持以法律为依据原则：保护区规划要认真贯彻执行国家有关自然保护区建设的法律、法规、技术标准和要求。

(2)坚持保护第一和可持续发展原则：以保护为宗旨，在保护好自然资源的基础上合理开发利用，以社会效益、生态效益为主开展经营活动，促进保护事业可持续发展。

(3)坚持科技为先导，立足高起点、高标准、高水平建设原则：总体规划力求科学、合理，体现时代发展、科技进步。

(4)坚持保护区建设与当地国民经济和社会发展相协调的原则：保护区建设发展规划要纳入国民经济和社会发展计划，必须与当地国民经济和社会发展水平、速度和要求相适应、相协调，以确保保护事业稳步、顺利发展。

(5)坚持因地制宜、统筹规划、合理布局、突出重点、分步实施的原则：规划要因地制宜、统筹安排、实事求是、讲究实效；要合理布局，建设合理的综合保护体系；要突出保护、建设的重点，优先保证核心区的保护工程、科研工程及相配套的附属工程。

3. 自然保护区旅游开发原则

(1)保护性原则：自然保护区是各类自然地理区域中的代表性地段，包括需要拯救和保护的生态系统和濒临灭绝的珍稀生物物种。

(2)重点性原则：开发时要注意同时运用自然保护区学、景观生态学和旅游学的视角综合评价。多样性在保护区是重要的，但对旅游不一定很重要。保护区的旅游资源评价成果要兼有保护和旅游的双重功效，而一般旅游区评价只体现旅游的功效。

(3)效益性原则：保护区开发要掌握好“度”，在服从生态效益的原则下确定旅游的环境承载量。

(4)安全性原则：保护与利用是保护区不可分割的两项内容，保护区内开发旅游区仍是自然保护区的一部分。旅游业必须以生态学为准则，明确保护区主要旅游产品是生态旅游。

4. 自然保护区旅游开发规划的具体措施

(1)进行功能区划分：根据保护区地质地貌基础、生物群落、人类影响程度、景观特征和社区的经济发展，对自然保护区进行旅游功能划分。我国自然保护区划分为核心区、缓冲区和实验区。自然保护区内保存完好的天然状态的生态系统以及珍稀、濒危动植物的集中分布地，应当划为核心区，禁止任何单位和个人进入；核心区外围可以划定一定面积的缓冲区，只准进入从事科学研究观测活动；缓冲区外围划为实验区，可以进入从事科学试验、教学实习、参观考察、旅游以及驯化、繁殖珍稀、濒危野生动植物等活动。

美国、加拿大等国家公园，在保护区外单独划出娱乐区，值得中国自然保护区管理借鉴。它一般分为核心区、缓冲区、外围区(过渡区)和实验区。

(2)以生态学观点来进行旅游开发：区内工程建设以保护生态环境、有效利用资源为前提，以“因景制宜、适度利用”为原则，保护自然风光，突出特色和野趣。人工建筑要少、要精，要融入自然中，防止城市化，更不能随意开山取石、乱砍滥伐、滥捕。

(3)严格控制容量，维护旅游地带生态平衡：根据景区容量，严格控制游人数量。游人进入保护区前应进行环保教育，游人住在保护区外或实验区，缓冲区只限于游览。

(4)提高管理者素质、加强科学管理：保护区内旅游接待人员要有较高的知识素养和环保意识，必须树立以保护为主、利用服从于保护的观念。

五、自然保护区规划成果内容

（一）规划文本内容

1. 总论

项目背景，规划依据，规划的指导思想和原则，规划期限。

2. 基本概况及现状评价

基本情况（地理位置与范围，社会经济状况，历史和法律地位）；现状评价（自然生态质量评价，保护区管理水平评价，保护区经济评价，保护价值，存在的主要问题和矛盾）

3. 总体布局

保护区性质和保护对象（保护区性质、类型、保护对象）；规划目标（总体目标、近期目标、中期目标、远期目标）；保护区功能区划（区划原则、区划依据、功能区划分）；总体布局。

4. 规划内容

规划内容一般包括：保护管理规划（保护措施，野生动植物保护规划，防火规划，保护方式，病虫害防治规划，保护的原则和目标）；科研监测规划（现状与依据，任务与目标，开展科研的原则，科研项目，科研工程与规模，科研队伍组织建设）；宣传教育规划；基础设施规划（处、站址规划，道路建设规划，供电与通讯规划，生活设施规划）；社区共管规划（社区共管的原则和目标，社区共管规划，周边最佳产业结构模式，人口控制和社区建设）；生态旅游规划（生态旅游的原则，规划的指导思想，旅游资源评价，旅游发展前景预测，景区规划与建设规划，环境容量分析，客源和市场分析，旅游项目规划，旅游效益分析）；多种经营规划（多种经营活动的原则，多种经营的生产方式和组织形式，多种经营项目和生产规模，多种经营项目效益分析）；环境保护规划；医疗保健规划。

5. 重点建设工程

自然保护区的重点工程包括的内容有：生物多样性保护工程，科研设施和监测工程，宣传教育和培训工程，生态旅游设施工程，多种经营设施工程。

6. 组织机构与人员配置

该部分内容包括：组织机构，人员编制，组织机构的任务，作用和职能。

7. 投资概算和资金筹措

投资概算（概算范围，概算依据，投资总概算）；事业费预算，资金筹措。

8. 实施规划的保障措施

政策保障（执行国家与地方相关法律法规，采取特殊优惠政策）措施，组织保障措施，资金保障措施，人才与技术保障措施，管理保障措施。

9. 效益评价

生态效益评价；社会效益评价，经济效益评价。

（二）附表、附件、附图

1. 规划附表

附表包括自然保护区土地面积统计表，自然保护区乔木树种面积蓄积统计表，工程建设投资概算与安排表，自然保护区植物名录与国家重点保护植物名录，自然保护区动物名录与国家重点保护动物名录。

2. 规划附件

附件包括委托总体规划函，相关文件，可研报告，科学考察报告等。

3. 规划附图

附图包括区域位置图，植被分布图，功能分区图，珍稀动植物分布图，相关规划工程建设图，竖向规划图，旅游区规划若干图件。

第四节　主题公园规划

一、主题公园的概念与发展背景

1. 主题公园的概念

主题公园是一种以游乐为目标的模拟景观的呈现，它的最大特点就是赋予游乐形式以某种主题，围绕既定主题来营造游乐的内容与形式。园内所有的建筑色彩、造型、植被游乐项目等都为主题服务，共同构成游客容易辨认的特制和游园的线索。

主题公园是一种人造旅游资源，它着重于特别的构想，围绕着一个或几个主题创造一系列有特别的环境和气氛的项目吸引游客。主题公园的一个最基本特征——创意性，具有启示意义。

主题公园是现代旅游业在旅游资源的开发过程中所孕育产生的新的旅游吸引物，是自然资源和人文资源的一个或多个特定的主题，采用现代化的科学技术和多层次空间活动的设置方式，集诸多娱乐内容、休闲要素和服务接待设施于一体的现代旅游目的地。

2. 主题公园发展背景

近年来，我国大大小小的主题公园如雨后春笋般再次崛起，全国似乎都刮起了一场主题公园的旋风，北京的欢乐谷、广州的长隆欢乐世界、珠海的神秘岛、大连的发现王国、宁波的凤凰山主题乐园、沈阳的皇家极地海洋世界，以及青岛的极地海洋世界等纷纷开业迎客。

在我国，第一个真正意义的大型主题公园是1989年开业的深圳锦绣中华微缩景区。得益于荷兰“马都洛丹”小人国的启示，锦绣中华将中国的名山大川和人文古迹以微缩模型的方式展现出来，取得了轰动性的成功，开业一年就接待了超过300万的游客，1亿元的投资仅用一年的时间就全部收回。

主题公园良好的经济效益和社会效益起到了良好的示范作用，引起了20世纪90年代初主题公园的又一次投资热潮。据国家旅游局的预测，2010年国内旅游消费总额将达到人民币1万亿元，旅游将成为与汽车、房产并列的消费热点。20世纪80年代至今，全国已累计开发主题公园式旅游点2500多个，投入资金达3000多亿元。

二、主题公园的特征

主题公园是根据特定的主题而创造出的舞台化的休闲、娱乐场所，是现代人造景观的典型代表，具有明显的商业性，是人为的具有主题内容的娱乐场所，是一种以游乐为目标的拟态环境。

1. 产品性

主题公园是一种商业行为明显的人造旅游景观，一般按企业行为操作。经营服从市场规律，具有独特的产品生命周期。主题公园内涵缺乏永恒的深度，表现为一种带有热潮性质的时尚消费，生命周期较短，必须不断更新项目和强化旅游形象。

2. 大众性

和传统旅游景观相比，主题公园在继承其审美、教育功能的同时，消遣和娱乐功能进一步强化，世俗味较浓；主题园重视大众传媒的塑造；大众消费“朝秦暮楚”的易变特征使主题园具有多样化和易变的发展趋势。

3. 创造性或艺术性

有主题创意是主题公园区别于其他旅游吸引物的最大特点。从规划设计的角度来看，主题公园是规划设计师的空间艺术杰作。

二、主题公园规划设计原则与区位特征

1. 主题公园规划设计原则

(1)独创性原则：主题创意比较多见的有 3 种，即求新、求异、求最。

(2)文化性原则：主题公园不仅是一个商业产品，更应该是一个文化产品，要有文化依托。

(3)商业性原则：开发商注重主题公园的商业性。但规划设计要注意体现时代精神要求，广泛兼容更大的目标客源层，提供长久高品质的旅游服务。

(4)主题的层次性原则：主题公园规划应形成丰富多彩多层次的丰满的复合型主题结构。

2. 主题公园的区位特征

(1)市场区位：大型主题公园必须位于没有强烈市场竞争的地区。其一级客源市场(基本市场)最少需要 200 万人口，市场范围在 80km 或 1 小时汽车距离内；二级客源市场(开拓市场)也要有 200 万人口以上，在 200km 或 3 小时汽车距离内，在这个距离内旅游者可以在 1 天时间内往返；二级客源市场之外以及流动人口属三级客源市场(机会市场)，市场内交通费用太高，不能过分依赖或抱有过高期望。

(2)交通区位：选址要考虑以下几个重要因素：位于交通主要干线旁或附近，有次级道路作辅助或紧急出入口；视野开阔，可以向经过的汽车乘客展示标志性景点；有足够的水、电、污水处理等设施；附近居民不反对发展主题公园，有充足的用地。一个大型主题公园至少需 $80hm^2$ 土地，地形平坦或略有起伏。

(3)地区价位：由于交通和市场的约束，主题公园不能远离大城市。由于地价高昂，主题公园一般不可能位于城区，一般位于郊区交通方便地段。

(4)环境价位：主要考虑两方面因素：一是尽可能选址于自然风景优美、人文景观资源丰富的地域；二是选址于旅游资源丰富或旅游项目相对集中的地区。

三、主题公园主题选择与创作模式

1. 主题选择

(1)以民族文化、地方历史文化为主题

(2)以异国文化、异地自然景观为主题

(3)以童话幻想、科学技术和宇宙为主题

(4)以历史人物、文学名著为主题

2. 创作模式

(1)游乐园模式

(2)西游记宫模式

(3)锦绣中华、中国民俗文化村模式：即集锦式和1：1同等比例异地移植文化式

(4)电影城模式

(5)博物馆模式

(6)文化性主题模式。文化性主题公园的项目策划过程见图9-1

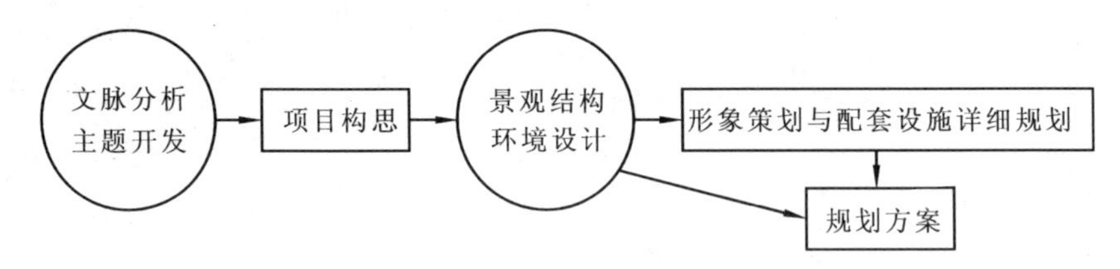

图9-1　文化性主题公园模式设计策划过程

四、主题公园规划设计核心

1. 形象定位

常用的方法有比附定位、逆向定位和空隙定位等。如比附定位是为了避免与成名已久的老品牌竞争，而是利用人们对这些老品牌的忠诚度给自己定位。逆向定位是强调定位对象是游客已有形象的对立面，同时又能让游客易于接受。空隙定位完全是一种创新，它的形象定位与游客心目中原有的形象毫无关联。

2. 服务对象定位

服务对象应该是解决规划设计如何朝目标游客层次靠拢的问题。定位时，要研究游客的价值观，抓住社会变化的脉搏，预测未来价值观变化的方向，并结合自己的主题去寻找客源市场。

3. 游客容量

设计常用的方法是用空间面积来度量拥挤程度。西方学者认为，一般人工吸引物(即主题公园)形成的旅游地，比较理想的容纳能力是5000人/hm^2。

4. 组景和构景

组景和构景是表达主题的重要手段，在规划时一般应兼顾3个原则：第一是地方特色，第二是可持续发展，第三是游客认同。满足3方面要求：第一是美学要求，第二是技术要求，第三是功能要求。

五、主题公园设施构成

1. 游乐活动设施

游乐活动设施是主题公园中最主要的内容。现代主题公园活动设施呈现出多元化的局

面，符合了现代人们对刺激感追求的不断升级。主题公园造型方面出现两种趋势：一是巨型化；二是情节化、环境化，使其内容更富戏剧性。

2. 展示设施

展示设施一般包括陈列展馆和模拟环境两项内容。

3. 表演设施

主题公园的表演内容更应注重趣味性、知识性和科普性，如电影、民俗歌舞、马戏表演等。同时现代主题公园还是展示现代高科技手段的舞台之一。

4. 体育娱乐设施

主题公园应适当安排如跑马场、棒球场、高尔夫球场、溜冰场等娱乐设施，增加园内活动内容。

5. 其他设施

(1)餐饮商业设施：餐饮商业建筑往往汇集在一起，以商业街、商业广场的形式出现，成为主题公园内独立的区域。

(2)后勤服务设施：园内须有一整套功能齐全的后勤服务设施，如医疗中心、摄影部、失物招领处、婴儿中心、存物处、信息咨询处、残疾人服务等设施项目。

(3)技术供应和工程服务设施：这种服务设施是主题公园每天正常运转的保证。主要包括通讯系统、废物处理系统、监控系统、机械电子设备维修系统、供电系统、有关制造安装和修理车间等。

六、主题公园规划设计成果内容

1. 文本内容

文本内容包括：

(1)规划区现状与背景分析；

(2)区位条件与交通条件；

(3)旅游市场分析和预测

(4)规划设计思想及创意；

(5)规划设计结构与布局

(6)土地利用和空间形态组织；

(7)旅游设施与项目策划；

(8)主要技术经济指标等。

2. 规划图纸

图纸内容包括：规划区与中心城市关系图，用地现状图，功能布局结构图，空间形态意象图，设施配套规划图，区内交通布局图，竖向规划图，主要服务设施平面及鸟瞰图，基础设施规划图，其他设计者需要的图纸。

第五节　旅游度假区规划

旅游度假区是我国现代化进程中不可缺少的重要组成部分，对我国城市化进程和产业结构调整具有重要意义。旅游度假区规划是规划界面临的新课题之一，它是游离于城市规划和风景园林规划之间的边缘性学科，其政策、法规、规划的编制、决策机制及设置的内容均无明确的界定。

一、旅游度假区概念

旅游度假区，即旅游度假开发区，是我国现存 7 种城市开发区的一种，它是在旅游资源非常丰富的城市（地区）划出一定范围，以旅游、娱乐、度假、休养为主要目的的开发区。旅游度假区的建立是国家旅游局对于我国旅游业发展格局由观光型向度假型转变的宏观举措，是我国旅游业的一项跨世纪的工程，是培养区域经济增长点，适应大众生活方式变革及对外开放的有效步骤。从内涵上讲，旅游度假区不同于风景区，也不同于城市，它们在职能、区位、用地特征等方面均有差异。

度假旅游是利用假日外出进行令精神和身体放松的康体休闲方式。度假旅游是以度假（消磨闲暇、健身康体、…）为主要目的，具有明确的目的地（良好的度假环境）的旅游活动。实际上，旅游度假区是一个由各种游憩设施、活动、环境、服务组成的高质量的地域综合体。

二、旅游度假区发展

1. 国外度假旅游与旅游度假区的发展

度假旅游始于公元初，开始是作为少数统治者消磨闲暇时间的一种需要。如最早出现的为了满足执政官需要而建立的公共浴室和相应的旅店配套设施。直到 18 世纪，休闲度假也只是少数统治阶级和富裕阶层消磨闲暇的一种活动，而并非大众生活中的组成部分。进入 20 世纪 60 年代，伴随着度假旅游的发展，在加勒比沿岸、地中海沿岸、东南亚国家的海滨地区、夏威夷、澳大利亚的海滨地区形成了以夏季休闲度假为主要目的的海滨旅游度假区，在欧洲的阿尔卑斯、韩国汉城附近的山地，出现了以冬季山地运动、健身为主要目的的山地度假旅游区。20 世纪 70 年代后期，大多数欧共体国家有一半或一半以上的人口每年离家休假至少 1 次。1994 年，亚洲除韩国外，其他国家和地区的旅游者中休闲度假的比例至少占外出旅游的 2/3。

2. 我国度假旅游与旅游度假区的发展

我国的度假历史也很早，早期的度假较典型的为皇家园林与私家园林式的旅游度假区，如河北承德的避暑山庄、北京的颐和园等皇家园林，以及苏州、无锡等地的私家园林，但度假的主体为极少部分帝王将相、皇亲国戚和社会名流。真正大众化的休闲度假始于 20 世纪 90 年代。以 1992 年国务院批准建立的 12 个国家旅游度假区为标志，我国的大众化度假旅游产品开始启动。现已大体形成了一个“三三”式结构：一是以满足海内外度假需求为导向的国家旅游度假区和部分省级旅游度假区；二是以满足暑期度假休闲需求为主的海滨度假地；三是以满足双休日需求的环城市旅游度假设施。

目前，我国旅游市场的总体特征是旅游产品正从观光型向观光、度假和专项旅游相结合的趋势发展，度假旅游正成为发展速度最快的旅游产品。国家旅游局提出的旅游度假区的发展目标是：在国务院批准的 12 个国家旅游度假区的基础上，将一批条件比较成熟的省级旅游度假区和外资建设的度假区批准为国家旅游度假区，以增加国家旅游度假区的数量，扩大国家旅游度假区的规模；把集中力量抓好海南热带海岛海滨度假地的建设作为全国开发旅游度假产品的重点；把青海、甘肃、新疆、黑龙江建成暑期度假旅游的新的热点地区，分流东部海滨压力，促进西北大开发；其他地区要在“十一五”期间，规划建设一批借助山间、湖畔、林地、温泉等区位和资源优势的旅游度假地，以形成度假产品的多样化；环城市度假设施要更加适应家庭式旅游的需求，逐步增加和调整经营项目，不断提高服务质量。

三、旅游度假区开发的环境特点

度假旅游活动一般具有客源市场相对稳定，游客逗留时间长，重游率高，以家庭为基本单元的比例大的特点。从以上对度假旅游的定义可以看出，传统的度假旅游的目的主要是保健康疗，现代度假旅游的目的则逐渐扩大，除传统的健康消费外，亲情回归、社会交往、旅游者素质提高、会议商务、消磨闲暇等也成为度假旅游的目的。因此，旅游度假区应具有良好的度假环境，这应是旅游度假区的基础条件。

1. 舒适性

度假环境的舒适性是度假区设立的最基础条件，迄今国内外学者将此作为确定度假环境好坏的惟一指标，并且仅限于自然环境的舒适性。我国目前 12 个国家级旅游度假区有 5 个分布在海滨，5 个选择在沿海地区的湖、河边上，2 个布局于山地，除了度假区的市场区位因子外，自然环境的舒适性是主要因子。目前国际上主要的度假地也主要考虑在环境舒适的海滨与山地建设。如美国的夏威夷、西班牙的加那利蓝岛、韩国庆州波门湖度假区等。舒适性一般常用舒适性指数包括温湿指数（THI）和风效指数（K）来衡量。

2. 康益性

从度假旅游的主要目的看，早期的度假旅游主要以保健康疗为目的，即使现代度假旅游目的多样化了，但保健康疗仍是重要目的。从旅游者的特征分析，环境和康体设施好，度假旅游的逗留时间就长，重游率也高。因此，度假环境的康益性成了旅游度假区吸引游客的主要因素之一。度假环境的“康益性”包括自然环境和人文环境的康益性。前者包括要有较高的绿化水平，优美的景观，无（或轻）污染、无（或轻）公害的环境。后者包括度假区建筑的艺术化与宜人性，具有地方性（民族性）又具有时代性（建筑功能等），具有各种康体设施和健康的休闲娱乐活动，即通过选择性的园林绿化、休闲性的康体设施，以及健身娱乐场所的设计和建筑设施的生态化，为旅游者在心理、身体上创造一种健康有益的度假氛围。目前，国内外对旅游度假区环境的康益性越来越重视。除了选择温泉、森林、山地等自然环境康益的地区作为度假区外，在度假区内建设高尔夫球场、运动健身场、保健康疗中心等人工设施与服务，增强度假区的康益性功能。如珠海御温泉，北京九华山庄，韩国汉城附近的温泉度假区，地中海度假地，以及加勒比地区的古巴保健度假地等。

3. 安全性

安全是包括度假区在内的旅游区存在和发展的基础。即便是以追求惊险刺激为主要目的的探险项目，现今也以“软性”探险为时尚，即在使游客体验惊险刺激的同时，保证游客生命的绝对安全，已成为旅游经营者和地方政府有关部门批准其经营的基本前提。应该说，安全性对于度假区的重要性更高于舒适性和康益性。对旅游度假区而言，其安全性除了自然环境条件的安全性以外，使游客在度假区内的旅游活动具备较好的安全条件是其中的重要内容。因此，旅游度假区选择在自然环境相对封闭独立的地方，安全的人文环境、安全的旅游设施和项目以及现代化的安全监控系统与快速救援系统，成为旅游度假区选择与建设的重要内容。

四、旅游度假区规划设计原则

1. 主题性原则

主题是度假地发展的主要理念或核心内容，其主要目的是形成或强化度假区特色，增强度假区的竞争优势，满足度假区核心客源市场的休闲度假需求。度假区的主题是与其形象联系在一起的。随着度假旅游需求的日益多样化，度假区的类型也日益增多，除了综合性的度假区继续发展外，具有特定主题和专门内容的度假区得到了较快发展。如“海南博鳌”会议型度假地，作为以官方为鲜明特色的高层次论坛的会议型度假地，其“自由”、“合作”与“互信”的主题与政治形象非常鲜明。土耳其南安塔利亚海滨度假区，则以其“生态”、“健康”和“人文”主题著称于世。墨西哥坎昆旅游度假区则以“古老文明”与“现代休闲”主题的有机结合，其特色吸引了大批的国内外旅游者。作为具有鲜明地方特色的高档次商务会议型度假地，苏州太湖国家旅游度假区的规划突出了“生态、文化、科技”三项主题。

2. 文化性原则

文化是度假区的灵魂，是度假区能够存在与发展的源泉，是度假区形成特色的主要组成部分，因为文化既体现在度假区的特色之中，又成为度假区旅游吸引物的主要内容。如印尼巴厘岛的特色文化主要是巴厘传统习俗和社会习俗。国外游客到巴厘岛休闲度假的主要目的之一便是去领略其浓郁的地方特色文化。度假区的文化一般有地域特色文化和现代休闲度假文化两部分组成，以形成既具有地方文化特色又满足特殊客源市场的需求为目的。韩国庆州波门湖度假区则以地方古老文化和国际文化的兼容为特色。

3. 生态性原则

目前，世界上被公认为成功的旅游度假区有印度尼西亚巴厘省的杜阿岛、韩国庆州波门湖、墨西哥坎昆、多米尼加波多普拉塔、土耳其南安塔尼亚、西班牙加那利蓝岛。这些度假区之所以成功，据世界旅游组织委托的有关专家的考察，是因为这些度假区都采取了一种“充分考虑本地区的环境、经济和社会文化的平衡发展，严谨规划、认真实施”的综合开发模式。

对度假区生态环境建设的重视，一方面源自度假区生态环境的退化，另一方面则是旅游者对良好生态环境的追求。必须将“环境、旅游设施、旅游服务”视为旅游产品整体框架的一部分，重视旅游产品的生态含量，克服旅游业发展中忽视环保与生态的短视行为，实现旅游业的持续发展。

对度假区的生态环境保护，主要体现在提高度假区的绿化率，对生态环境脆弱地区进行生态保育，注意建筑风格与周围环境的协调一致，尽量减少旅游活动的负面影响，并重视环保规划以及生态产品的生产。度假区的生态包括自然生态与文化生态，度假区生态保护是要尽可能保护度假区内外的原生环境，保护动植物的多样化和文化的多样性。

4. 景观性(园林化)原则

开发利用度假区内的风景资源，并着力营造一种令人赏心悦目的景观是旅游度假区的又一趋势。一些度假区选择在风景区内或风景区附近，正是出于这样的目的。如印尼巴厘的杜阿岛、多米尼加波多普拉度假区、土耳其南安塔利亚度假区和西班牙加那利蓝岛度假区，以及我国的武夷山度假区、无锡马山度假区、苏州太湖度假区和昆明滇池度假区等，无不设置在风景优美的地方。武夷山度假区距武夷山风景区只一河之隔，滇池度假区则直接融人于滇池风景区之中。

强调度假区的景观性，一方面是因为景观本身是度假环境的重要组成部分，另一方面，是构成休闲度假的重要旅游内容。对度假区的景观设计，通常是通过度假区原有景观系统，结合度假区的绿化与园林化设计、山水景区景点划分与策划、人工景点与小品及建筑等的布局与设计，营造一种令人赏心悦目的景观，构筑度假区的观光游览系统，使度假区成为具有良好的人居环境和优美景观的场所。

5. 休闲性原则

从严格意义上说，休闲与度假还是有一定区别的。所谓休闲，是指对闲暇时间的消磨，而闲暇时间消磨的方式可以是多种多样的，如可以逛街，可以观光游览，可以在家，也可以出门旅游度假，还可以出席各种其他活动等。将休闲性充实为度假区的一大特征，是由于消磨闲暇时间已成为度假旅游的一项主要内容，而度假区所具有的良好的环境，丰富的旅游内容为游客休闲提供了一项特殊的经历与体验。随着休闲时代的到来，度假区将成为人们消磨闲暇的重要场所。因此，针对度假区旅游时间较长和较高的重游率，增加度假区的休闲设施，有利于丰富度假区活动内容，提升度假区档次。

五、旅游度假区规划成果内容

1. 总体规划文本和说明书

规划文本内容包括：

(1)背景分析；

(2)风景旅游资源与环境评价；

(3)旅游市场分析和预测；

(4)规划依据、构思、功能分区、结构与布局等；

(5)土地利用和空间形态说明；

(6)旅游设施、旅游路线、旅游项目策划等；

(7)主要技术经济指标。

2. 规划图纸

规划图纸包括：规划与城市的关系图，现状分析图，功能布局结构图，用地现状图，用地规划图，空间形态意象图，景源评价图，风景保护培育规划图，旅游设施配套规划图，旅游路线规划图，交通系统规划图，各地块指标控制图，总体鸟瞰图及局部透视图，其他设计者认为需要的图纸。

第六节 民俗旅游区规划

一、民俗旅游的概念和特征

1. 民俗旅游的概念

民俗旅游是指人们离开常住地，到异地去以地域民俗事项为主要观赏内容而进行的文化旅游活动。民俗旅游是一种高层次的文化旅游，由于它满足了游客“求新、求异、求乐、求知”的心理需求，成为旅游行为和旅游开发的重要内容之一。目前，民俗旅游已和自然风光、名胜古迹旅游一起构成了颇具特色的旅游三大系列产品。

2. 民俗旅游资源的特征

民俗旅游资源是具有多种属性和特征的文化现象，其表现形态千差万别，除了作为文化现象和具有科学、史学、文学、美学、和艺术等特征外，从旅游的功能与价值的角度看，还具有群体性、传承性、变异性、地域性和节律性几个方面的特征。

民俗旅游因其产生的原因、形成的过程、存在的形态、相互的关系都各不相同，这就必然表现出它在特征上的复杂多样性。正是由于这个原因，作为民俗旅游资源，其内容之丰富、形成之多样、分布之广泛、潜力之深厚、历史之渊博，以及在旅游业开发利用上的地位及作用之重要，使其成为发展旅游业的得天独厚的一类资源。

民俗旅游资源无论是物质表现形式还是社会表现形式或是心理表现形式，都蕴涵着十分丰富的深层的心理和思想背景，只有把握了民俗旅游资源的类型及其特征，才能准确地揭示它本来的面貌。

3. 民俗旅游资源开发的意义

民俗文化是古今各族人民共同创造的物质产品和精神产品的总和。它包含了各民族物质生活、社会生活及精神生活的各个方面，构成了民族文化的主要内容。我国的民族文化是一座挖之不尽的宝库。我国拥有55个少数民族，蕴涵着丰富的民族文化资源。但民俗旅游资源开发还处于起步阶段，尽力发掘、保护和开发宝贵的民族文化资源，将潜在的资源优势转化为现实的竞争优势，是我国十分紧迫的任务。以往单纯的展示性的旅游已不能满足人们的需求，人们更趋向于获得有别于日常生活的充满情趣的体验，体验朴实并富有新鲜感的少数民族生活情趣。民俗旅游丰富了旅游活动，提高了旅游效益，促进了旅游经济文化的发展。民俗旅游属于高层次的旅游，未来将成为现代旅游的主流之一。

民俗是一种群体性的文化创造成果，是在民族历史的发展进程中，一定的社会群体应付各种环境、满足各种需要而不断积累起来的一种社会创造物，是没有个人版权的群体文化积淀。它具有鲜明的民族特性品格、原始文化的品格、生活属性品格、动态积累品格、历史传承品格、地域变异和社会阶层变异等多重品格。

二、民俗旅游区规划的原则

1. 坚持文化内涵原则

文化是民俗旅游开发的灵魂，是旅游产品的生命线。因此，民俗旅游规划应依托文化内涵，体现地域特色。

2. 坚持乡土性原则

乡土文化或风情是一个地区区别于另一个地区的重要标志，是区域的特征所在。因此，民俗旅游规划的项目设计应以乡土风情为蓝本，创造风情独具的旅游风格。

3. 重视突出参与性原则

参与项目设计是民俗旅游规划的重要组成部分，是增加游客兴趣，体验奇异经历和满足好奇心的核心项目。在全面营造特色氛围的基础上，应注意对参与项目的开发。

4. 特色原则

从民俗旅游开发角度分析，体现特色就是体现生命力。特色既包括总体布局特色，也包括项目设计特色，环境营造特色。

三、民俗旅游资源开发内容

民族旅游资源开发主要有以下几个方面：

1. 服饰景观开发

2. 饮食文化景观开发

3. 民居景观开发

4. 交通景观开发

交通景观开发是指对民俗范畴中的交通工具及设施的开发。我国的传统交通工具总体上讲，是南船北马，此外还有滑竿、牦牛、骆驼、爬犁、雪橇、双轮车等。交通设施有古栈道、风雨桥、木桥、石板桥、绳索桥等。

5. 商贸民俗景观开发

如庙会、店铺、集市、会馆等。

6. 节日庆典开发

7. 歌舞景观开发

8. 体育游戏景观开发

我国的体育游戏很多，仅少数民族就有摔跤、马球、赛骑、秋千、爬竿、跳灯、斗鸡、射箭等200多项。

9. 信仰景观开发

如岩画、傩戏、祭祀、祈祷、庙宇等，可供旅游者参观、考察。

10. 民俗商品景观开发。

民俗商品既是旅游购物的主要对象，同时又因其所特有的实用性、艺术性、观赏性，具备景观构成的基本要素。

此外，喜庆(包括育儿礼、婚礼、寿礼)、家族、社团、农耕、渔猎、手工业等民俗景观已成为旅游开发的对象。

四、民俗旅游开发应注意的问题

1. 民俗旅游开发应具有战略性

民俗旅游的开发目的不仅仅是为了旅游和经济利益追求，而更为重要的是民族文化的保护与发展，应视为是促进民族文化的交流和保证民俗旅游可持续发展。

2. 民俗旅游开发要正确处理好当地居民的利益

民俗旅游资源的开发离不开一定的民族社区的支撑，民俗旅游活动的吸引力源泉在于当地居民的积极参与配合。

3. 重视开发民地的人力资源利用

人力资源是民俗旅游最宝贵的资源之一，几乎民俗旅游地的所有人员都是人力资源开发的对象。人力资源开发的内容、形式可以多种多样，一般有讲座、培训班、外派学习等形式，以提高民俗旅游有关人员的文化素养、专业技能、敬业精神为目标。

五、民俗旅游规划的内容

1. 总体规划文本内容

总体规划文本内容包括：

(1)背景分析；

(2)民俗旅游资源评价；

(3)旅游市场分析和预测；

(4)规划依据、指导思想；

(5)民俗旅游资源开发理念与定位；

(6)功能分区、结构与布局；

(7)旅游设施、旅游路线、旅游项目策划与布局；

(8)营销策划；

(9)主要技术经济指标。

2. 规划图纸内容

规划图件包括：规划区与城市的关系图，现状分布图，功能布局结构图，重要景观设计效果图，空间形态意象图，旅游设施配套规划图，竖向规划图，特色项目(建筑物)平面及效果图，总体鸟瞰图及局部透视图，其他设计者认为需要的图纸。

第七节　案例

一、风景名胜区保护规划(丹霞风景名胜区保护规划)

1. 保护规划的依据

(1)景观阈值评价

①高阈值区：对外界干扰的抵御能力和同化能力都较强，并有较强的自我恢复能力的地区。主要包括两类景观类型，一类是生物群落结构复杂、水土条件都很好的山麓和谷地的亚热带常绿阔叶林区，另一类是人工化程度很高，人类活动起决定作用的农耕平原。

②中阈值区：主要是亚热带植被破坏后的丘陵山地景观。这些地区原来覆盖着高阈值的亚热带常绿阔叶林植被，但由于人类掠夺性的采伐大大超出了其阈值，导致了自我恢复和自稳机制的减弱。

③低阈值区：一类是丹霞地貌的裸岩区，这里任何人为活动留下的痕迹都会长久保留，几乎没有任何同化能力和掩饰能力；另一类是河流和溪涧，这一区域的人为活动很容易在生态上和视觉上对景观带来冲击。

(2)景观敏感度评价

①高度敏感区：最引人注意的区域，在这些区域内的人为活动，最有可能改变整个风景区的形象，包括典型丹霞地貌的岩体部分和周围山坡显露部分，其中尤以水上游览线的锦江两侧的可视带的丹霞岩体和造型地貌最为敏感。

②中等敏感区：在主要游览线上(包括外围公路游览道，步行游览道和锦江游览线)能看到的区域，以及在主要观景点上较容易看到的区域。

③低度敏感区：包括风景区内人迹罕至的山谷地带和风景区外围视线所不及的区域。

(3)特殊价值的资源

包括集中分布在丹霞山体上的宗教文化景观及摩崖石刻，散布在丹霞地貌分布区内的古岩寺、古山寨遗址及悬棺，具有重要科研和教学价值的准南亚热带季雨林植被和北亚热带常绿阔叶林植被，古树名木，奇花异卉及珍禽异兽等。

2. 保护等级分区及保护内容

(1)宗教文化景观保护区

宗教文化景观具有特殊的价值，应作为一个整体加以保护，即应把宗教环境—宗教感应气氛—宗教朝拜活动作为一个有机的整体。这一分区分布在丹霞山山体上，包括所有寺庵及遗址，各类摩崖石刻、陵墓、古泉名井、古树名木等均在保护之列。

(2)传统农耕文化景观保护区

根据评价，传统农耕文化景观具有很高的美学价值和潜在旅游价值。在分布相对集中、地处风景区内部、整体环境好且开展旅游较为方便的锦江、浈江沿岸的部分村落及田园划为保护区。这一区域包括：典型的“农舍—古榕—柴篱—曲径—渡船”景观区，由茂林修竹围合成的村前水塘或溪流，村庄四周的丹霞秀峰等，共计有16个村落。

(3)一级自然景观保护区(重点保护区)

这一区域包括风景质量和敏感度都很高而阈值又很低的典型丹霞地貌景观分布区。该区包括：以丹崖—碧水—绿树作为丹霞风景典型景观区域的锦江、浈江沿岸；具有很高的阈值，在一定程度上可以承受人为干扰，并有较高恢复能力和掩饰能力，但又具有较高的美学质量和科研、教学价值，目前只分布在本区中心地带的典型丹霞地貌区，并作为其背景树林而存在的亚热带常绿阔叶林植被。但在丹霞地貌区开设道路和建设小规模旅游服务设施时，可在常绿阔叶林分布区内进行选址。

(4)二级自然景观保护区(景观恢复区)

主要包括典型丹霞地形分布区的外围，属于自然次生植被，大部分已经被破坏的南雄群地层的丘陵山地。这一地带作为丹霞风景整体环境的前景部分，其风景质量不高，阈值较低，又有一定的敏感度，特别是沿外围干道内侧分布的丘陵。所以对这一带进行景观恢复(恢复亚热带常绿林为主)是很重要的。

(5)三级自然景观保护区(景观控制区)

该区主要指沿公路正常视域内的一级自然景观保护区外围的农耕区。这一区域因构成丹霞风景整体视觉环境的一部分，而且随着农耕工业化程度的增加，景观的原始风景外貌便会大大降低。所以，这一区域应从视觉上控制景观的工业化变化趋势。

(6)四级自然景观保护区(适度发展区)

这一区内的景观美学质量的敏感度都很低，景观阈值又很高。主要包括仁化县郊和仁化氮肥厂附近地区，凡口农场及高坝一带的大面积农耕平原，凡口及大岭冶炼厂附近地区，月岭及周田附近地区等4个区域。这些地区都属风景名胜保护范围内，在这一范围内不宜建高楼、工厂，避免影响丹霞地貌的风景视线。但由于该区离主体景观区相对较远，对丹霞风景的视觉干扰不大，且已为景观的工业化程度较高的地区，也具有较好的区位条件，可考虑开发与旅游经济发展有关产业。如发展旅游纪念的生产和加工业，发展为旅游服务的菜园和畜牧养殖业，但对工业发展必须控制规模和范围，严格控制污染源。

二、主题公园特色景观创造(深圳欢乐谷二期主题公园景观规划)

1. 项目概况

深圳欢乐谷占地总面积35万m^2，总投资8亿元人民币，是由华侨城集团策划建设的继锦绣中华、中国民俗文化村、世界之窗之后的大型主题公园。欢乐谷二期主题公园位于华侨城杜鹃山以北，紧邻一期玛雅水公园，占地18万m^2。融参与性、观赏性、娱乐性、趣味性于一体；是高科技的、主题鲜明的现代化主题乐园。

2. 背景与创意

欢乐谷二期主题公园分为4个主题景区：老金矿区、飓风湾区、香格里拉森林探险区、URBIS休闲区(开业后称为阳光海岸)。

(1)老金矿区

①主题背景(故事主线)：18世纪中期美国西部一个曾经偏辟而美丽的小山谷，一条条富含黄金的矿脉无人打扰地躺了几万年，直到偶然被人发现，往日的宁静打破了，人们蜂拥而至，淘金狂潮再一次上映。人们在流淌着黄金的小河旁搭起了帐蓬，建起了淘金营地，后来就有了中国人开的小饭馆，慢慢地银行、旅店、酒吧、铁匠铺、木匠铺一应俱全，甚至还有了小铁路。

②景观特色创意：该区总的体现荒芜、浮噪的氛围，展现淘金狂潮过后留下的场景。全区色彩以土黄色为主调，在金矿小镇色彩变化较为丰富，淘金河区是掩映在绿树之下的暖色调。矿山车站的色彩是在土黄色山体映衬之下的冷色调。

(2)飓风湾区

①主题背景(故事主线)：加勒比的一个渔村，有怡人的气候和和煦的海风。很多年以前，频繁地受到飓风的侵袭。恶劣的天气使得捕鱼变的十分困难，渔业几乎停顿了近一个世纪。直到最近，小岛被重新“发现”出来，她古怪的天气形态以及神奇美丽的自然生物造成了小岛现在的情形，“飓风湾”的名字传播开来，小岛成为了一个非常吸引人的旅游地点。游客都充满好奇地想体验这座小岛上独特奇异的天气环境和令人惊悚的暴风雨。

②景观特色创意：该区着力表现“飓风袭击后的海湾”，恶劣天气造成的损坏随处可见。阳光明媚时，在平静的海湾渔村，游客来到海边享受海滩和阳光。景观设计体现主题，并做出合理的功能安排。突出明媚的阳光，和煦的海风，绚丽的花朵。色彩是亮丽的加勒比色彩——绚丽、清新、透亮(图9-2)。

(3)香格里拉森林探险区

①主题背景(故事主线)：中国滇西北丛林，环境是大山深处的一个小村，历来是探险者的必经之地。这个小村下临虎跳峡，远处是终年积雪的玉龙雪山，这里有纳西族的木楼、摩梭族的水楞房、藏族的石板房和喇叭庙。甚至有一种颇具历史混杂的意味，隐隐透露出丝丝神秘的气息。

②景观特色创意：该区再现大山深处民族特色，弥漫着一种神秘的气氛。以山体、瀑布、跌水、溪流为骨架，冠以层次丰富的绿化环境，建筑风格有多民族混合特色。游步道穿行其中。空间分隔多，视觉变化大。色彩以绿色为主调，远景是冷色调，近景色彩对比强烈。

(4)URBIS休闲区

①主题背景(故事主线)：这个区是一个家庭娱乐区—草地休闲、热带海滩、迷你高尔

夫场地。进入该区，轻松欢快的空气扑面而来，孩子们有的堆沙，有的在水中嬉戏。看着天真快乐的孩子，父母则在通透的房子里享受凉爽的海风。随着一声欢乐的笛鸣，火车轰隆隆的驶入 URBIS 休闲区。利用地形配合绿化使空间隔而不断，同时结合卡通效果的塑石将水渠处理成生动的景观效果，这样一条本来乏味的直线就变成了一个欢乐的旅程。明亮的鲜花、密密的丛林、蔚蓝的天空、粼粼的波光，萦绕在我们耳边的是孩子们清脆的笑声。

②景观特色创意：该区景观有别于其他主题区域的紧张刺激，以轻松浪漫为基调。体现热带滨海特色，景观建筑以休闲为主要功能，考虑相应的服务需求，体现异国情调。游客有置身于异国小岛海滨的感觉。区内人造水体及“海水”清澈洁净，配合木板道及其他丛林景观。

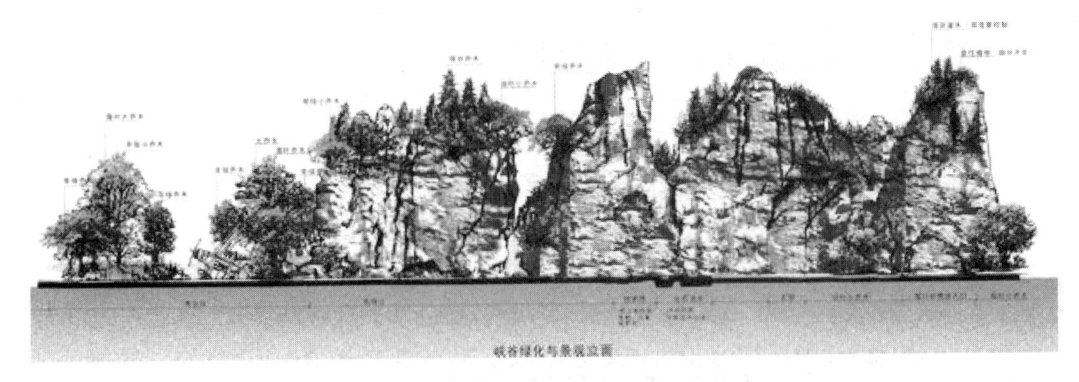

图 9-2　深圳欢乐谷主题公园景观创意效果图之一

三、规划理念与度假区定位（镇江世业洲旅游度假区概念规划）

1. 基地概况

世业洲是长江下游的一个冲积沙洲型岛屿，四面环江，南汊为主航道，北汊为次航道，北与扬州隔江相望，向南距镇江市中心约 10km，是镇江中心城的有机组成部分，与镇江城区形成相互联系、相互呼应之势，是农业经济占主导地位的自然田园型江中洲岛。世业洲呈椭圆形，东西长 16. 5km，南北宽 3. 5km，陆域面积 29. 4km^2，其中防洪堤内面积 24. 2km^2。全岛地势低平，地表水系发达，河塘密布，沟渠纵横，沿江环岛筑防洪堤坝。

世业洲国家级旅游度假区作为一个旅游岛，在地理上与周边城市形成一种“若即若离”的关系。“若即”是因为与附近城市的交通联系方便，“若离”是因为世业洲地处江心，四面环水，经一江之隔，给人远离尘嚣的感觉，这对舒缓都市生活压力的休闲旅游度假至为重要。

2. 规划理念

(1)理念一：提倡现代旅游休闲的人性复归，与自然的互动，与文化的共振。旅游与生态结合，与文化辉映，满足现代社会快节奏生活中人们的放松、享受和升华的需求。

(2)理念二：把握特有资源，发展旅游经济，创新度假体验，把可持续发展及对土地、水体、绿州、自然人文景观、视野等资源的保护作为规划的基础，在提供娱乐、服务实现经济效益的同时，岛屿将被规划为一个与周围人文、自然系统相协调的有机体。

(3)理念三：利用洲岛自然地理的优越性创造一个真正的自然环境，便于研究和教育，建立多样化的自然场所，向人们阐述可持续环境下的新的生活方式，按照一定的地理位置建立一系列生态娱乐活动设施。

3. 度假区定位

(1)方案一：长江三角洲范围内融城市山林和大江景观，地方风情和现代休闲度假需求于一体的国家旅游度假区。通过城市山水规划、长江景观设计、人文风情演绎塑造长江首座生态旅游岛，突出“时尚居住、购物观光、人文旅游”。

(2)方案二：构筑以江岛度假旅游、高尔夫旅游、文化娱乐城旅游、水族世界旅游、大江大桥风景旅游、生态农业旅游为特色的大型江岛旅游娱乐胜地，创造一个具有国际水准和意义，集旅游度假观光、健身比赛、休闲娱乐、科技农业、综合服务为一体的国家级旅游度假区，使镇江成为长江三角洲旅游强市。

(3)方案三：建造多样性的独特的旅游胜地。

4. 功能分区

(1)方案一：以一条内环路为主解决陆上交通。在环线内部主要布置开发强度较高的功能区，在环线外部主要布置开发强度较低的林区及游览区，使整个世业洲的体系鲜明。按照多中心效应准则，大集中、小分散，组团发展，形成各有特色的功能区。

(2)方案二：把所有的动态娱乐活动设施集中在一起，使功能统一集中，让出更多连绵的土地空间，发展生态旅游，保存本土的田园风光。按功能分布把旅游服务大致分为4个部分：入口区(低密度空间舒展区)、动态活动区(高密度娱乐活动区)、半动态活动区、静态活动区。

(3)方案三：可将洲岛分为东、中、西3个部分：西部是自然保护区，中部是娱乐休闲区，东部是历史回顾区。

5. 交通系统

(1)方案一：水上交通系统用水上巴士取代机动车辆成为主要交通工具，既降低了污染，又使世业洲更具旅游度假的气氛。道路系统采用3个嵌套的环路，联系三大功能区，它们的外围连接成为沿岛环路。道路模式充分考虑了这三片功能区游客不同的活动频率，三环相对独立，相互干扰较小，且可采用不同的断面形式，因地制宜，既可控制成本，又具有不同的道路景观。规划设公众客渡口三处、车渡口二处，改建一处旅游码头，设立公众游艇和私人租用泊位。

(2)方案二：使用公共交通工具，减少汽车流量，建议采取西方某些国家公园的制度，向进入世业洲旅游岛的车辆征收国家公园使用费，用作道路和公建的部分营运经费。保留客货运渡口，在旅游岛中段南北两岸设渡江汽车停车处和运河渡口转乘中心。岛上将根据需求设置不同的公车行车线，运河系统上除了供游览的观光航线外，还设有定时开航的水上公交，往来内港、政府行政中心、水乡、汽车渡口转乘站、世业村和其他娱乐场所等地点。

(3)方案三：道路系统分为快速和慢速两个等级体系，快速交通连接海洋博物馆、生态教育中心等主要景点，慢速交通连接健康中心、有机农场、别墅区、知识区及湿地开发区等场所。鼓励可持续发展的运输系统，限制车辆使用，补充水上运输，主干道路为鱼脊形，次要道路自然弯曲连成网络，步行系统距离便利商店最大距离为800m，西部自然保护区禁止车辆进入。

四、主题公园景点设计（山西河津市九龙公园规划设计）

1. 规划建设指导思想

近几年来，河津市经济发展极为迅速，社会环境日益改善，城市面貌发生了日新月异的变化。特别是经过市区东进西扩，南推北延，一个繁荣昌盛的现代化城市景观已经形成。但是，由于历史的原因以及地形的限制和城市扩充，建设过程已对原地貌有一定程度干扰，外围自然环境景观，特别是环城区北山带的自然环境背景与城市新貌已极不协调。此外，市区常住居民人口和外来人员的增加，使活动空间日趋减少。因此，九龙公园规划建设的指导思想是：以区域范围和原地形地貌为基础，以区域历史文化为背景，以生态环境建设和历史人文恢复为两大主题，尊重历史、继承文化、开拓创新，形成具有深远文化内涵、生态景观优美、集休闲、娱乐、健身、文研等与一体的多功能境域；公园经一年半建设，五年精心培育，逐步形成在晋南具有一定影响的人文与自然相结合的公园类型。

2. 规划建设原则

（1）强化生态环境建设，突出“绿色”主题

河津市九龙公园开发建设，应加强植树造林、栽灌种草力度，强调绿色环境，强化绿色主题，强化景观背景。

突出“绿色”主题，一是城市生态环境建设的需要。从河津地理位置和气候条件来看，受西北方向气流影响强烈，属弱沙尘暴干扰区，西部绿化可增强城市防风、防尘抗性；二是提高城市风景环境质量的需要。目前，河津市城区高楼林立、道路宽敞，现代化都市风貌已经形成，因此西山环境绿化对都市建设具有背景作用，可构成相得益彰的协调与统一景观。

（2）体现多功能特色，满足城市居民休闲生活需要

规划区建设在营造绿色大背景的基础上，应在区域开发建设的功能方面有重要体现，以满足城区乃至外来各个层次人群的休闲、娱乐等需要。随着河津市人均经济收入的不断增长和人民生活水平的不断提高，人们的精神生活需求将进一步增强。因此，营造良好的生态环境和休憩娱乐环境，不仅是河津市广大群众精神文化的必然需求，也是河津市进一步发展和谐社会的重要组成部分。

（3）运用植物生物学特性，体现景观多样性和统一性

河津市九龙公园建设工程，应充分利用规划区现有地形地貌，结合部分地段原始地形被人为严重干扰、地形犬牙交错、陡崖分布多、潜在危险性大的实际情况，除需对现有地形进行改造外，特别是应运用不同植物的生物学和生态学特性，结合地形地貌，营造四季常绿、三季有花、近自然生态环境型的植被多样性景观，以及片层鲜明、自然意境协调、自然意境和人文意境相得益彰的统一性景观。

（4）发掘和利用人文资源，确立公园灵魂与建设主题

九龙公园现有建筑历史悠久，建筑风格独特且研究价值高，文化影响范围广泛，是公园得以命名的灵魂主题。因此，九龙公园规划建设应深刻发掘和利用现有人文资源，恢复和还原已被破坏的人文资源景观外貌，突显人文意境，形成以文化为规划建设主题、以绿色为规划建设基础的人文意境和自然意境密切融合的文化型生态公园。

3. 公园主要景点设计

九龙公园八景也可称为九龙公园“近八景”，它与九龙公园远八景合称为九龙公园“十六

景”。九龙公园近八景即：太清紫云，瑶池托月，天门挂索，秋风染林，雪夜琼枝，八挂迷阵，太极晨舞，原麟围城(图 9-3)。

(1)太清紫云：以恢宏的太清宫建筑群为主体，形成大殿、陪殿及钟、鼓楼三大区，并与鳞岛书院、九龙阁相呼应，构成规划区大面积台塬主体。太清宫前香烟缭绕，与红墙碧瓦形成强烈反差，并同环境一起构成九龙公园八景之一——太清紫云(图 9-4)。

(2)瑶池托月：人间瑶池地处太清宫西侧，池、廊厅等建筑与园林植物构成景区三主体，通过对地形巧妙利用，与太清宫呼应，形成具有游赏价值的人间瑶池意境。人间瑶池地处公园高处，视野开阔，大气洁净度高，月明星稀，在人间似天上，一个“托”字，充分表现了瑶池与月亮的距离关系。人间瑶池是公园赏月佳地，天地与周围园林景观一起构成九龙公园八景之一——瑶池托月。

(3)秋风染林：公园西坡紧临九龙大街东侧，此处保持了原始地形原貌，基础稳定，地形较为单一。在绿化树种选择上以秋季红叶树种如柿树、黄栌、三角枫，黄叶树种如银杏等植物为主，片状点缀油松、侧柏常绿背景树种，形成夏日翠绿，秋季绯红与艳黄自然相交的绚丽多彩时间变幻景。

(4)雪夜琼枝：九龙公园东坡紧临市区，地形复杂，卯、梁、沟、台均有分布。绿化在树种选择上以油松，云杉为主，陡坡处种植侧柏，其他可栽植梅花、迎春，形成四季常绿森林景观，总体构成市区西侧绿色大背景。此外，东坡又属半阴坡，日照时间短，除北坡外温度较其他坡向均低。冬季一夜雪，满坡披银，雪压劲松，此时可户外赏雪，可踏雪寻梅，让人深受寒冬组合雪景的陶醉(图 9-5)。

(5)八卦迷阵：八卦迷阵地处东南角、观赏果林北侧的台地处。八卦迷阵由园柏组成 2m 高阵墙，2m 宽道路由青砖铺就。此设计建设既可起到园区绿化美化作用，在意境上承北启南，同时又增加游乐功能，特别是将八卦迷阵设于儿童活动区，可增加其游憩功能价值。此外，九龙公园的八卦迷阵也是我国北方地区目前面积较大的生态园林型迷阵。

(6)天门挂索：天门挂索地处西坡山脊中段，真武庙北端，由南天门、北天门和索桥组成，地势险峻，景观突出。从九龙大街东望，险要别致，不论从色彩上还是风格上，以及与环境的组合上都极具吸引力和宣传效应。此外，天门挂索又是连接真武庙与人间瑶池、太清宫、望江阁的必经之路。因此，天门挂索建设，不仅是九龙公园景观的需要，也是公园中游览线路建设的需要(图 9-6)。

(7)太极晨舞：九龙公园在中坡地带有平台两处，一处位于紧临市区的东坡，另一处位于西北角新建老年活动中心与水厂之间，平台面积较大，建成后森林茂密，空气洁净度高，是一处天然“氧吧”，是中老年人晨练的极好地段。二处平台绿化以落叶大乔木为主，背景陪以常绿树种青杆、云杉、油松，平台用青砖铺设，为中老年人创造清晨煅炼身体的场所。日出之时，身着白色晨练服装的成群中、老年人或武术学校的少年，随着音乐舞起太极拳，也是一道少见的风景线。

(8)原麟围城：九龙公园台塬四周垂切，高而险峻，且极不稳定。为了增加台塬的稳定性、游人的安全性以及雄伟壮观效果，规划南起西山公园北至水厂西北角，沿市区的台塬边砌城墙，城墙基础高 5m，墙高 2m，且沿墙内修 2m 宽游览道路。围城从市内西望，使九龙公园雄伟壮观，沿游道东望，可将现代化的城市尽收眼底。沿城墙布灯，与九龙阁一起也可构成壮观夜景。

图 9-3　山西河津市九龙公园规划设计平面图

图 9-4　山西河津市九龙公园规划设计景点—太清紫云

图9-5　山西河津市九龙公园规划设计景点—雪夜琼枝

图9-6　山西河津市九龙公园规划设计景点—天门挂索

【复习思考题】

1. 风景名胜区规划的原则与内容是什么？风景名胜区规划应符合哪些规范或标准？

2. 森林公园规划的原则与内容是什么？森林公园规划应符合哪些规范或标准？规划文件应提供哪些图件？

3. 我国自然保护区分为几种类型？自然保护区旅游开发的原则是什么？

4. 主题公园规划原则、特点与内容是什么？

5. 旅游度假区规划的图种有哪些？

6. 民俗风景区规划应注意哪些问题？

7. 风景名胜区、森林公园和主题公园规划文件包括哪些内容？

第十章　风景旅游区投资与效益分析

【本章提要】

本章主要论述风景旅游区规划建设的生态效益、社会效益、经济效益“三大效益”方面的内容。生态效益是指规划的风景旅游区建成后对诸多环境质量的改善；社会效益指规划的风景旅游区建成后对于自然资源的合理利用，提高旅游产品竞争能力以及对于增加当地居民收入的影响；经济效益是指建成后的风景旅游区对投资者带来的经济收益。因此，风景旅游区规划必须对“三大效益”进行科学评价，使各方利益均得到保证。

第一节　风景旅游区建设投资估算

一、项目总投资费用估算

项目总投资费用是拟建项目从前期准备工作开始到项目全部投产为止所发生的全部费用，以及生产期所需全部流动资金。费用构成见表10-1：

表10-1　项目总投资构成表

<table>
<tr><td rowspan="5">1 固定资产投资</td><td rowspan="3">1.1 建设费用</td><td>1.1.1 工程费</td></tr>
<tr><td>1.1.2 土地费等其他建设费</td></tr>
<tr><td>1.1.3 不可预见费</td></tr>
<tr><td colspan="2">1.2 建设期贷款利息</td></tr>
<tr><td colspan="2">1.3 固定资产投资方向调节税</td></tr>
<tr><td rowspan="6">2 流动资金</td><td rowspan="5">2.1 流动资产</td><td>2.1.1 应付款项</td></tr>
<tr><td>2.1.2 原材料</td></tr>
<tr><td>2.1.3 燃料、动力</td></tr>
<tr><td>2.1.4 低值易耗品</td></tr>
<tr><td>2.1.5 现金</td></tr>
<tr><td colspan="2">2.2 减：流动负债</td></tr>
</table>

(一)固定资产投资估算

固定资产投资又称工程总造价。包括风景旅游区建设项目从筹建到竣工验收交付使用所需的全部费用。

1. 建设投资费用

(1)工程费用：指直接形成固定资产的工程项目费用，具体包括建筑工程费、安装工程费和设备购置费。

(2)其他建设费：指根据有关规定，应列入固定资产投资的除建设工程费用、安装工程费用和设备购置费用以外的一些其他相关费用。

(3)不可预见费：又叫预备费，包括基本预备费和涨价预备费两部分。基本预备费指在可行性分析和评估时难以预料的费用。涨价预备费是指考虑风景区建设期间价格的变动引起的投资增加额而形成的费用。不可预见费也可按建设工程费、设备购置费、安装工程费和其他费用之和的百分比计算，一般为以上4项之和的5% ~10%。

其他费用包括土地费(是指风景旅游区建设在设计范围内使用的土地和设施需要临时使用的土地，按照国家规定所支付的土地补偿费、转让费、树木等附着物补偿费、拆迁费、安置补助费以及土地管理费、耕地占用费等)、旧有工程拆除和补偿费、建设单位管理费、勘察设计费、生产工具及生产家具购置费等。

表10-2　风景旅游区建设投资估算内容表

序号	建设项目	单位	工程量	单价(元)	总价(万元)	工程规划建设期			
1	景区景点建设								
1.1									
2	娱乐设施建设								
2.1									
3	服务设施建设								
3.1									
4	基础设施建设								
4.1									
5	环境工程建设								
5.1									
6	其他项目费用								
6.1									
7	预备费及其他								
7.1									
	合计								

2. 建设期贷款利息

固定资产投资建设期贷款利息是成本的一部分，列入固定资产投资费用。

年利息计算公式为：每年支付利息 = 年初本金累计 × 年利率

每年的还本付息额公式为：

$$A = I_c \frac{i(1+i)^n}{(1+i)^n - 1}$$

式中：A——每年的还本付息额；

I_c——建设期末固定资产借款本金或本金与利息之和；

I——年利率；

n——贷款方要求的借款年数(由还款年开始计)。

3. 固定资产投资方向调节税

调解税是国家对法人和个人用于固定资产投资的各种资金征收的一种特别目的税。计算公式为：

应纳税额＝固定资产投资额×适应税率

风景区固定资产投资费按投资项目可划分为：

(1)景观景点建设工程费；

(2)接待服务、管理设施建设工程费；

(3)娱乐场所建设工程费

(4)交通工程费；

(5)水电、通讯、燃气供热工程费；

(6)各类设施与车辆费；

(7)资源与环境保育费；

(8)土地征用费；

(9)不可预见费。

(二)流动资金估算

1. 流动资金概念

流动资金又称为周转资金，是指项目建成投产后，企业为保证其正常生产运营而购买原材料、辅助材料、燃料动力、备品备件、发放职工工资和福利费以及，在产品、产成品及产品赊销等占用所需的经常性的资金。

2. 流动资金构成

按照流动资金的定义，其构成是流动资产减去流动负债，其中主要是减去应付账款(表10-3)。

表10-3　流动资金构成表

<table>
<tr><td rowspan="11">1 流动资产</td><td colspan="3">1.1 应收账款(债务人账户)</td></tr>
<tr><td rowspan="9">1.2 存货</td><td rowspan="5">1.2.1 材料</td><td>①主要材料</td></tr>
<tr><td>②燃料</td></tr>
<tr><td>③辅助材料</td></tr>
<tr><td>④外购半成品</td></tr>
<tr><td>⑤备品备件</td></tr>
<tr><td colspan="2">1.2.2 产成品</td></tr>
<tr><td colspan="2">1.2.3 在产品</td></tr>
<tr><td colspan="2">1.2.4 包装物</td></tr>
<tr><td colspan="2">1.2.5 低值耗砂品</td></tr>
<tr><td colspan="3">1.3 现金</td></tr>
<tr><td colspan="4">2 减去：流动负债——应付账款(债权人)</td></tr>
</table>

（1）应收账款（债务人账户）：应收账款作为债务人账户，它是作为销售条件给产品购买者的贸易信贷款，其数额的大小取决于企业（公司）的赊销政策和信贷资金的供求状况。

（2）存货：它是指企业为销售或耗用而储存的各种资产。由于它们经常处于不断销售和重置或耗用和重置中，具有鲜明的流动性。因此，存货属于企业流动资产的范畴。

（3）现金：现金是流动性比较大的一种货币资金，是可以立即投入流通的交换媒介。我国会计上所说的现金是指企业的库存现金，主要用于企业日常零星开支。这里需要说明的是，我国会计上所界定的“现金”概念，不同于西方会计上所界定的概念。西方会计上所界定的现金包括库存现金、银行存款和其他符合现金定义的票证（如结付支票、汇票等）。在投资项目可行性研究和评估阶段，作为流动资金构成内容的现金，一般是指用于支付企业职工工资、职工福利费和日常零星开支的货币资金，不包括用于支付购买某些材料，备品备件而需支付现金的货币资金。

（4）应付账款（债权人账户）：企业会计的应付账款是用于核算企业因购买材料、物资和接受劳务供应等而应付给供应单位的款项，这些赊销账款减少了周转资金的需要量，因而在估算周转资金需要量时应加以扣除。

（三）流动资金需要量的估算方法

流动资金需要量一般是参照现有类似生产企业的相关指标估算。根据项目特点和掌握资料的粗细程度，可以采用扩大指标进行粗略估算，也可以采用流动资金构成内容进行详细估算。

1. 扩大指标估算法

（1）按产值（或销售收入）资金率估算：一般加工工业项目多采用产值（或销售收入）资金率进行估算。

流动资金额 = 年产值（年销售收入额）× 产值（销售收入）资金率

（2）按经营成本（或总成本）资金率估算：由于经营成本（或总成本）是一项综合性指标，能反映项目的物质消耗、生产技术和经营管理水平以及自然资源条件的差异等实际状况，一些采掘工业项目常采用经营成本（或总成本）资金率估算流动资金。

流动资金额 = 年经营成本（总成本）× 经营成本（总成本）资金率

（3）按固定资产价值资金率估算：

流动资金额 = 固定资产价值总额 × 固定资产价值资金率

（4）按单位产量资金率估算：

流动资金额 = 年生产能力 × 单位产量资金率

2. 分项详细估算法

采用分项详细估算法计算流动资金需要量时，首先必须确定流动资产和流动负债的最低天数。接着应当计算全年的生产成本、制造费用和可供销售产品的成本，因为流动资产的某些部分的价值量是用这些成本表示的。下一步是通过将一年 360 天除以最低周转天数，来确定流动资产和流动负债各组成部分的周转次数，然后用有关成本表中的相关数据除以周转次数，即可得出流动资产和流动负债的相应数据。

采用分项详细估算方法计算流动资金需要量的有关公式如下：

（1）周转次数 = 360（天）/ 最低周转天数（天）

(2) 应收账款 = $\frac{\text{赊销期(月数)}}{12}$ × 年经营成本

(3) 存货 = 原材料 + 在产品 + 产成品 + 包装物 + 低值易耗品

(4) 原材料(费) = $\frac{\text{订材料} + \text{燃料} + \text{辅助材料} + \text{外购半成品} + \text{备品备件}}{\text{周转次数}}$

(5) 在产品(费) = 在产品的生产成本/周转次数

(6) 产成品(费) = (产成品的制造费用 − 固定资产折旧费)/周转次数

或：产成品(费) = 经营成本/周转次数

(7) 现金 = (职工工资与福利费总额 + 其他零星开支)/周转次数

(8) 应收账款 = $\frac{\text{赊销期(月数)}}{12}$ × 全年外购材料物资与年接受劳务供应总额

根据上述公式计算方法，通过编制流动资金需要量估算表，可以计算得出流动资金需要量。

二、费用估算的原则

1. 客观实际原则

费用的估算结果的价值取决于估算的精度，估算接近客观实际就有价值，如果估算误差太大，就会误导决策。要做到客观实际，除思想上要有充分的认识外，在技术上要尽量提供能保障客观性估算的技术条件。

2. 全面系统原则

风景区的投资涉及面很广，建设项目也较多，应该从全盘的角度按系统全面、避免重复、统筹协调的原则来估算。从时间上的前后协调来说，应考虑是否用费用换取时间，即增加费用来缩短工期的问题。

3. 留有余地原则

估算尽可能全面，但也会碰上意想不到的费用，如物价的升高，资金与材料不能及时到位造成的拖延而引起的费用增加等，因此估算应留有适当的余地。

4. 多方案原则

人们普遍认为在设计阶段多做些工作可能会节省后期阶段的大量费用，因而费用的估算过程必须考虑这种附加预研、设计工作的费用能否抵消期望节省的费用，还有资金的时间价值、资源的及早或高层次开发带来的收益能否超过追加投资的费用等，总之要考虑多种方案。

三、费用估算的方法

1. 经验估算法

估算的人要有专门知识和丰富的经验，据此提出一个近似的数字。这是一种最原始的方法，是一个近似的猜测。它并不能满足详细估算的项目的要求。

2. 因素估算法

因素估算法是一种比较科学的系统估算方法。它以过去为根据预测未来，利用已有的资料或其他类似项目的资料建立回归方程，并可做出回归曲线。曲线表示规模与成本的关系，曲线上的点是根据过去类似项目的资料描绘的，根据这些点描绘出的曲线体现了规模与成本之间的基本关系。成本包括不同的组成部分，如材料、人工和运费等。项目规模知道后，可以利用这些曲线找出成本各个不同，组成部分的近似数字。总成本为各个不同部分成本之和。要注意，找这些点要有一个“基准年度”，目的是消除通货膨胀的影响。如果项目周期较长，还应考虑到今后几年可能发生的通货膨胀、材料涨价等因素。这种成本估算的前提是有过去类似项目的资料，而且这些资料应在同一基础上，具有可比性。

3. 由上到下估算

一般在已完成的类似项目可作借鉴的情况下使用。其主要内涵是收集上、中层管理人员的经验和判断，以及可获得的有关历史数据。首先是上、中层管理人员估计整个项目的费用和各个分项目的费用，将此结果传送给下一层管理人员，责成其对组成项目和子项目的任务和子任务的费用进行估算，并继续向下传送其结果，直到项目组最底层。

该方法特别需要建立好上下管理层畅通的沟通渠道，因为上层得出的费用估算结果，是否能满足下层所认为的完成任务的需要，此时极有必要进行适当沟通。

该方法的好处是中、上层能较准确地掌握项目整体费用分配，使项目费用能够合理地控制在比较有效的水平上，一定程度上避免了项目的费用风险。

4. WBS 全面详细估算

即工作分解结构(Work Breakdown Structure)方法：是先把项目任务进行合理的细分，分到可以确认的程度，如某种材料，某种设备，某一活动单元等。然后估算每个 WBS 要素的费用。采用这一方法的前提条件或先决步骤是：对项目需求做出一个完整的限定；制定完成任务所必需的逻辑步骤；编制 WBS 表。

在大型项目中，成本估算的结果最后应以下述的报告形式表述出来：

(1)对每个 WBS 要素的详细费用估算：还应有一个各项分工作、分任务的费用汇总表，以及项目和整个计划的累积报表。

(2)每个部门的计划工时曲线：如果部门工时曲线含有“峰”和“谷”，应考虑对进度表作若干改变，以得到工时的均衡性。

(3)逐月的工时费用总结：以便项目费用必须削减时，项目负责人能够利用此表和工时曲线作权衡性研究。

(4)逐年费用分配表以 WBS 要素来划分，表明每年(或每季度)所需费用。此表实质上是每项活动的项目现金流量的总结。

(5)原料及支出预测表明供货商的供货时间、支付方式、承担义务以及支付原料的现金流量等。

这种方法估算成本需要进行大量的计算，但其准确度较高。用这种方法作出的这些报表不仅仅是成本估算的表述，还可以用来作为项目控制的依据。最高管理层则可以用这些报表来选择和批准项目，评定项目的优先性。

5. 类比估算

类比估算是将一个新的分系统与具有精确费用和技术资料的现有分系统或系统进行比较，从而进行项目费用估算的方法。这种方法要求估算者对所感兴趣的系统和某些老系统之间的相似性进行一个主观的评价。

该方法的不确定性是以对新旧两个系统之间的相似性评价的主观特性为基础的，为了降低这种不确定性，可以请本领域内的专家来对系统的差异进行评价。当然，类比估算中的不确定性归根结底是由技术人员和费用估算人员所作的主观评价引起的。

类比估算最适用于项目的采办早期，此时还没有系统的实际费用数据，也没有相似系统的大型数据库，这种方法的估算较为准确。

6. 参数模型估计

参数模型利用项目特性计算项目费用。

参数模型估计法可以产生大量的特性和质量的可以量化度量(即成功概率、风险水平)，所以该方法应用最为广泛，而且该法可以很容易地适应在设计、性能和计划特性方面的更改。

本方法使用相似单元的数据库，在某些选定的系统性能或设计特性的基础上产生估算。参数费用估算中最重要的要求是有一个良好的数据库，这个数据库必须符合特定的准则，其反映所感兴趣系统的相似技术。在数据库中没有反映而又在感兴趣系统中使用的技术进步将会导致错误的费用估算。另外，数据库必须是同类的。数据库中的每一个相似元素必须由相同组件构成，必须统一归纳，缺乏相似性可能引起费用估算的巨大偏差。

7. 计算机化方法

利用某些项目管理软件进行项目费用估算。这种方法能够考虑许多备选方案，方便、快捷，是一种发展趋势。

风景区投资项目决策，是指决策主体为了实现预期的风景区投资目标，采用一定的理论、方法和手段，对若干可行性投资实施方案进行研究论证，从中选出最为满意的投资实施方案的过程。

第二节　风景旅游区投资决策

一、投资决策的意义与程序

概括地说，决策成功项目才能成功，决策失败项目必然失败。决策正确是最大的节约，决策错误是最大的浪费。为了做出正确的决策，必须遵循科学的投资项目决策程序。

投资项目的决策程序，是指投资项目决策过程中各工作环节应遵循的符合其自身运动规律的先后顺序，它是人们在长期的投资时实践中总结出来符合规律性的程序。按照国家的有关规定，我国旅游大中型投资项目决策程序主要按以下几个步骤进行：提出项目建议书→项目可行性研究→项目评估→项目审批。

二、投资决策的分类

(一)根据投资过程中风险程度大小分类

1. 确定型决策

确定型决策指决策的条件和因素均处于确定情况下的决策。应用确定性决策需具备 3 个条件：

(1)可供选择的方案有若干个；

(2)未来的经济事件的自然状态是完全确定的；

(3)每一个方案的结果是惟一的。

2. 非确定性决策

非确定性决策是指对自然状态是否发生，事先不能确定(即可能发生，可能不发生)但对各自然状态发生的概率可以进行预测的情况下进行的决策。

3. 风险型决策

风险决策也叫统计型决策或随机型决策。风险决策需具备以下几个决策要素：

(1)决策者试图达到一个明确的决策目标；

(2)决策者具有可供选择的两个以上的可行方案；

(3)有两个以上不确定的决策条件及影响因素；

(4)不同方案在不同条件及因素作用下的损益值可以计算出来；

(5)决策者可以对各种条件及因素作用的概率进行估计。

(二)根据投资目的分类

1. 以获取经济和财务收益为目的的风景区投资决策

如对饭店、餐馆的投资建设，主要的目的就是为了获取超过投资成本的利润，并且使利润最大化。这类投资多属于企业性投资决策。

2. 以获取综合效益为目的的风景区投资决策方案

如改善和提高景观和环境质量，主要目的是为了发展当地名牌旅游产品，使经济效益；社会效益、环境效益等都得到改善和提高。这类投资多属于地方和国家投资决策。

3. 以获取特定的经济或非经济效果为目的的风景区投资决策

如开设免税商场和建设旅游院校。这类投资也多属于地方和国家投资决策。

在风景区投资决策中，根据企业发展的需要，其投资决策方向又具体分为以下几种不同情况：一是扩大经营规模，如增建客房、餐厅等，以提高经济效益。二是更新改造，如对饭店的客房、餐厅进行重新装修、装饰，对预订电脑系统进行更新等，以提高设施设备的档次，从而提高综合服务质量；三是不断开发旅游新产品，来满足旅游者多样化的需求，如新建娱乐设施；或对传统产品进行挖掘改造，使它成为优质产品；四是如购买国家发行的国库券或其他企业发行的债券而进行的证券投资等。

三、投资决策原则

1. 完整性原则

在决策之前，要掌握完整的真实有效的信息。在决策过程中，也要求“反馈”信息完整，才能有效地校正行动或调整决策行为。

2. 系统分析原则

对决策对象作为一个系统来对待，分析系统与系统环境、系统整体与要素之间、内部各要素之间的相互关系，以求决策达到整体化、综合化、最优化。

整体化要求决策不能只从事物的某一部分某一指标来考虑问题，而必须从整体出发正确处理好局部利益和整体利益、眼前利益和长远利益的关系；综合化要求对决策的各项指标的利害得失进行全面衡量和综合分析，不仅要分析决策对象，对决策对象和社会其他系统的相互作用的关系也要进行分析；最优化是要求决策者在动态中去调整整体与部分的关系，使部分的功能和目标服从于系统的总体最佳目标。从而使系统达到总体最佳。

3. 可行性原则

所谓可行性是指在现有的主、客观条件，下决策能够实施的程度及其效果。要保证决策可行，首先决策须符合客观事物的发展规律，保证可以通过实施变成现实的东西，这需要从可能实现、未来有利因素与不利因素、成功的机会与失败的风险等多方面加以权衡，认真分析比较；其次，需从实际出发通过对现有人力、物力、财力、科学技术条件以及环境因素和决策实施后可能产生的种种后果进行分析，权衡利弊，在这些条件允许的范围内进行决策。

4. 选优比原则

现代决策是“多者选优”，这既是一项决策原则，又是决策的关键步骤，它要求决策必须建立在两个以上的多种方案的对比选优基础之上，因为单方案无从对比。

5. 广泛性原则

决策过程不宜采取封闭形式，讳深莫测，而应采取开放式分级决策。决策应有自下而上的民主基础，同时具备自上而下的集中条件，原则一致，相互衔接。决策之前应广泛收集建议和意见，容许有关方面进行讨论甚至辩论，一方面是收集信息，另一方面也可将决策意图及早传达给有关单位。要特别重视决策执行过程中发生的情况，并把这些情况及时通知到行动的各有关单位，用以提供校正行动或调整决策时的参考，这叫开放性决策反馈。

6. 跟踪反馈原则

首先，出于各种主、客观因素的影响，决策者对客观事物的认识很难一下就看准，其次现代社会事物复杂多变。如果情况变了，原决策也必须改变才能适应新的形势要求，这些都必须在决策贯彻实施以后跟踪验证，才能及时发现问题，通过反馈进行调整才能保证决策的最后成功。

第三节　风景旅游区建设经济效益评价

经济效益是指人们在从事的经济活动中投入和产出的对比关系。经济效益所包含的内容较为广泛，从范围上分析，包括企业的微观经济效益和社会的宏观经济效益，还有中观的行业和部门经济效益，它们之间存在辩证统一关系。其中，微观经济效益是基础，企业获得可接受的经济效益是获得良好的行业、部门以及社会的经济效益的必要条件。从长远看来，宏观效益以及行业和部门的经济效益又对企业经济效益的获得具有某种制约作用。

一、营业量与营业收入

营业量是指在一定时间内风景区的旅游点与景区内饭店、餐饮、娱乐等设施接待旅游者的数量。风景区的营业量不能简单以门票的量来计算，门票仅体现每个购票游客具有同等的消费意义，实际进入风景区的游客的消费差异是很大的。因此，营业量的计算应分类统计。

营业收入是风景区在一定时期内，因销售旅游产品、旅游商品和其他劳务而获得的全部货币收入。风景区营业收入等于旅游者在风景区范围内所有消费支出。

营业收入的表达公式为：

$$R = \sum_{i=1}^{n} Q_i P_i$$

式中：R——风景区营业收入；

Q_i——第 i 种服务销售量；

P_i——第 i 种服务的单价。

在统计中，往往通过抽样调查得到一个旅游者的平均消费，再推算旅游总收入，其计算公式为：

$$R = N \cdot C \cdot T$$

式中：R——旅游收入；

N——旅游者人次；

C——旅游者人均日消费支出；

T——旅游者停留的天数。

此公式主要用于范围较大的旅游目的地的旅游收入的计算。

二、风景区营业成本与费用分析

企业成本是企业在一定时期内，为生产旅游产品而发生的各种消耗、支出的货币表现。营业成本的高低不仅影响到风景区的利润，也是衡量企业竞争力的标志。风景区经营成本按消耗支出的经济用途进行划分，可以据此了解企业的具体构成情况(图 10-1)。

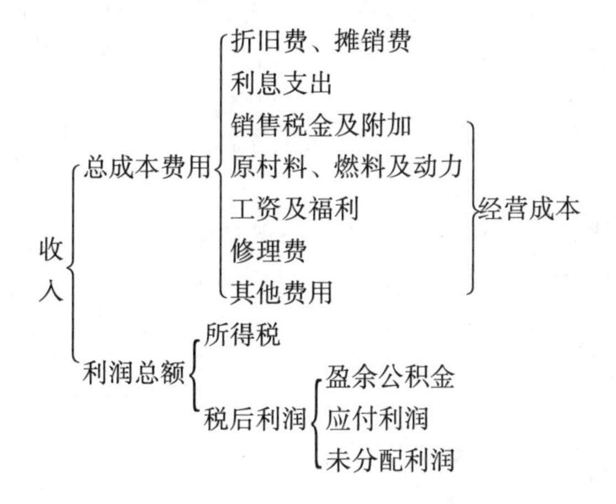

图 10-1　企业成本、利润构成图

1. 营业成本

营业成本是指企业在经营过程中直接支出的费用。

2. 营业费用

营业费用是指企业各营业部门在经营中发生的各项费用。

3. 管理费用

管理费用是指风景区为组织和管理活动而发生的费用以及其他由企业统一负担的费用。

4. 财务费用

财务费用是指风景区用于理财活动而发生的费用支出。

若按成本性质可分为两类，即固定成本和变动成本。固定成本(固定费用)是指在一定的业务范围内，不随业务量的增减而相应变动的成本或费用，又称不变成本。变动成本(变动费用)是指随业务量的增减而成比例增减的成本或费用，又称可变成本。

三、风景区经济效益分析指标

(一)静态效益分析

1. 成本利润率

成本利润率是反映风景区利润与成本之间关系的一种效益指标，是对风景区劳动耗费所取得的经济效益的具体说明。成本利润率的计算方式为：

$$成本利润率 = \frac{营业利润}{经营成本} \times 100\%$$

2. 经营利润率

经营利润率是反映风景区在一定时期内利润与收入之间关系的经济效益和指标，是对风景区经营规模的效益水平的具体说明。经营利润率的计算公式为：

$$经营利润率 = \frac{营业利润}{营业总收入} \times 100\%$$

3. 投资利润率

投资利润率亦称“投资积累率”，它是一个时期内(通常是达到设计能力的一个正常年份)利润额(指税前利润)或生产期平均利润额与其投资额的比率。投资利润率是衡量项目投资效果和经营效益的重要经济指标之一。其计算公式为：

$$投资利润率 = \frac{年(均)利润总额}{总投资额} \times 100\%$$

4. 投资利税率

投资利税率是指项目达到设计能力后的一个正常年份的利润和税金总额，或生产期年平均利税总额与总投资的比率。投资利税率也是衡量投资效果和经营效率的重要经济指标之一。其计算公式为：

$$投资利税率 = \frac{年(均)利税总额}{总投资} \times 100\%$$

5. 贷款偿还期

在国家财政规定及项目具体财务条件下，项目自建设开始后，从投产和正常运营中所获得的累计收益(包括利润、折旧基金及其他收益)能够偿还固定资产投资中的贷款本金和利息所需要的时间。贷款偿还期也可用财务平衡表直接推算，以年表示。其计算公式为：

$$T_i = D - 1 + H/S$$

式中：T_i——贷款偿还期；

D——贷款偿还后开始出现盈余年份；

H——当年应偿还贷款；

S——当年可用于还款的营业利润额。

6. 投资回收期

投资回收期亦称投资返本年限，是风景区的净收益抵偿全部投资所需要的时间。它是反映建设项目财务清偿能力的重要指标，它可作为方案选择和项目排除的评价指标之一，可与财务内部收益率结合使用。投资回收期自建设开始年算起，但应同时说明风景区建设开始年算起的投资回收期。其计算公式为：

$$\sum_{i=0}^{P_t}(CI-CO)_t=0$$

式中：P_t——投资回收期（以年表示）；

CI——现金流入；

CO——现金流出；

t——为年份。

投资回收期可直接用财务现金流量表（全部投资）累计净现金流量计算求得，其计算公式为：

$$R_i=D_c-1+H_c/S_c$$

式中：R_i——投资回收期；

D_c——累计净现金流量开始出现正值年份；

H_c——上年累计净现金流量的绝对值；

S_c——当年净现金流量。

在评价项目时，投资回收期越短的项目越好。在项目最终评价中，如果投资回收期小于或等于标准回收期，即可认为项目在财务上是可被接受的（当然还要参考其他条件，如财务内部收益率是否大于基准收益率等）。

（二）动态效益分析

1. 财务内部收益率

财务内部收益率项目在计算期内各年财务净现金流量现值累计等于零时的折现率。财务内部收益率是反映项目在计算期内财务获利能力的动态评价指标。在财务评价中，求出的财务内部收益率应与部门或行业的基准收益率比较，当财务内部收益率大于或等于基准收益率时，应认为项目在财务上是可以考虑接受的。若无相应对比指标，应与社会内部收益率（$i_c=12\%$）进行比较。按照插值法原理计算内部收益率的计算公式为：

$$内部收益率=偏低贴现率+两个贴现率之差\times\frac{低贴现率的净现值}{两个贴现率净现值绝对值之和}$$

2. 财务净现值

净现值法是将项目期内各年的成本和效益折算为它们的现值，然后从全部效益折现值之和当中减去全部成本折现值之和，从而得出该项目的净现值。通过净现值可直接比较整个项目在计算期内全部的效益与成本。净现值越大，说明盈利水平越高。财务净现值的理论计算公式为：

$$财务净现值(NPV)=\sum_{t=1}^{n}\frac{B_t-C_t}{(1+r)^t}t=1,2,\Lambda,n$$

式中：n——年数；

B_t——第 t 年效益；

C_t——第 t 年成本；

r——贴现率。

3. 其他指标

在动态效益分析中，必要时还应计算投资利润率、投资回收期、贷款偿还期等，其计算方法同静态效益分析。

(三)风景区投资风险分析

1. 投资风险意义

投资风险是指一项风景区投资所取得的结果和原期望结果的差异性。对大多数投资活动来说，都存在一个风险问题，只是风险程度不同而已。如果一个投资方案只有一个确定的结果，就称这种投资为确定性投资。例如，风景区投资购买政府国库券 100 万元，年利 10%，每年可得利息收入 10 万元，这种比较可靠的投资就属于确定性投资，确定性投资一般没有什么风险。但风景区投资决策所涉及的问题都具有长期性，这些关系到未来旅游产品的需求、价格和成本等因素都具有不确定性质，某些因素的变化往往会直接引起投资效果的变化，甚至某些在投资决策时认为可行的方案，投入实施以后会由于某些因素的变化而变成不可行的。所以任何一项投资决策都会出现风险，因而要对风险做出正确的评判，并力求使这种风险减小到最低程度。

2. 投资风险的衡量

衡量投资风险的大小，可以用风险率指标。风险率就是指标准离差率与风险价值系数的乘积。标准离差率是标准离差与期望利润之间的比率；风险价值系数一般由投资者主观决定。风险率计算出来后和银行贷款率相加，所得之和如果小于投资利润率，那么方案是可行的，否则是不可行的。例如某企业有两个投资方案可供选择(表 10-4)，两个方案都需投资 150 万元，其可能实现的年利润额及其概率情况如表：

表 10-4　投资方案比较表

可能的结果	甲方案		乙方案	
	利润(万元)	概率	利润(万元)	概率
较好	45	0. 3	50	0. 3
一般	35	0. 5	35	0. 5
较差	25	0. 2	0	0. 2

(1)期望利润的计算：期望利润指投资方案最可能实现的利润值。它是各个随机变量以其各自的概率进行加权平均所得到的平均数，计算公式为：

$$E = \sum_{i=1}^{n} X_i \cdot P_i$$

式中：E——期望利润；

X_i——第 i 种结果的利润；

P_i——第 i 种结果发生的概率。

对于表 10—3 的计算结果为：

$E_{甲} = 45 \times 0.3 + 35 \times 0.5 + 25 \times 0.2 = 31.5$(万元)

$E_{乙} = 50 \times 0.3 + 35 \times 0.5 + 0 \times 0.2 = 32.5$(万元)

(2)标准离差与标准离差率的计算：标准离差是各种可能实现的利润与期望利润之间离差的平方根。其计算公式如下：

$$\sigma = \sqrt{\sum_{i=1}^{n} (X_i - E)^2 \cdot P_i}$$

式中：σ—标准离差。

$$\sigma_{甲} = \sqrt{(45-31.5)^2 \times 0.3 + (35-31.5)^2 \times 0.5 + (25-31.5)^2 \times 0.2} = 8.32(万元)$$

$$\sigma_{乙} = \sqrt{(50-32.5)^2 \times 0.3 + (35-32.5)^2 \times 0.5 + (0-32.5)^2 \times 0.2} = 17.50(万元)$$

由于甲方案的标准离差 < 乙方案的标准离差，说明甲方案的风险小于乙方案。

标准离差率(σ')是标准离差与期望利润之间的比率，计算公式为：

$$\sigma' = \frac{\sigma}{E} \times 100\%$$

$$甲方案：\sigma'_{甲} = \frac{8.32}{31.5} \times 100\% = 26.41\%$$

$$乙方案：\sigma'_{乙} = \frac{17.50}{32.5} \times 100\% = 53.84\%$$

$\sigma'_{甲} < \sigma'_{乙}$，说明甲方案比乙方案风险小。

(3)风险价值的计算与衡量：标准离差率计算出来后，就可计算风险率了。风险率是标准离差与风险价值系数的乘积。其计算公式为：

$$\delta = \sigma' \cdot F$$

其中：δ—风险率；F—风险价值系数。

假设投资者确定风险价值系数为10%，则两个方案的风险率分别为：

$\delta_{甲} = 26.41\% \times 10\% = 2.64\%$；$\delta_{乙} = 53.84\% \times 10\% = 5.38\%$

再假如银行现行贷款利率为17%，那么，只要投资利润率超过贷款利率与风险率之和，就认为此方案是可行的，否则就会由于风险过大而被否决。

甲方案的投资利润率为21%（即$\frac{31.5}{150} \times 100\%$），大于贷款利率加风险率19.64%（即17% + 2.64%），因此可对甲方案进行投资；乙方案的投资利润为21.6%（即$\frac{32.5}{150} \times 100\%$），小于贷款利率加风险率22.38%（即17% + 5.38%），由于风险过大，因而不能采用乙方案进行投资。

3. 风景区投资风险的处理

风景区投资风险是不可避免的。伴随着投资风险的加大，投资者对投资的预期收益率也在提高，以便用较高的收益率来补偿较大的风险。在一般情况下，企业投资风险有两种：一种是系统风险，又称市场风险，是指企业本身无法回避的风险，是所有企业共同面临的风险，如物价上涨、经济不景气、高利率和自然灾害等；另一种是非系统风险，又称企业风险，是指由于经营不善、管理不当等一系列与企业直接有关的意外事故所引起的风险，它可以通过组合投资和加强管理等方式予以抵消或减少，如投资多样化，就是分散和减少风险的最佳途径之一。

(四)盈亏平衡分析方法

盈亏平衡分析方法，是对风景区的成本、收入和利润三者的关系进行综合分析，确定风景区的保本营业收入，并分析和预测在一定营业收入水平上可能实现的利润水平。

通常影响利润高低的因素有两个，即营业收入和经营成本。按照成本性质划分，经营成本又可分为固定成本和变动成本。于是，收入、成本和利润的关系可以表示为：

$$P = Q_W - Q_V - T_V$$

式中：P——利润；

Q_V——变动总成本；

T_F——固定总成本；

Q_W——营业额。

若令 $Q=Q_0$，$P=0$，则保本点公式为：

$$Q_0 = \frac{T_f}{W - C_v};S_0 = W \cdot Q_0;Q_0 = \frac{T_v}{W - C_v}$$

式中：Q—业务量；W—单价；S_0—保本点收入额；Q_0—保本点业务量；C_v—单位变动成本。

知道风景区保本点的业务量或收入额，就可根据上述公式的变换，对风景区的目标利润和目标收入进行科学的分析和预测，以保证风景区不断提高经济效益。

(五)边际分析

又称最大利润分析法，即引进边际收入和边际成本概念，通过比较边际收入与边际成本来分析风景区实现最大利润的经营规模的方法。

边际收入(MR)，指每增加一个游客(或销售一个单位旅游产品)而使总收入相应增加的部分，即增加单位游客(或产品)而带来的营业收入。边际成本(MC)，是指每增加一个游客(或销售一个单位旅游产品)而引起总成本相应增加的部分，即增加单位游客(或产品)而必须支出的成本费用。比较边际收入和边际成本有以下三种情况：

(1)当 MR > MC 时，说明增加一个游客(或出售单位产品)时，所增加的收入大于成本，因而还能增加利润，从而使风景区的总利润扩大。

(2)当 MR < MC 时，说明每增加一个游客(或出售单位产品)时，所增加的收入小于支出，即产生亏损，从而会使风景区的总利润减少。

(3)当 MR = MC 时，说明每增加一个游客(或出售单位产品)时，所增加的收入与支出相等，即增加单位游客的利润为零。说明增加旅客与否对风景区无影响。

(六)敏感性分析

敏感性分析是指从众多不确定性因素中找出对投资项目经济效益指标有重要影响的敏感性因素，并分析、测算其对项目经济效益指标的影响程度和敏感性程度，进而判断项目承受风险能力的一种不确定性分析方法。

项目实施建设和生产运营过程中会受到内外部各种不确定性因素的影响，因此，特设置销售收入、经营成本两个主要因素，各增加或减少 5% ~10% 时，对项目投资利润率、财务净现值、财务内部收益率、动态全部投资回收期等主要财务指标进行敏感性分析。用销售收入与经营成本之间的变化关系，判断两个因素的增减变化对项目财务效益指标的敏感性程度的影响。同时，当销售收入下降 5% ~10% 时，财务内部收益率为 10% 是与 ic 的关系，从财务角度看项目是否可行；当经营成本上升 5% ~10% 时，分析项目是否发现风险临界点(表 10-5)。

通过敏感性分析，进一步判断风景旅游区开发的投资和收益之间的关系，特别是开发的抗风险能力。并依据分析结果，向开发者提出警告和经济防范措施。

表 10-5　财务敏感性分析表

<table>
<tr><th rowspan="2">序号</th><th rowspan="2">因素指标</th><th rowspan="2">基本方案</th><th colspan="4">销售收入因素变动</th><th colspan="4">经营成本因素变动</th></tr>
<tr><th>10%</th><th>5%</th><th>－5%</th><th>－10%</th><th>10%</th><th>5%</th><th>－5%</th><th>－10%</th></tr>
<tr><td>1</td><td>投资收益率（%）</td><td></td><td colspan="2"></td><td></td><td></td><td></td><td></td><td colspan="2"></td></tr>
<tr><td>2</td><td>财务净现值（万元）</td><td></td><td colspan="2" rowspan="4">正影响</td><td></td><td></td><td></td><td></td><td colspan="2" rowspan="4">正影响</td></tr>
<tr><td>3</td><td>内部收益率（%）</td><td></td><td></td><td></td><td></td><td></td></tr>
<tr><td>4</td><td>静态投资回收期（年）</td><td></td><td></td><td></td><td></td><td></td></tr>
<tr><td>5</td><td>动态投资回收期（年）</td><td></td><td></td><td></td><td></td><td></td></tr>
</table>

五、提高风景区经济效益的途径

1. 加强旅游市场调研，扩大旅游客源

随时掌握旅游客源市场的变化，对现有客源的流向、潜在客源的状况，以及主要客源地的政治经济现状与发展趋势进行调查、研究和分析，有针对性地进行旅游宣传和促销，提供合适的旅游产品和服务，不断扩大客源市场，增加风景区的经营收入，提高经济效益。

2. 提高劳动生产率，降低旅游产品成本

提高劳动生产率，就是要提高风景区职工的素质，加强劳动的分工与协作，提高劳动组织的科学性，尽可能实现以较少的劳动投入完成同样的接待任务，或者以同样的投入完成更多的接待任务，达到节约资金占用、减少人财物力的消耗、降低旅游产品的成本的目的。提高劳动生产率还有利于充分利用现有设施，扩大营业收入，达到提高利润、降低成本、增加旅游经济效益的目的。

3. 加强经济核算，提高经济效益

经济核算是企业借助货币形式，通过记账、算账、财务分析等方法，对旅游经济活动过程及其劳动占用和耗费进行反映和监督，为企业加强管理、获取良好的经济效益的基本手段，加强经济核算有利于发现旅游经济活动中的薄弱环节和问题，分析其产生的原因和影响因素，有针对性地采取有效的对策和措施，开源节流，挖掘潜力，减少消耗，提高经济效益。

4. 提高旅游职工素质，改善服务质量

旅游服务质量的好坏，不仅表现在旅游景观、旅游活动、旅游接待设施上，也体现在旅游服务人员的服务态度、文化素质和道德修养上。

5. 加强风景区管理，不断引进先进管理经验

加强风景区管理，一是要加强标准化工作，促使企业各项活动都能纳入标准化、规范化和程序化的轨道，建立良好的工作秩序，提高工作效率。二是要加强定额工作，制定先进合理的定额水平和严密的定额管理制度，充分发挥定额管理的积极作用。三是加强信息和计量工作，通过及时、准确、全面的信息交流和反馈，不断改善服务质量。并在加强计量监督和

管理前提下，不断提高服务质量、降低成本、提高经济效益。四是加强规章制度的制定和实施，严格各种工作制度、经济责任制度和奖惩制度，规范职工行为，促进经营管理的改善和提高。

第四节 风景旅游区建设生态效益评价

旅游风景区除极少部分外，绝大多数以林、山、水为景观主体，特别是生态风景区更是以林景为主要骨架。因此，分析旅游风景区在开发前后的生态效益，就是分析其森林的生态效益。

森林是陆地生态系统的主体和人类赖以生存的重要自然资源，是地球上功能最完善、结构最复杂、生物产量最大的生物库、基因库、碳储库和绿色水库，是维持生态平衡的重要调节器。旅游风景区生态环境建设是国家生态环境保护和国土整治的重要任务，是实现农业高产稳产、水利设施长期发挥功效、减轻自然灾害的重要保障和有效途径。从某种意义上说，治理贫穷根本在于治理环境，治理环境根本在于治山兴林。森林生态效益的有效发挥是国家富足、民族繁荣和社会文明的重要标志之一。

一、森林能提高大气质量

1. 森林能有效地减缓温室效应

气候变暖主要是大气中温室气体(二氧化碳、甲烷、氧化亚氮等)的增加所致。研究表明，当全球大气中二氧化碳增加到当前水平的二倍时，全球气温将上升1.5～4.5℃。到下世纪末气候变暖将使海平面上升0.3～1.0m，那时东京30%的地区可能受淹，全球30%的人口势必迁移。陆地生态系统碳贮量约达5600～8300亿t，其中90%的碳自然存贮于森林中。森林每增加1m^3有机物可固化350kg二氧化碳。热带林是生物圈中二氧化碳的有效贮存库和调节器，其碳贮量占全球陆地碳贮量的25%，但目前热带林的破坏就减少固定二氧化碳约2亿t。

2. 森林是主要的氧源

森林在其光合作用中能释放出大量的氧气。1hm^2阔叶林，一天消耗1t二氧化碳释放0.37t氧，可供约1000人呼吸。全世界森林每年可释放氧气555亿t。

森林的输氧效益是风景区开发所带来生态效益的一个重要指标，应进行计量和评价。并用下列公式计算：

森林输氧效益(元)$=S\cdot P\cdot f$

式中：S——新增林地面积与1/2次生林面积之和，单位为hm^2；

P——每1hm^2森林每年产生的氧气吨数，一般P值变动在70～100t，并表现为阔叶林>针叶林，常绿阔叶林>落叶阔叶林>针叶林>灌木林；

f——工业制氧价格，单位为元/t。

3. 森林可减少臭氧层的耗损

臭氧层可保护地球上的生命免遭太阳的有害辐射。1985年科学家发现南极上空出现大如美国的臭氧空洞。臭氧层的破坏主要是由于人类生产或毁林烧垦中产生的氮和氢的氧化物、硝酸盐、甲烷、氯氟烃等在平流层中被光解或氧化后破坏臭氧分子。森林可以有效地吸收二氧化氮，每公顷森林每年可吸收二氧化氮0.3万t，并且森林对烧垦产生的气溶胶有巨大的吸附能力。

4. 森林可净化空气

森林对大气污染物有一定的吸收和净化作用。美国环保局研究结果表明，每公顷森林可吸收二氧化硫748t、氧化氮0.38t、一氧化碳2.21t。森林通过降低风速、吸附飘尘，减少了细菌的载体，从而使大气中细菌数量减少。许多树木的分泌物可以杀死细菌、真菌和原生物。

5. 森林有调节温度的功能

森林有繁茂的树冠，可以阻挡太阳辐射能，使林内昼夜和冬夏温差变小，并可减轻霜冻的危害。

二、森林可有效保护生物多样性

森林问题和生物多样性问题是一对相互关联的问题，森林消退是生物多样性面临的最大威胁。生物多样性是与人类社会可持续发展息息相关的最重要因子。据生物学家估计，现在地球上约有8万种植物可以供人食用，目前仅利用了3000多种，而人类所需植物蛋白的95%只来自其中的30种，50%以上的植物蛋白仅来自3种植物——小麦、水稻、玉米。世界医药复合物中约有一半来自植物或从植物中提取的有用成分。人工繁殖饲养或种植的动植物，其生产力或抗病虫能力很大程度上依赖于它的野生或半野生、半人工的遗传基因资源。野生生物在心理、文化和精神上的价值更是无法估计，美国1990年用于狩猎、钓鱼等娱乐性消费估计达148亿美。

1. 森林与物种多样性

森林是物种多样性最丰富地区之一。据估计，地球上有500~3000万种生物，其中一半以上在森林中栖息繁衍。由于森林破坏（年毁林面积达1800~2000万hm^2）、草原垦耕、过度放牧和侵占湿地等，导致了生态系统简化和退化，破坏了物种生存、进化和发展的生境，使物种和遗传资源失去了保障，造成生物多样性锐减。如果一片森林面积减少为原来的10%，能继续在森林生存的物种将减少50%。目前地球上的全部物种已消失了25%，有20%~30%还有消失的危险。1990~2000年期间世界生物物种估计有5%~15%消失，每年可能失去1.5~5万个物种。

2. 森林与生态系统多样性

森林占陆地面积的1/3，其生物量约占整个陆地生态系统的90%。在森林生态系统中，植物及其群落的种类、结构和生境具有多样性，也是动物种群多样性赖以存在的基础和保证。

3. 森林与遗传多样性

一个物种种群内两个体之间的基因组合没有完全一致的，灭绝一部分物种，就等于损失了成千上万个物种基因资源。森林生态系统多样性提供了物种多样化的生境，不仅具有丰富的遗传多样性，而且为物种进化和产生新种提供了基础。森林的破坏导致基因侵蚀，使得世界上物种单一性和易危性非常突出。

4. 森林对其它生态系统多样性的影响

森林的破坏导致生态环境恶化，特别是引起温室效应、水土流失、土地荒漠化、气候失调等问题，从而严重影响农田、草原、湿地等生态系统的生物多样性。

三、森林可防止水土流失

水土流失是当今世界重大的环境问题之一，据统计全世界目前水土流失面积达 25 亿 hm^2，占全球耕地、林地和草地面积总和的 29%。森林的枯枝落叶层不仅可以吸收 2～5mm 的降水，而且可以保护土壤免遭雨水的冲击。枯枝落叶层腐烂后，参与土地团粒结构的形成，有效地增加了土壤的孔隙度，从而使森林土壤对降水有极强的吸收和渗透作用。树冠对森林土壤有双重作用，一方面可以减少降水到地面的高度和水量（林冠可吸收 10～20mm 降水），另一方面林冠截留的降水要积累到一定程度才降落，而且集中在一点上，使得水的破坏力增强但作用不大。森林中有大量的动物群落和微生物群落活动，林木根系也具有强大的固土和穿透作用，都能有效地增加土壤孔隙度和抗冲刷能力。森林土壤的稳渗速率一般都在 200mm/h 以上，比世界上最大的降雨 60mm/h 还要大得多。根据大量研究，森林土壤的渗透率最大，森林地表一般不出现径流，水土流失量极少。

1. 森林涵蓄水源的效益

森林涵蓄水源的效益应进行计量和评价，目前主要有两种方进行计算：

（1）森林土壤最大贮水能力的估算：这是日本森林水文学家西泽正久在 20 世纪 70 年代初期提出的一种方法，并实际用于日本国土中森林涵养水源效益的计量，近几年也在我国得到广泛的应用。

由于水的容重和比重皆为 1，故：$Fs = 10000 \times h \times ph$

式中：Fs——为森林土壤最大贮水能力（m^3/ha）；

h——为平均土壤厚度；

ph——为非毛细管孔隙度。

为较准确地测定平均土壤厚度和非毛细管孔隙度，应在划分森林类型的基础上分别计量。如果有条件亦可划分母岩、土壤—森林的复合类型，分别求出面积、土壤厚度和非毛细管孔隙度，然后相加，得出整个林区的数值。

（2）水分平衡方程法：水分平衡的基本方程为：

$$P = E + R + L$$

式中：P、E、R、L 分别表示年总降水量、蒸发量、径流量和土壤贮水量（含地下水）。

根据中国科学院林业土壤研究所报道的数据，东北红松林的调蓄能力为 125.25mm，占降水量的 16.7%。中南林学院的一项研究表明，杉木人工林的调蓄能力为 106mm，不足降水量的 8%。

在进行森林调查时对森林涵养效益的测定，常依据水分平衡原理，采用更简便的方法进行估算。

依据水分平衡方程，应求出 L。在降水量已知的情况下，据公式求出 E。

Turc 公式：

$$E = \frac{P}{\sqrt{0.9 + (p^2/E_0^2)}}$$

$$E_o = 300 + 25\bar{t}0.05\overline{t^3}$$

上公式根据实际应用的结果，在亚热带和热带地区比较适用。此外 ByДko 公式亦有广泛的应用。

$$E_o = 0.18 \times \sum Q \geqslant 10℃$$

径流量 R 的确定，可在调查期内设置临时径流观测场，而后测定径流量，求出径流率 R%（式中 I_i 为渗透量）。

$$R\% = \frac{P_i - I_i}{P_1} \times 100$$

将森林涵蓄的水量以每单位水库蓄水的价格，即可用货币值表示其效益的大小。

四、森林能有效遏止沙漠化

据联合国环境规划署统计，世界上受到沙漠化威胁的土地面积达 45 亿 hm^2，每年有 2700 万 hm^2 的土地变为沙漠，预测到 2050 年全球陆地的 1/3 将变成不毛之地。目前全世界人口的 16% 受到沙漠化威胁，1991 年全世界由于沙漠扩张造成的损失高达 423 亿美元。1992 年的环发大会把防治沙漠化列为十大环境问题之首，国际社会已制定了《全球防止沙漠化行动计划》。

在干旱和半干旱区。森林植被破坏后．由于阳光曝晒和雨水冲刷等因素，使得土壤团粒结构崩解，土地养分流失，土地生产力逐渐丧失。如古巴比伦文明和古印度文明的发源地随着森林的消失，逐渐形成今日满目荒凉的伊拉克沙漠与塔尔沙漠。据调查分析，我国土地沙漠化面积扩大的主要原因是人为造成的，自然成因仅占 5.5%。科学与实践证明，林网超过 10%，沙地植被盖度超过 0.3，沙暴的危害就会减少到最小限度，因此植树种草是防止沙漠化的最重要措施之一。

五、森林可防止地力衰退

全球地力衰退和养分亏缺的土地面积为 29.9 亿 hm^2，占陆地总面积的 23%。易遭受沼泽化土地面积 13 亿 hm^2，占陆地总面积的 10%。在干旱和半干旱地区盐碱化土地面积约占 39%。土地退化已威胁到生物圈的未来，对人类的生存构成了威胁。著名的古埃及文明、古巴比伦文明都因毁林造田，再加上不合理的排灌方式，造成土地盐碱化和沙漠化，古老的文明从此衰落。纵观国内外的历史和现状，土地退化发生过程常常是毁林、毁草、垦地、耕地的不合理利用，土地生产力下降导致最终弃耕。联合国环境规划署在 1984 年世界环境状况中指出，“砍伐森林是土地退化的最主要原因”。森林能在一定程度上减缓和防止土地退化，其原因有：

(1)由于林冠的阻挡，森林土壤表层的蒸发量很小，既使表层盐分含量高，也会因降水和林地渗透而淋溶进入地下水；

(2)森林利用根系吸收土壤深层水分以供树叶蒸腾，从而障低地下水位；

(3)森林生产力高，其生长过程需要吸收利用大量的盐分；

(4)森林有较强的自肥能力，还能防止水蚀、风蚀以及温差剧变。

森林防止地表衰退的效益至少应按降低地表肥力计算，即按因水土流失而造成 N、P、K 的损失计算，其计算公式如下：

森林保肥效益(元) $= S \cdot M \cdot (N \cdot r_1 + P \cdot r_2 + Kr_3)$。

式中：M——为每公顷水土流失量，单位为 t；

S——规划区水土流失面积，单位为 hm^2；

N、P、K——分别为每吨土壤中的 N、P、K 含量，以% 表示；

r_1、r_2、r_3——分别为市场氮肥、钾肥、磷肥价格，单位为元/吨。

六、森林能缓解水资源危机

早在1977 年联合国就向世界发出警告：“水不久将成为一项严重的社会危机，石油危机后的下一个危机就是水”。目前全世界已有 100 多个国家缺水，严重缺水的国家已达 40 多个，全球 60% 的陆地面积淡水资源不足，20 多亿人饮用水紧缺。我国人均水量仅是世界平均水平的 1/4，全国有 200 多个城市水资源紧缺，其中北京、天津、上海、长春、青岛等 40 多个城市缺水严重。水是生命之源，水资源危机的后果是灾难性的，它不仅阻碍了经济发展，而且严重影响了人民生活和生存，甚至还成为邻国纠纷和诉诸武力的根源，是导致国际社会动荡的重要因素之一。

1. 森林缓解水资源危机

(1)森林是“绿色水库”，森林及其土壤像“海绵”一样可吸收大量的降水，并阻止和减轻洪水灾害，增加枯水期的河水流量，增加有效水；

(2)森林可防止水土流失，维护江河湖库的蓄积能力，延长水利工程设施的寿命，减少无效水损失，并且还能有效地缓解水体盐碱化和富营养化；

(3)森林可以促进水分循环和影响大气环流，增加降水，起“空中水库”的作用。林区云多、雾多、水多的现象就是最好例证。根据目前权威性的估计，森林蒸腾的水汽有 58% 又降到陆地上，这可增加陆地降水量 21.6mm，占陆地年均降水量的 2.9% 。

2. 森林调节河川径流量的效益

世界各国对森林覆盖率与径流深之间的关系的研究，揭示了森林覆盖率每变化 1% ，径流深变化幅度为 0.9 ~5.7mm。一般为 1.2 ~2mm。因此这个效益的测定要以流域为对象。

苏联的 TypkobДч 对伏尔加流域进行研究后，提出了如下的结果。

$$V = \frac{10 \cdot \Delta Gr}{F} \times 100$$

式中：V——为单位面积的地下径流调节量(m^3/ha)。

ΔGr——为森林每增加 1% 的地下径流增量，在伏尔加河流域 $\Delta Gr = 20 + 0.35F\%$ 。F 为森林覆盖率。

七、森林能消除或减轻噪声污染

噪声特别是城市噪声已严重危害人类的生活和身心健康。现在德国有 50% 的人口受到多种噪声的污染，我国区域环境噪声污染也十分严重，据中国 1992 年环境状况公报指出：城市平均等效声级在 55dB 以上，其中 34 个城市高于 60dB。

森林可有效地消除噪声，为人类生存提供一个宁静的环境。噪声经树叶各方不规则反射而使声波快速衰减，同时噪声波所引起的树叶微振也可消耗声能。森林还能优先吸收对人体危害最大的高额和低频噪声。据测定，100m 树木防护林带可降低汽车噪声 30% ，摩托车噪声 25% ，电声噪声 23% 。

第五节　风景旅游区建设社会效益评价

一、旅游业是全球性的新兴产业

旅游，在世界上有文字记载约有3000年的历史，我国已有2500多年。本世纪以来，由于全球经济的迅速发展和交通现代化进程的加快，大大推进了国际间的交往。旅游业以其独有的特点异军突起，迅猛发展，方兴未艾，发展势头很好。目前，世界旅游业收入已超过钢铁工业、交通运输，仅次于石油工业，是第二大产业。发展旅游业，受到各国政府的关注和重视。西班牙号称世界旅游王国，1988年接待海外国游客5417万人次，是该国人口的1.7倍，旅游创汇收入107亿美元。新加坡国土面积仅621km^2，人口264万人，1990年接待外游客530万人次，旅游创汇收入30多亿美元。美国有2.5亿人，1988年全国旅游消费占世界旅游消费的25%，1989年出国旅游200万人次，国内旅游1.1亿人次，旅游消费6280亿美元，接待国际游客3830万人次，占全世界旅游总人数的9.6%，外汇收入445亿美元，占世界第一位。我国1991年接待入境游客3334.98万人次，旅游外汇收入28.45亿美元，国内旅游达3亿人次，回笼货币200亿元，还为1672万人提供了就业，占全国劳力的14%，旅游给各行各业带来的间接效益12300亿美元，占国民生产总值的23%。

据有关专家分析，1950年世界出国旅游2520万人次，1990年达到4.15亿人次，增长16倍，旅游外汇收入由250亿美元增加到21900亿美元，增长136倍。预计到2010年，全世纪旅游人数将超过40亿人次，其中出国旅游达到15亿人次以上。

近几年来，随着旅游业的发展，旅游规模不断扩大，国际旅游业在经历着一场新的变革。其标志是：旅游业由“贵族化”走向“平民化”，旅游已成为越来越多居民的物质文化生活的一部分；旅游动机由“单一化”向“多元化”方向发展，内涵越来越丰富；旅游目的由集中向分散方向发展，旅游者的足迹开始踏遍世界各个角落；旅游流的结构由单向流动向双向流动变化，发展中国家的旅游者正加入国际旅游队伍，给旅游业带来了无穷的发展潜力。

我国旅游业在改革、开放的方针政策指导下，近几年发展很快。1991年，有组织地接待外国来华旅游人数，已达500万人次，国内旅游者达3亿人次。2002年旅游总收入4960亿元人民币，其中外汇收入175亿美元，国内收入3500亿人民币。据国家旅游局规划，2010年，我国接待外游客将达到1.5亿人次左右，港澳台胞6000万人次以上，国内旅游人数将达到7亿人次。

二、世界旅游业发展的重要因素

1. 闲暇时间增加

随着科学进步，生产发展，效率提高，人们生产占用的时间逐步缩短，闲暇时间增多，可以外出旅游。美国1860年每人每周工作70小时，现在每周工作35小时，每年带薪休息1~2个月，每年可以到一、二个国家旅游。不出国旅游，好像不光彩已在国外发展国家形成习惯。

2. 收入提高和自由支配资金增加

据世界旅游组织统计，人月收入800美元，就要出国旅游。我国职工用于饮食的费用占工资的58%，农民则占收入的69%，自由支配的资金仅占工资的6%，居民每户人均月收入超过300元，就有外出旅游的愿望。日本是高收入高消费国家，自由支配的资金占工资的35%～48%，政府官员月工资50万～70万日元，城乡差别基本消失，年轻人月收入20万日元以上(折合人民币800元)，每月可节余7万～10万日元，有了钱就有了出外旅游的条件和愿望。

3. 耐用消费品呈饱和状态

现在越来越多的人不需要花很多钱购买日用消费品，可以结余更多的资金用于旅游。如小汽车、电视机、电冰箱、清扫机、取暖炉等家电渐趋饱合。日本户均3.18人，但拥有汽车2.2部。

4. 交通运输迅速发展

特别是航空事业高速发展，为旅游提供了极大方便。旅游已被人们看作物质文化生活的必需，而这种必须又有方便交通的支持，这也是旅游业迅速发展的重要原因。

三、社会效益评价指标

旅游资源开发的社会效益一般直接体现在以下几个方面：

1. 扩大就业市场，提供就业岗位

任何一个企业的形成，无疑要提供诸多工作岗位，当然旅游业作为一种产业也不例外。按照在人员编制一节中的分析，一个旅游风景区开发后的日常管理，需要许多在编人员和非在编人员。如需要总经理、副总经理、部门经理、专业技术人员等，也需要保安人员、导游人员、服务人员、环卫人员等。除此之外，旅游业具有较强的联动性，它本身的发展也可带动其它行业的发展，如交通运输业、农业、渔业、畜牧业、林果业、手工业、商业等行业，这些行业的人员可能是在编人员，也可能是非在编人员。若按目前的统计数字，旅游风景区内的从业人员与其外围各行业的从业人员，因区位差异而变动在1∶100～1∶500之间计算，建设一个新的旅游风景区可提供的就业岗位将是可观的。

此外，旅游风景区的建设也可促进建筑行业的发展，同样可提供一定的就业岗位。

2. 增强对外交流，扩大地方影响

旅游风景区的开发建设，最终是以招待行为为经营方式，是靠各种媒体实现它的吸纳行为。由于旅游业经营的不可异地性，必须有来自各方面的游客进入风景区，这种产品销售方式增进了地方政府、当地群众与外界的交流。这种交流一是当地政府、群众通过信息输入提高了认识，开阔了眼界，也有可能受到经济、政策的进一步支持，经营方式、开发建设风景格等的进一步改变；二是通过信息输出，扩大了地方对外影响，有利于地方经济发展。

3. 改善当地群众生活条件，增加地方财税收入

通过风景区的开发建设，可极大地改善当地群众的生活条件。目前，我国森林旅游资源品位较高的地区多为比较贫困的地区，这些地区交通不便，群众生活条件较差，文化生活缺乏，“世外桃源”氛围强烈，乃至教育事业极为落后。因此，通过旅游风景区的开发建设，其区域内外交通、通讯、电力等基础环境条件得到了极大改善，这不仅使文化生活有相当大的改观，经济收入也会稳步增长。

通过风景区的开发建设，可促进地方财税收入的增长。为其它行业的进一步建设提供资金保证。按照国家税务局有关规定，旅游行业税种有营业税、城市建设费、教育附加费及的

所得税等，此外对于较高收入者(现规定月收入在800元以上者)还应征收个人所得税。以上各种税收之和则为旅游风景区所上缴的利税。

4. 建设风景区，增加资源的游憩效益

一个旅游风景区的开发建设，从集团或地方角度看，是资源的合理利用，是地方在建设另一种产业，具有经济效益。但从社会角度考虑，则能为区域以外的群众提供精神享受，提供了解各种文化知识和科学知识的场所，因此又具有游憩效益。旅游风景区开发建设的游憩效益可用环境容量说明，还应说明开发区的适宜度状况，负离子浓度等对人体有益的环境因子。

第六节　案例

一、旅游发展效益定位(陕西宁东林业局旅游产业发展纲要)

1. 生态效益定位

森林旅游的生态效益立足于其资源基础——森林资源或森林生态系统的生态服务功能与效益。森林旅游活动对生态和环境方面的消极影响涉及到森林旅游对生态系统的破坏与干扰，旅游活动对森林植物资源的破坏，对动物的干扰影响，对森林水体、土壤、大气及森林景观的完整性的破坏和污染等。宁东旅游产业开发过程中要尽量减少上述对生态环境的消极影响，充分发挥森林的生态效益，以保证森林旅游的健康、持续发展。

因此，宁东林业局旅游产业发展生态效益定位为：森林资源“三大基本指标”(面积、蓄积量、水源涵养)不断提高，生态效益“三大基本指标”(水质量、大气质量、土壤质量)向原生态方向发展。

2. 社会效益定位

从森林的社会效能和表现形式出发，森林旅游可以达到环境美化、疗养保健、固碳制氧、增加就业人数、产业结构优化、劳动生产率提高、社会文明进步等方面的效益。将森林旅游经济活动的成果分为有形收益和无形收益，其中无形收都可看作是森林旅游活动的社会效益，如促进文化交流及先进科技成果的引进促进消费，提高人们生活水平，国际森林旅游业促进林业的国际合作与交流等。

因此，宁东林业局旅游产业发展社会效益定位为：林业产业结构得到调整，使产业的重心逐步有第一、二产业向第三产业转移；增加就业岗位，满足旅游服务要求，带动社区居民文化水平不断提高，实现经济收入超预期增长；积极促进对外交流，依托本底优势开展高水平的自然科学研究。

3. 经济效益定位

森林旅游的经济效益是指森林旅游活动过程中劳动消耗、劳动占用和劳动所得比较，即费用和效用的比较。其实质是森林旅游活动中对劳动消耗和劳动占用约程度的一种评价，它是衡量森林旅游活动经营好坏的客观尺度。这个概念包3个方面的内容：①它要求提供更多的森林旅游产品；②它要求在生产中必须尽量减少物质消耗；③森林旅游商品的生产必须符合社会的需要。此外，还要充分结合森林旅游宏观经济效益与微观经济效益，森林旅游的局部经济效益和全局经济效益，森林旅游的长远经济效益和暂时经济效益以及森林旅游的国内经济效益和对外经济效益等方面，统筹兼顾将宁东林业局旅游产业发展的经济效益发挥到最大的作用。

因此，宁东林业局旅游产业发展经济效益定位为：森林旅游产品的品位符合资源条件和社会需求，并优于周边旅游区；经济效益基本指标优于一般森林公园建设要求，即：重大的基础设施建设和服务设施建设的投资回收期低于 8 年，财务内部收益率不低于 20%，并具有极强的经济风险抵御能力。

二、效益评价(陕西兴平万亩清水莲旅游总体规划)

1. 经济效益评价

(1)方法依据、原则与参数

①评价依据：一是《国家项目可行性研究报告编写提纲》中规定的方法与参数。二是国家计委和建设部联合颁发的《建设项目经济评价方法和参数》；三是农业部发展计划司规划设计研究院与建设部标准定额研究所共同编著的《农业项目经济评价实用手册》。

②评价原则：建设投资采用建设第一年的预测价格作为计算价格，通过预备费解决建设物资在建设期的涨价问题。生产期投入物和产出物的价格，以近期市场价格为基价，在计算期内保持不变。

③评价参数：项目计算期 12 年，建设投资期 1 年，基准收益率 10%，土建工程折旧年限 30 年，设备折旧年限 20 年，无形资产摊销年限 10 年，递延资产摊销年限 10 年，大修费占折旧费 25%，管理费占年总销售收入的 5%，销售费占年总销售收入的 8%，营业税率 5%，城市维护建设税率 5%、教育费附加 3%，企业所得税税率 33%。企业提留占 10%，国家农业开发基金利率 2.4%，农业银行贷款利率 5.8%。

(2)财务效益分析

①投资利润率：投资利润率是指投资中心所获得的利润与投资额之间的比率。该指标主要说明投资中心运用公司产权供应的每一元资产对整体利润贡献的大小，或投资中心对所有者权益的贡献程度。计算公式是：

投资利润率 = 利润/投资额 × 100%

投资利润率 =(销售收入/投资额)×(成本费用/销售收入)×(利润/成本费用)= 资本周转率 × 销售成本率 × 成本费用利润率

本项目投资利润率 =22.4%(税后)> ic =10%，项目可行。

②投资收益率：投资收益率是衡量投资方案获利水平的评价指标，它是投资方案达到设计生产能力后一个正常生产年份的年净收益总额与方案投资总额的比率。投资收益率的计算公式为：

$$R = A/I \times 100\%$$

式中：R——投资收益率；

A——年净收益额或年平均净收益额；

I——总投资。

本项目投资收益率 =34.0% >(税后)ic =10%，项目可行。

③财务净现值：财务净现值(FN_pV)。财务净现值是指把项目计算期内各年的财务净现金流量，按照一个给定的标准折现率(基准收益率)折算到建设期初(项目计算期第一年年

初)的现值之和。财务净现值是考察项目在其计算期内盈利能力的主要动态评价指标。其表达为：

$$FN_pV = \sum (CI - Co)t(1 + ic) - t$$

式中：FN_pV——财务净现值；

(CI - Co)t——第 t 年的净现金流量；

n——项目计算期；

ic——标准折现率。

如果项目建成投产后，各年净现金流量不相等，则财务净现值只能按照公式计算。财务净现值表示建设项目的收益水平超过基准收益的额外收益。该指标在用于投资方案的经济评价时，财务净现值大于等于零，项目可行。

本项目财务净现值 = 8859.3 万元 > 0，项目可行。

④财务内部收益率：财务内部收益率(FIRR)。财务内部收益率是指项目在整个计算期内各年财务净现金流量的现值之和等于零时的折现率，也就是使项目的财务净现值等于零时的折现率，其表达式为：

$$\sum (CI - Co)t_X(1 + \mathrm{FIRR}) - t = 0(\mathrm{t} = 1 - n)$$

财务内部收益率是反映项目实际收益率的一个动态指标，该指标越大越好。一般情况下，财务内部收益率大于等于基准收益率时，项目可行。内部收益率愈大，说明项目的获利能力越大；将所求出的内部收益率与行业的基准收益率或目标收益率 ic 相比，当 FIRR = ic 时，则项目的盈利能力已满足最低要求，在财务上可以被接受。

本项目财务内部收益率 = 14.0% > ic = 10%，项目可行。

⑤静态全部投资回收期：投资回收期可分为静态投资回收期和动态投资回收期。投资回收期是指项目以净收益抵偿全部投资所需的时间，是反映投资回收期力的重要指标。

静态投资回收期 = [累计净现金流量开始出现正值的年数 - 1] + 上年累计净现金流量的绝对值/当年净现金流量

静态全部投资回收期 = 5.23 年(含建设期，税后)

⑥动态全部投资回收期：

动态投资收回收期 = [累计折现值开始出现正值的年数 - 1] + 上年累计折现值的绝对值/当年净现金流量的折现值

动态全部投资回收期 = 6.6 年(含建设期，税后)

经分析，动态投资回收期 Pt 与基准回收期 PC 相比较，如果 Pt < PC，表明项目投资能在规定的时间内收回，则项目在财务上可行。

⑦借款偿还期

Pd = [借款偿还后开始出现盈余期数] - 1 + {本期偿还借款额/当期可用于还款的资金额}

借款偿还期为 4.84 年(含建设期)。

(3)项目敏感性分析

项目实施建设和生产运营过程中会受到内外部各种不确定性因素的影响，但主要是销售收入和经营成本两个因素的影响。对本项目的敏感性分析，假设销售收入和经营成本各增加或减少 5%、10% 时，对项目投资利润率、财务净现值、财务内部收益率、动态全部投资回收期等主要财务指标进行敏感性分析。分析结果认为，两个因素的增减变化对项目财务效益指标的敏感性程度依次为销售收入>经营成本。同时，当销售收入下降5%时，财务内部收益率为10%等于 ic，从财务角度看项目是可行的；当销售收入下降10%时，财务内部收益率为5%小于 ic，项目不可行。当经营成本上升10%时，项目未发现风险临界点(见表10-6)。

表10-6 财务敏感性分析表 单位：万元

<table>
<tr><th rowspan="2">序号</th><th rowspan="2">因素指标</th><th rowspan="2">基本方案</th><th colspan="4">销售收入因素变动</th><th colspan="4">经营成本因素变动</th></tr>
<tr><th>10%</th><th>5%</th><th>-5%</th><th>-10%</th><th>10%</th><th>5%</th><th>-5%</th><th>-10%</th></tr>
<tr><td>1</td><td>投资收益率(%)</td><td>34</td><td colspan="2"></td><td>30.97</td><td>28.4</td><td>33.5</td><td>32.67</td><td colspan="2"></td></tr>
<tr><td>2</td><td>财务净现值(万元)</td><td>8859.3</td><td colspan="2" rowspan="4">正影响</td><td>6994.6</td><td>5145.2</td><td>7811.0</td><td>8334.0</td><td colspan="2" rowspan="4">正影响</td></tr>
<tr><td>3</td><td>内部收益率(%)</td><td>14</td><td>10</td><td>5</td><td>12</td><td>13</td></tr>
<tr><td>4</td><td>静态投资回收期(年)</td><td>5.23</td><td>5.67</td><td>6.22</td><td>5.46</td><td>5.34</td></tr>
<tr><td>5</td><td>动态投资回收期(年)</td><td>6.6</td><td>7.4</td><td>8.52</td><td>7.02</td><td>6.8</td></tr>
</table>

因此，可以看到本项目受市场产品价格的影响较大，抗风险能力较差，需要在项目生产经营过程中，积极应用科学的经营管理方法和先进的技术，降低成本，提高产品性价比，增强竞争力和市场占有率，促进项目产品顺畅销售，保证销售收入持续增加。同时，还要精打细算、节约投资，加强成本管理，降低成本费用，保证项目始终处于最佳运行状态。

(4)项目财务评价结论

①投资建设方案科学，建设规模合理，资金筹措方式可行，具有一定的操作性；

②项目具有较高的投资回报，商业财务效益好，借款偿还能力强，有一定抗风险能力；

③项目实施会给项目单位带来巨大的经济效益和社会效益，也能带动当地产业结构升级，改善就业结构及压力，推动相关农产品生产、加工等产业的发展。

④由于该项目收益能力、偿还能力、抗风险能力都较高，因此，项目在财务上是可行。

2. 生态效益评价

(1)由于森林面积增加，是大气环境质量改变

根据总体规划，规划区新增森林(包括经济林)面积1024亩。由于森林面积的增加，提高了区域生态效益，包括减缓温室效应、增加大气氧含量、净化空气等。

①氧气生产与二氧化碳吸收效益：森林的输氧效益是规划区开发所带来生态效益的一个重要指标。森林在其光合作用中能释放出大量的氧气，$1hm^2$ 阔叶林一天消耗1t二氧化碳，释放0.37t氧，可供约1000人呼吸。其公式计算为：森林输氧效益(元)$=S \cdot P$。式中S—新增林地面积(单位为 hm^2)，P—每 $1hm^2$ 森林每年产生的氧气吨数。因此，规划区增加的森林年为大气输送氧气25t，减少二氧化碳68t。

②空气净化效益：森林对大气污染物有一定的吸收和净化作用。美国环保局研究结果表明，每公顷森林可吸收二氧化硫7.48t、氧化氮0.38t、一氧化碳2.21t。森林通过降低风速、吸附飘尘，减少了细菌的载体，从而使大气中细菌数量减少。许多树木的分泌物可以杀死细菌、真菌和原生物。因此，规划区增加的森林年可吸收(相当于减少大气中的含量)二氧化硫508t、氧化氮26t、一氧化碳150t。

③其他生态效益：加固渭河河堤，增加了渭河防护安全性：由于降雨的年变化和季节变化，在强降雨年份，渭河水位上升，造成沿岸河堤外农田被淹，在兴平段洪水对河堤的冲刷威胁，也严重危机到临近居民的生命安全。本次规划考虑到对渭河河堤的防护安全，计划加宽加固渭河河堤，提高河堤的防洪安全能力。根据规划，阜寨湖挖方土方量880440立方米，除了以少部分因观光需要进行地形抬高处理外，其余部分全部用于渭河河堤加固。根据估算，用于渭河河堤加固的土方量大约为60万m^3，按渭河河堤加宽3m计算（河堤高度约为4m），加宽长度达50km，基本全线覆盖兴平段的渭河河堤。渭河河堤的加宽，不仅有效提高了防护的安全系数，保证了河北滩地的农业生产，而且形成了与咸阳市临渭的交通线，更重要的是为陕西沿渭生态治理、建立安全防护体系、综合产业开发带建设、滨水型观光旅游带建设奠定了基础。

3. 社会效益评价

①带动和兴起旅游产业，增强了地方经济发展后劲：旅游在世界上有文字记载约有3000年的历史，我国已有2500多年。本世纪以来，由于全球经济的迅速发展和交通现代化进程的加快，大大推进了国际间的交往。旅游业以其独有的特点异军突起，迅猛发展，方兴未艾，发展势头很好。目前，世界旅游业收入已超过钢铁工业、交通运输，仅次于石油工业，是第二大产业。近几年来，随着旅游业的发展，旅游规模不断扩大，旅游业由“贵族化”走向“平民化”，旅游已成为越来越多居民的物质文化生活的一部分。

兴平市沿渭万亩清水莲生态观光园生产区综合开发，结合发展观光旅游业，实现了地方经济发展的“双轮”驱动，改变了以往的农业经营模式，为将来的农业发展与经济腾飞注入了鲜明活力。

②扩大就业市场，提供了就业岗位：按照规划中的建设内容，观光农业园区建成后，需要大量的专业和非专业人员参与管理，不仅需要管理人员、专业技术人员，也需要大量的服务人员、环卫人员、保安人员等。根据对规划区的建设安排与功能与设施布局，预计需要300余名工作人员参与内部管理和参与各种服务。

由于园区发展观光农业提供的300多个就业岗位，可经过培训吸纳周边群众参与各种服务，解决农村劳动力过剩问题，同时可改变附近居民目前外出打工的劳动力转移格局。

③增强对外交流，扩大地方影响：旅游产业开发建设，最终是以招徕行为为经营方式，是靠各种媒体实现它的吸纳行为。由于旅游业经营的不可异地性，必须有来自各方面的游客进入园区，这种产品销售方式增进了地方政府、当地群众与外界的交流。这种交流一是当地政府、群众通过信息输入提高了认识，开阔了眼界，也有可能受到经济、政策的进一步支持；二是通过信息输出，扩大了地方对外影响，有利于地方经济发展。

④改善当地群众生活条件，增加地方财税收入：通过观光农业园的开发建设，可极大地改善当地群众的生活条件，并使区域内外交通、通讯、电力等基础环境条件得到了极大改善。

通过观光农业园的开发建设，可促进地方财税收入的增长。为其他行业的进一步建设提供资金保证。按照国家税务局有关规定，旅游行业税种有营业税、城市建设费、教育附加费及的所得税等。根据估算，观光农业园建成后的一个正常年份，园区可为国家和地方上缴各种财税2159余万元。

⑤形成链条产业优势，联动效应进一步增强：在项目带动下，可改善当地农业产业结

构，提高农产品品质，提高农产品的竞争力。项目建成后可以扶持多种经营项目6~8个，直接和间接吸收从业人员1000余人，极大提高了项目区农民人均纯收入，每亩比非项目区高出1500~3000元。项目建成后，每年可向社会提供高品质清水莲菜18000余吨，鲜鱼180吨，时令高档果品2000吨，可以带动莲菜加工、手工编织、农家乐、生态旅游观光、餐饮娱乐发展，另外还将拉动运输、包装等相关产业良性发展。

【复习思考题】

1. 风景旅游区规划建设的效益分析包括几个方面？分析的意义是什么？
2. 风景旅游区规划的建设投资包括哪些项目？这些项目的投资费用如何计算？
3. 风景旅游区规划建设投资有哪些决策原则？
4. 经济效益评价包括哪些指标？这些指标分别说明什么问题？
5. 如何进行社会效益分析？
6. 如何进行生态效益分析？

参考文献

1. 国家旅游局. 风景名胜区规划规范(GB50298-1999), 1999
2. 李启荣, 罗世伟. 旅游资源开发与旅游规划[M]. 北京: 中国财政出版社. 2001
3. 国家旅游局. 旅游资源分类与调查(GB/T18972-2003), 2003
4. 国家林业局. 中国森林公园风景资源质量等级评定(GB/T18005-1999), 1999
3. 国家旅游局. 旅游规划通则(GB/T18971-2003), 2003
5. 颜亚玉. 旅游资源开发[M]. 厦门: 厦门大学出版社, 2001
6. 张景群. 旅游资源开发与评价[M]. 西安: 西北农林科技大学出版社, 2003
7. 崔彦荣. 中国传统旅游目的地创新与发展[M]. 北京: 中国旅游出版社, 2002
8. 旅游景区开发规划及景区景点管理实务全书[M]. 北京: 北京燕山出版社, 2000
9. 张建萍. 生态旅游——理论与实践[M]. 北京: 中国旅游出版社, 2001
10. 吴承照. 现代旅游规划设计与方法[M]. 青岛: 青岛出版社, 1998
11. 吴忠军. 旅游景区规划与开发[M]. 北京: 高等教育出版社, 2003
12. 王星武. 旅游产业规划指南[M]. 北京: 中国旅游出版社, 2000
13. 黄郁成. 新概念旅游开发[M]. 北京: 对外贸易大学出版社, 2002
14. 唐德才. 现代市场营销学教程[M]. 北京: 清华大学出版社, 2004
15. 国家计委. 建设项目经济评价方法与参数[M]. 北京: 中国计划出版社, 1999
16. 辛建荣. 风景区规划与管理[M]. 天津: 南开大学出版社, 1999
17. 杨秋林. 农业项目投资评估[M]. 北京: 中国农业出版社。1998
18. 邹树梅. 现代旅游经济学[M]. 青岛: 青岛出版社, 1998
19. 王礼先. 林业生态工程学[M]. 北京: 中国林业出版社, 1998
20. 交通部. 公路工程施工安全技术规程(JT/J076-95), 1995
21. 交通部. 公路勘测规范. (JT/J061-99), 1999
22. 许筱阳. 识图与制图[M]. 西安: 西北农林科技大学出版社, 2001
23. 国务院第167号令. 中华人民共和国自然保护区条例, 2004